水利部示范性高等职业院校建设规划教材
中央财政支持专业特色教材

水力分析与计算

（修订版）

主　编　张伟丽
副主编　薛元琦
主　审　李建华

黄河水利出版社
·郑州·

内 容 提 要

本书是水利部示范性高等职业院校建设规划教材、中央财政支持专业——水利水电建筑工程专业建设与课程改革教材，按照教育部颁布的水力分析与计算课程标准，结合山西省水利工程建设实践编写完成的。全书共分6个项目，包括静水压力计算，水流运动的基本原理，水工有压管道水力分析计算，明渠水流分析计算，闸、堰泄流能力分析计算，泄水建筑物下游消能水力分析计算，并附有例题、工程案例、技能训练题、常用图表等。

本书可作为高等职业技术学院水利水电建筑工程、水利工程、水利工程管理、水利工程监理等专业的通用教材，也可作为从事水利工程规划设计、建设与管理一线技术人员的培训教材和参考书。

图书在版编目(CIP)数据

水力分析与计算/张伟丽主编.—郑州：黄河水利出版社，2014.3 （2019.8 修订版重印）
水利部示范性高等职业院校建设规划教材
ISBN 978-7-5509-0730-0

Ⅰ.①水… Ⅱ.①张… Ⅲ.①水力计算-高等职业教育-教材 Ⅳ.①TV131.4

中国版本图书馆CIP数据核字(2014)第042515号

组稿编辑：王路平　电话：0371-66022212　E-mail：hhslwlp@163.com

出 版 社：黄河水利出版社　　网址：www.yrcp.com
地址：河南省郑州市顺河路黄委会综合楼14层　　邮政编码：450003
发行单位：黄河水利出版社
发行部电话：0371-66026940、66020550、66028024、66022620(传真)
E-mail：hhslcbs@126.com
承印单位：河南承创印务有限公司
开本：787 mm×1 092 mm　1/16
印张：13.25
字数：310千字　　印数：3 501—5 500
版次：2014年3月第1版　　印次：2019年8月第3次印刷
2019年8月修订版

定价：30.00元

前 言

本书是根据《教育部关于全面提高高等职业教育教学质量的若干意见》(教高〔2006〕16号)、《教育部关于推进高等职业教育改革创新引领职业教育科学发展的若干意见》(教职成〔2011〕12号)等文件精神,根据水利部示范性高等职业院校建设计划水利水电建筑工程重点建设专业及专业群人才培养方案要求,在全国水利水电高职教研会指导下,用中央财政安排的“支持高等职业学校专业建设”项目经费组织编写的教材。

本套教材以学生能力培养为主线,以工作任务为载体,融“教、学、练、做”为一体,适合开展项目化教学,体现实用性、实践性和创新性的特色,是一套紧密联系生产实际的高职高专教育精品规划教材。

为了不断提高教材质量,编者于2019年8月对全书进行了修订完善,改正了在教学实践中发现的问题和错误。

本书旨在探索“任务驱动、项目导向”等有利于增强学生实践能力的教学方法,实现课程内容与职业标准对接。本书在编写中力求概念清晰、深入浅出、联系实际、理论内容以够用为度,在传统理论基础上编入了新规范、新技术。

本书特色如下:

(1)以项目为导向。打破传统教材体系,依据工程实际中各种水工建筑物水力学问题的解决过程,将本书分为6个项目,教学目标明确。

(2)结合山西省具体案例,加入了U形渠道断面设计方法;对山西省具体的工程案例如溢流坝、泄洪闸、溢洪道进行水力分析与计算。

(3)考虑到计算机在水力计算中的广泛应用,本书在部分章节增加了Execel表格计算方法和案例。

(4)对水利工程中新出现的迷宫堰及常见的侧堰、人字闸等进行介绍,拓展学生知识面。

本书由山西水利职业技术学院承担编写工作,编写人员及编写分工如下:张伟丽编写绪论、项目1、项目4,郭志萍编写项目2,薛元琦编写项目3、项目5、项目6。本书由张伟丽担任主编并负责全书统稿;由薛元琦担任副主编;由山西省浍河水库管理局教授级高级工程师李建华担任主审。

本书的编写得到了山西省水利水电科学研究院张云岗、侯佩瑾、卢绮玲教授级高级工程师,杨凌职业技术学院张春娟副教授,山西省运城市水利工程设计院王为民高级工程师,山西省运城市水利工程建设局李建强高级工程师的大力支持,在此一并表示感谢!

因编者水平有限,书中难免存在错误和不足之处,恳请读者批评指正。

编 者

2019年8月

目 录

绪 论

1 水力分析与计算及其在水利工程中的应用

1.1 水力分析与计算

水和人类生活、社会生产有着十分密切的关系。早在几千年前,我国劳动人民就已开始与洪水灾害进行不懈的斗争。以后,随着生产发展的需要,在与水害做斗争的同时,还兴修了许多巨大的灌溉、航运工程。人类在与水做斗争、防止水害、兴修水利的过程中,逐渐认识了水的运动规律,而对这些规律的认识,又进一步促进了水利事业的发展。这样反复循环、不断提高,加上现代科学与试验技术的发展,逐渐形成了一门专门研究液体静止和运动规律,探讨液体与各种边界之间的相互作用,并应用这些规律解决实际问题的学科,这门学科就是水力分析与计算。

1.2 工程中的水力计算问题

水力分析与计算在水利、机械、冶金、化工、石油及建筑等工程中应用广泛,特别是在水利水电工程的勘测、设计、施工与管理中,更会遇到很多的水力分析与计算问题。例如在河道上修建水利枢纽工程,通常包括坝、闸、电站、管道及渠道等主要水工建筑物。它们都有各自不同的水力分析与计算问题,归纳起来主要有以下五个方面:

(1)水对水工建筑物的作用力问题。如计算坝身、闸门、闸身、管壁上的静水作用力和动水作用力。

(2)水工建筑物的过水能力问题。如确定管道、渠道、闸孔和溢流堰的过水能力。

(3)水流通过水工建筑物时的能量损失问题。如确定水流通过水电站、抽水站、管道、渠道时引起的能量损失的大小,以及计算溢流坝、溢洪道、水闸和跌水下游的消能。

(4)河渠的水面曲线问题。如河道、渠道、溢洪道和陡坡中的水面曲线。

(5)水工建筑物中水流的形态问题。如水流在各种水工建筑物中流动形态的判别、其对工程的影响及如何改善,为合理布置建筑物、确保建筑物正常运行提供依据。

以上这些问题,彼此不是孤立的,也不是水力分析与计算的全部问题。譬如,还有渗流、挟沙水流、高速水流、波浪运动以及水力学模型试验等其他一些水力分析与计算问题。

为了解决上述问题,必须研究水流运动的基本规律,只有对这些规律有透彻的了解,才能正确解决水力分析与计算的问题。由于水流运动的复杂性,目前尚有不少水力问题不能完全用理论分析的方法来解决,有时还需借助于水力试验。因此,也应重视水力试验技术方面的学习和操作。

2 液体的基本特性和主要物理力学性质

水力学的任务是研究液体运动的规律,并应用这些规律解决实际问题。它研究的对象是液体。液体的运动规律,与液体外部的作用条件有关,更主要的是取决于液体本身的内在性质。

2.1 液体的基本特性

自然界的物质有固体、液体和气体三种存在形式。液体和气体统称流体。流体和固体的主要区别在于:固体有一定的形状;而流体却没有固定的形状,很容易流动,它的形状随容器而异(因液体几乎不能承受拉力和拉伸变形,静止时不能承受切力和剪切变形),即液体具有易流动性。液体和气体的区别在于:气体易于压缩,并力求占据尽可能大的容积,能充满任何容器;而液体能保持一定的体积,还可能有自由表面,并且和固体一样能承受压力。液体压缩的可能性很小,在很大的压力作用下,其体积缩小甚微,即液体具有不易压缩性。

液体的真实结构是由运动着的分子组成的,分子与分子之间具有空隙。从微观角度看,液体是不连续、不均匀的。但水力分析与计算中研究的不是液体的分子运动,而是液体的宏观机械运动,把液体的质点作为最小的研究对象。质点是由极多液体分子所组成的,但它仍然非常微小,和所研究问题中的一般尺度相比,可以忽略不计。因此,可认为液体的质点是一个挨着一个的液体分子组成的实体。这样,就可以把液体当作由无数液体质点所组成的没有空隙的连续介质,而且可以把这种连续介质看作均质的和各向同性的,即它的各个部分和各个方向上物理性质是一样的。这种假定是为了便于充分利用连续函数这一有力的数学工具。实践证明,所得结论在一般情况下也是符合客观实际的。

总之,在水力学中,液体的基本特性是易于流动、不易压缩、均质和各向同性的连续介质。以水为代表的一般液体,都具有这些基本特性。

2.2 液体的主要物理力学性质

物体运动状态的改变是受外力作用的结果,而任何一种力的作用都是通过液体本身的性质来实现的。下面研究影响液体运动的几个主要物理力学性质。

2.2.1 惯性

惯性就是物体要保持其原有运动状态的特性。根据牛顿第二定律,要改变物体的运动状态必须施加力,该力的大小与物体的质量和加速度的乘积成正比。这个施加的力就是用来克服物体惯性的。因此,物体惯性的大小可以用质量来度量。质量愈大的物体,惯性也愈大。当液体受到某种作用力而改变其原有运动状态时,所遇到的液体对这种作用力的反作用力称为惯性力。若液体的质量为 m,加速度为 a,则惯性力 F 为

$$F = -ma$$

负号表示惯性力的方向与加速度的方向相反。对均质液体,其质量大小可以用密度来表示。液体单位体积中所具有的质量称为液体的密度 ρ。如有一质量为 m 的均质液体,其体积为 V,则其密度 ρ 可表示为

$$\rho = \frac{m}{V}$$

在国际单位制中,质量采用的单位为千克(kg),长度单位采用米(m),则密度的单位为千克/米^3(kg/m^3)。在一个标准大气压(1 atm)下温度为 4 ℃时,水的密度为 1 000 kg/m^3。液体的密度随温度和压强有所变化,但这种变化很小,所以水力分析与计算中一

般把水的密度视为常数。

2.2.2 万有引力特性

万有引力特性是指任何物体之间具有互相吸引力的性质。这个吸引力称为万有引力。地球对物体的吸引力称为重力,或称为重量 G。国际单位制中力的单位为牛顿(N)。一质量为 m 的液体,其所受重力 G 的大小为

$$G = mg$$

式中 g——重力加速度,一般采用 9.80 m/s^2。

对均质液体,其重力大小可以用容重来表示。液体单位体积内所具有的重量 G 称为容重 γ。对某一重量为 G、体积为 V 的均质液体,其容重为

$$\gamma = \frac{G}{V}$$

将 $G = mg$ 代入可得

$$\gamma = \rho g$$

容重的单位为牛顿/米^3(N/m^3)。不同的液体,容重是不同的,即使同一种液体的容重也随温度和所受的压强而变化,但因水的变化甚微,可视为常数。水的容重,在一个标准大气压和温度为 4 ℃下为

$$\gamma = \rho g = 1\,000 \times 9.8 = 9\,800(N/m^3) = 9.8\ kN/m^3$$

【例 0-1】 求在一个大气压下,4 ℃时,1 L 水的重量和质量。

解:已知体积 $V = 1\ L = 0.001\ m^3$

水的容重为 $\gamma = 9.8\ kN/m^3$,于是可得 1 L 水的重量为

$$G = \gamma V = 9.8 \times 0.001 = 0.009\,8(kN) = 9.8\ N$$

水的密度为 $\rho = 1\,000\ kg/m^3$,于是可得 1 L 水的质量为

$$m = \rho V = 1\,000 \times 0.001 = 1(kg)$$

2.2.3 黏滞性

液体运动时若质点之间存在着相对运动,则质点间就要产生一种内摩擦力来抵抗其相对运动,这种性质即为液体的黏滞性,此内摩擦力称为黏滞力。黏滞性是液体固有的物理属性。

如图 0-1 所示,液体沿一固定平面壁作平行的直线运动。紧靠固体壁面的第一层极薄水层贴附于壁面上不动,第一层将通过摩擦作用影响第二层的流速,而第二层又通过摩擦(黏滞)作用影响第三层的流速,以此类推,离开壁面的距离愈大,壁面对流速的影响愈

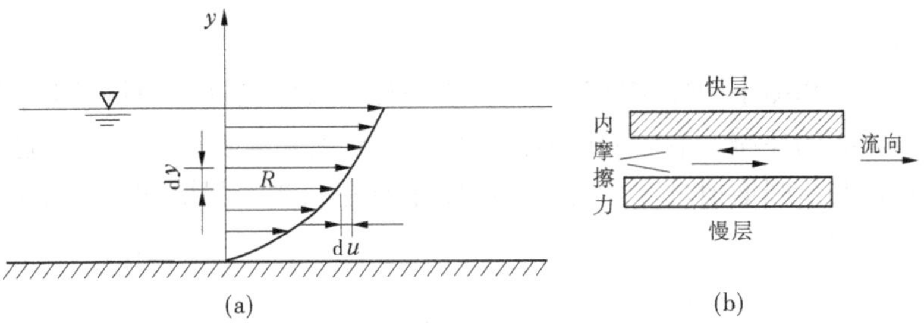

图 0-1

小，于是靠近壁面的流速较小，远离壁面的流速较大。由于各层流速不同，它们之间就有相对运动，上面一层流得较快，它就要拖动下面一层；而下面一层流得较慢，就要阻止上面一层。于是在两液层之间产生内摩擦力，快层对慢层的内摩擦力是要使慢层快些；而慢层对快层的内摩擦力是要使快层慢些。即所发生的内摩擦力是抵抗其相对运动的。

应指出，由于运动液体内部存在摩擦力，于是液体在运动过程中为克服内摩擦阻力就要不断地消耗液体的能量。所以，黏滞性是引起液体能量损失的根源。

液体黏滞性的大小可用动力黏滞系数 μ 或运动黏滞系数 ν 来表示。黏滞系数越大，液体黏滞性就越大。液体的黏滞性与液体的种类和温度有关系，不同温度下水的黏滞系数见表 0-1。

表 0-1　不同温度条件下水的物理性质（1 个标准大气压）

温度（℃）	容重 γ（kN/m^3）	密度 ρ（kg/m^3）	动力黏滞系数 μ（$\times10^{-3}$ Pa·s）	运动黏滞系数 ν（$\times10^{-6}$ m^2/s）	压缩系数 β（$\times10^{-9}$ 1/Pa）	弹性系数 K（$\times10^{9}$ Pa）	表面张力系数 σ（N/m）
0	9.805	999.9	1.781	1.785	0.495	2.02	0.075 6
5	9.807	1 000.0	1.518	1.519	0.485	2.06	0.074 9
10	9.804	999.7	1.306	1.306	0.476	2.10	0.074 2
15	9.798	999.1	1.139	1.139	0.465	2.15	0.073 5
20	9.789	998.2	1.002	1.003	0.459	2.18	0.072 8
25	9.777	997.0	0.890	0.893	0.450	2.22	0.072 0
30	9.764	995.7	0.798	0.800	0.444	2.25	0.071 2
40	9.730	992.2	0.653	0.658	0.439	2.28	0.069 6
50	9.689	988.0	0.547	0.553	0.437	2.29	0.067 9
60	9.642	983.2	0.466	0.474	0.439	2.28	0.066 2
70	9.589	977.8	0.404	0.413	0.444	2.25	0.064 4
80	9.530	971.8	0.354	0.364	0.455	2.20	0.062 6
90	9.466	965.3	0.315	0.326	0.467	2.14	0.060 8
100	9.399	958.4	0.282	0.294	0.483	2.07	0.058 9

2.2.4　压缩性

液体受压后体积缩小的性质称为液体的压缩性。液体也具有弹性，即当除去外力作用后可以恢复原状的性质。液体的压缩性可用体积压缩系数表示。体积压缩系数是液体体积相对缩小值与压强增值之比。若某一液体体积为 V，当压强增加 $\mathrm{d}p$ 后，体积缩小 $\mathrm{d}V$，则其体积压缩系数为

$$\beta = -\frac{\frac{\mathrm{d}V}{V}}{\mathrm{d}p}$$

式中，负号是由于压强增大时，体积要缩小。

液体体积压缩系数的倒数就是体积弹性系数 K：

$$K = -\left(\frac{V}{\mathrm{d}V}\right)\mathrm{d}p$$

式中，$V/\mathrm{d}V$ 是一个比值。因而 K 的单位和 p 的单位相同，都是 Pa。

在一般情况下，水的体积压缩量不大。增加一个大气压，水体积的缩小不足 1/20 000，因此在一般的水力计算中，水的压缩性可不考虑，认为水是不可压缩的。但对某些特殊情况，就必须考虑水受压缩后的弹性。如水电站高压管道中的水流，当水电站出现事故，阀门突然关闭后，管道中压力急剧升高，液体受到压缩，由此而产生的弹性力对运动的影响就不能忽视了。

2.2.5 表面张力特性

液体自由面由于水分子及空气分子间的引力不平衡，使自由面能承受微弱拉力的性质，称为表面张力特性。通常表面张力数值很小，仅在水的表面为曲率很大的曲面时，表面张力才产生显著的影响。例如，将一根细玻璃管插入静水中，管中的水面将高于静水面，这便是受了表面张力的影响。但在一般的水力学问题中，都可以忽略表面张力的影响。

实际液体的物理性质是很复杂的，如果把所有的物理力学性质都考虑进去，来分析研究水流运动将是十分困难的。为了简化问题、便于理论分析，在研究液体运动时常常引入"理想液体"的概念。所谓理想液体，就是忽略了液体的黏滞性、压缩性和表面张力特性的液体，它和实际液体的主要区别在于考不考虑黏滞性。研究中先把实际液体看做理想液体，即把所研究液体假定为完全无黏滞性的，得出有关规律后，再进一步研究较复杂的实际液体的运动规律。提出理想液体这一概念，可以作为分析实际液体运动的台阶，同时理想液体的规律也可近似地反映黏滞性作用不大的实际液体流动的情况。

小 结

一、水力学定义

水力学主要研究液体处于静止状态下的力学规律和液体机械运动规律及其在实际工程中的应用。

二、液体的主要物理力学性质

液体惯性：由液体质量或单位体积的液体质量来度量。

万有引力：由液体重量或单位体积的液体重量来度量。

均质液体密度、容重、重量的关系为：$\rho = \frac{m}{V}, \gamma = \frac{G}{V}, \gamma = \rho g$。

液体黏滞性：液体在运动状态下，流层间产生内摩擦阻力，阻碍相对运动的特性。液体黏滞性的大小用动力黏滞系数或运动黏滞系数来表示，黏滞系数随温度升高而减小。

液体压缩性:液体受压后体积缩小的性质称为液体的压缩性。液体也具有弹性,即当除去外力作用后可以恢复原状的性质。在一般情况下,水的体积压缩量不大,可不考虑。

表面张力特性:液体自由表面由于水分子及空气分子间的引力不平衡,使自由表面能承受微弱拉力的性质,称为表面张力特性。通常表面张力数值很小,在一般的水力学问题中,都可以忽略表面张力的影响。

三、连续介质与理想液体假定

在水力学中,液体的基本特性是易于流动、不易压缩、均质和各向同性的连续介质。以水为代表的一般液体,都具有这些基本特性。

理想液体,就是忽略了液体的黏滞性、压缩性和表面张力特性的液体,它和实际液体的主要区别在于考不考虑黏滞性。

技能训练题

(1)什么是理想液体?

(2)水流能量损失的根源是什么?

(3)体积为1.5 m^3 的水,其重量和质量分别是多少?

项目1 静水压力计算

案例一 山西省运城市白沙河水库，引水涵洞的闸门为平板闸门，门高 $h=3.5$ m，门宽 $b=2.0$ m，闸门自重 $G=3\ 920$ N，闸门与门槽之间滑动摩擦系数 $f=0.4$，确定闸门提升力 T。

案例二 白沙河水库溢洪道进口设有弧形工作闸门。已知闸门宽度 $b=8$ m，弧形门半径 $R=6$ m，圆心与水平面齐平，中心角为45°。求作用在闸门上的静水总压力。

任务1 静水压强及其特性

1 静水压强

在实际工程和生活中，液体有两种状态：一是液体相对于地球处于静止状态，称绝对静止状态，如水库、蓄水池中的水；二是液体相对于地球有运动，但液体之间、液体与边壁之间没有相对运动，称相对静止状态，如匀速直线行驶的水车中的水。

水力学中把静止液体产生的压力称为静水压力，用大写字母 P 表示。如图1-1所示的平板闸门上任取一点 M，围绕 M 取一微小面积 ΔA，作用于该面积上的静水压力为 ΔP，当 ΔA 趋近于零时，则平均压强 $\Delta P/\Delta A$ 的极限称为 M 点的静水压强，用小写字母 p 表示，即

$$p = \lim_{\Delta A \to 0} \frac{\Delta P}{\Delta A} \qquad (1\text{-}1)$$

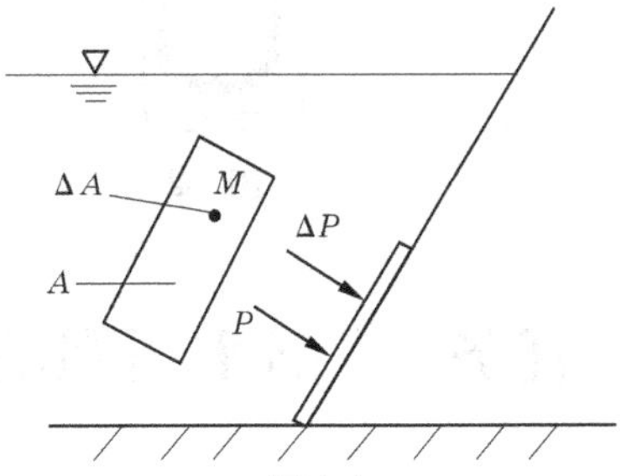

图1-1

水力学中的压强如果无特殊说明，一般指点压强。

2 静水压强的特性

首先观察一个试验。

如图1-2所示是一个用两端开口的U形玻璃管制成的测压计，玻璃管内盛着有色液体。这时管中液面在同一高度。用橡皮管把一个扎有橡皮薄膜的小圆盒连接到测压管 A 端，B 端仍与大气相通，这时管中液面仍在同一水平面上。

试验开始，用手指压橡皮膜，则 A 端液面降至 C 点，B 端液面升至 D 点。若手指加大压力，两端液面差也加大；手指放开，液面又恢复到同一水平面上。

若把橡皮膜放入水中，同样可看到 A 端液面降低，B 端液面升高。入水越深，液面差 h 越大，与加大手指压力时的现象相似。试验说明，静水中存在压强，而且静水压强随水

深的增加而增大。

当扎有橡皮薄膜的小圆盒在水中的中心位置不变,使橡皮薄膜向上、向下、向旁侧转动,测压计两端的液面都是不变的。

上述试验表明:静水内部任何一点各方向的压强大小是相等的,静水压强大小与作用面的方位无关。这是静水压强的第一个特性。

静水压强的第二个特性是:静水压强的方向永远垂直并指向作用面(也叫受压面)。因静止液体不能承受切力抵抗剪切变形,如果静水压强不垂直于作用面,则水体将受到剪切力作用而产生流动。因此,静止液体内部不存在剪切力。同时,静止液体也不可能承受拉力作用,只能承受垂直并指向作用面的压力。也就是说,静水压强的方向永远垂直并指向作用面。

研究水处于静止状态时的规律,这两个特性是很重要的。例如,在图 1-3 所示的边壁转折处 B 点,对不同方位的受压面来说,其静水压强的作用方向不同,但静水压强的大小是相同的。

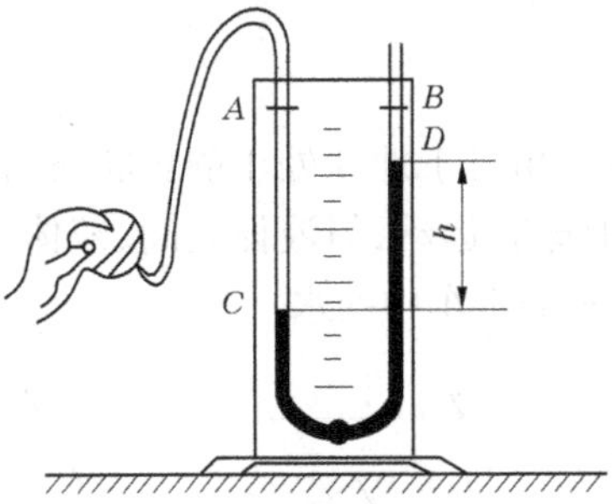

图 1-2

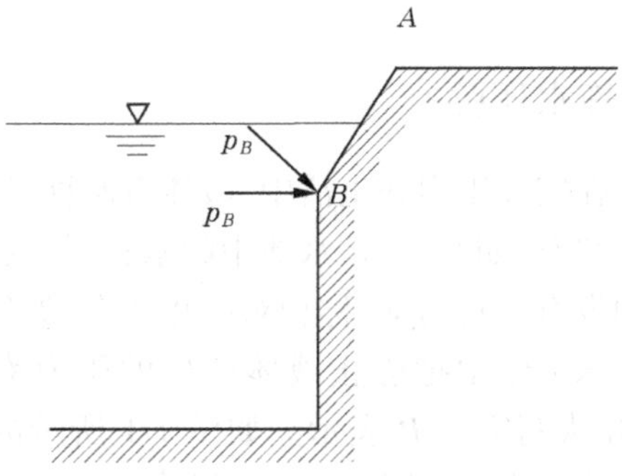

图 1-3

任务 2　静水压强的基本规律

1　静水压强基本方程

从前面的试验可知,静水压强是随水深增加的,但它是按什么规律变化的呢? 图 1-4 为仅在重力作用下处于静止状态的水体。水表面受到压强 p_0 的作用,p_0 称为表面压强。现研究位于水面下铅垂线上任意两点 1、2 的压强 p_1 和 p_2 间的关系。以 1、2 点为圆心,分别取微小水平面积 ΔA,取以 ΔA 为底、Δh 为高的铅直小水柱为脱离体,进一步分析作用在这一小水柱上的力:

(1) 小水柱的自重(重力) $G=\gamma\Delta h\Delta A$,方向垂直向下。

(2) 由于 ΔA 很小,可认为该面积上各点的压强相等,所以作用于小水柱顶面上的总压力为 $p_1\Delta A$,方向铅直向下。

(3) 同理,作用于小水柱底面上的总压力为 $p_2\Delta A$,方向铅直向上。

(4) 作用于小水柱周围表面上的水压力:因小水柱侧面皆为铅直面,侧面所受水压力

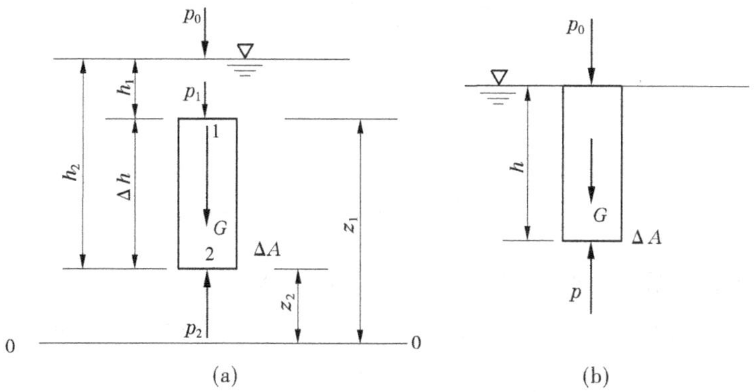

图1-4

皆为水平力,因小水柱处于静止状态,侧面上所受的水平力是相互平衡的。铅垂方向的静力平衡方程为

$$p_2\Delta A - p_1\Delta A - \gamma\Delta h\Delta A = 0$$

方程两边同时除以 ΔA 并整理得

$$p_2 = p_1 + \gamma\Delta h \tag{1-2}$$

p_2 是下面一点的压强,p_1 是上面一点的压强,上式可写作

$$p_{下} = p_{上} + \gamma\Delta h \tag{1-3}$$

若将1点(即上点)取在水面上,则 $h_1=0$、$h_2=\Delta h=h$、$p_1=p_0$、$p_2=p$,上式写成

$$p = p_0 + \gamma h \tag{1-4}$$

式(1-4)是常见的静水压强基本方程。它表明:仅在重力作用下,液体中某一点的静水压强等于表面压强加上液体的容重与该点淹没深度的乘积。

由式(1-4)可知,在静止液体中若表面压强 p_0 由某种方式使之增大,则此压强可大小不变地被传递到液体中的各个地方,这就是帕斯卡原理。静止液体中的压强传递特性是制作油压千斤顶、水压机等很多机械的原理。

上述静水压强方程式中,任意点的位置是从水面往下算的,用水深表示。若取公共水平面0—0为基准面,任一点距基准面的高度称为某点的位置高度 z,则可把式(1-2)变换为另外一种形式,从图1-4可得 $\Delta h=z_1-z_2$,代入式(1-2)可得

$$p_2 - p_1 = \gamma(z_1 - z_2)$$

即

$$z_1 + \frac{p_1}{\gamma} = z_2 + \frac{p_2}{\gamma} \tag{1-5}$$

式(1-5)是静水压强基本方程的另一种表达形式。它表明,在静止的液体中,位置高度 z 愈大,静水压强愈小;位置高度 z 愈小,静水压强愈大。

式(1-5)还表明,在均质、连通的液体中,水平面必然是等压面,这就是通常所说的连通器原理。

静水压强基本规律同样也适用于其他液体,区别只在于容重 γ 的不同。几种常见液体和空气的容重见表1-1。

表 1-1　常见流体容重

流体名称	温度（℃）	容重（kN/m^3）	流体名称	温度（℃）	容重（kN/m^3）
蒸馏水	4	9.8	水银	0	133.3
普通汽油	15	6.57～7.35	润滑油	15	8.72～9.02
酒精	15	7.74～7.84	空气	20	0.018 8

水利工程中计算静水压强时，通常不考虑作用于水面上的大气压强，只计算超过大气压的压强数值。若用 p_a 表示大气压强，当表面压强 $p_0=p_a$ 时，静水压强可写为

$$p = \gamma h \tag{1-6}$$

【例 1-1】　分别计算水库中水深为 5 m、10 m 处的静水压强。

解：水库表面压强为大气压，水的容重 $\gamma=9.8\ kN/m^3$

水深 5 m 处的静水压强 $p=\gamma h=9.8\times5=49(kPa)$

水深 10 m 处的静水压强 $p=\gamma h=9.8\times10=98(kPa)$

【例 1-2】　分别求出水和水银两种液体中深度 1 m 处的静水压强。已知液面压强为大气压，水银容重 $\gamma=133.3\ kN/m^3$。

解：水中深度 1 m 处的静水压强 $p=\gamma h=9.8\times1=9.8(kPa)$

水银中深度 1 m 处的静水压强 $p=\gamma h=133.3\times1=133.3(kPa)$

2　静水压强基本方程的意义

2.1　几何意义

如图 1-5 所示容器中，若在位置高度为 z_1 和 z_2 的边壁上开小孔，孔口处连接一垂直向上的开口玻璃管，通称测压管，可发现各测压管中均有水柱升起。测压管液面压强为大气压，根据连通器原理，则：

$$p_1 = \gamma h_1 \qquad p_2 = \gamma h_2$$

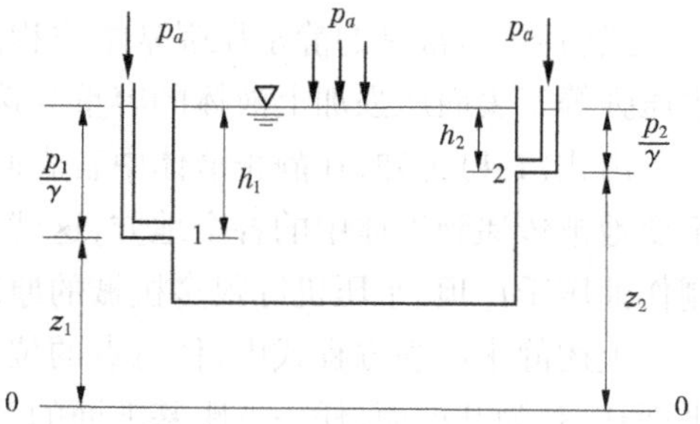

图 1-5

因此

$$h_1 = \frac{p_1}{\gamma} \qquad h_2 = \frac{p_2}{\gamma}$$

显然，在均质连通的容器内，γ 为定值，测压管中水面上升高度说明静水中各点压强的大小。通常称 $h=p/\gamma$ 为压强水头或测压管高度。这说明液体容重为定值时，一定的液柱高 h 就相当于确定的静水压强值。

常把某点的位置高度和压强水头之和$\left(z+\frac{p}{\gamma}\right)$叫做该点的测压管水头。因此，式(1-5)表明处于静止状态的水中，各点的测压管水头为一常数，即各点的位置高度和压强水头之和为一常数：

$$z + \frac{p}{\gamma} = C \tag{1-7}$$

常数 C 的大小随基准面的位置而变,基准面一定,常数 C 也就定下来了。

连接各点测压管中水面的线称为测压管水头线。因此,静水压强基本方程从几何上表明:均质连通的静水中,测压管水头线必为水平线。

2.2 物理意义

由物理学可知:质量为 m 的物体在高度 z 的位置具有位置势能(简称位能)mgz,它反映物体在重力作用下,下落至基准面 0—0 时重力做功的本领。对于液体,它不仅具有位置势能,而且液体内部的压力也有做功的本领。如在图 1-5 的点 1 处设置测压管,则测压管水面上升 $h_1 = \frac{p_1}{\gamma}$,这表明水面上升是压力做功的结果。使位置势能增加的那部分势能即为压力势能(简称压能)。质量为 m 的质点,所具有的压能为 $mg\frac{p_1}{\gamma}$。因此,静水中质点 1 所具有的全部势能应为位置势能与压力势能两项之和,即

$$mgz_1 + mg\frac{p_1}{\gamma} = mg\left(z_1 + \frac{p_1}{\gamma}\right)$$

单位重量水体所具有的势能称单位势能,以 $E_{势} = z_1 + \frac{p_1}{\gamma}$,则由式(1-7)得

$$E_{势} = z_1 + \frac{p_1}{\gamma} = z_2 + \frac{p_2}{\gamma} = C$$

所以,静水压强基本方程从能量观点表明:仅受重力且处于静止状态的水中,任意点对同一基准面的单位势能为一常数。

任务3 静水压强的表示方法及量测

1 静水压强单位

水利工程实践中,静水压强有三种单位,即应力单位、大气压和液柱高度。

1.1 以应力单位表示

压强用单位面积上的力来表示,即用应力单位来表示,这是压强的基本表示方法。单位为 Pa(N/m^2)或 kPa(kN/m^2)。

1.2 以大气压表示

地球表面产生的压强称为大气压强。物理学中规定以海平面的平均大气压 760 mm 高的水银柱的压强为一标准大气压(代号 atm),其数值为

$$1\ \text{atm} = 1.033\ \text{kgf/cm}^2 = 101.3\ \text{kPa}$$

工程中为计算简单起见,规定

$$1\ 工程大气压 = 1.0\ \text{kgf/cm}^2 = 98\ \text{kPa}$$

1.3 以液柱高度表示

由于一般液体的容重可以看作常量,液柱高$\frac{p}{\gamma}$的数值就反映压强的大小。这种用液

柱高度表示压强大小的方法在工程中也是常有的。

10 m 水柱产生的压强为 9.8 kN/m³ ×10 m = 98 kPa，即 1 工程大气压，而 1 工程大气压相应的水银柱高度为

$$h = \frac{p}{\gamma} = \frac{98}{133.3} = 0.735(\text{m}) = 735\ \text{mm}$$

三种单位之间的换算关系为：1 工程大气压 = 98 kPa，相当于 10 m 水柱或 735 mm 水银柱产生的压强。

2　绝对压强、相对压强、真空压强

2.1　绝对压强

对同一压强，根据起算的基准不同，会有不同的压强数值。

高程总是相对于某一基准面而言的。例如某点高程为 30 m，是说这点高出黄海平均海平面 30 m，因为我国规定黄海平均海平面高程为零。同样道理，压强的表示也有以哪个基准起算的问题。

物理中常以没有空气的绝对真空，即压力为零做基准起算的，这种压强称为绝对压强，以 $p_{绝}$ 表示。

2.2　相对压强

水利工程中，水流或建筑物表面多为大气压 p_a，为简化计算，采用以大气压为零作为起算的基准，这种以大气压强为零起算的压强称为相对压强，若不加特殊说明，静水压强即指相对压强，直接以 p 来表示。

一点的相对压强比该点的绝对压强值小 1 个大气压，即

$$p = p_{绝} - p_a \tag{1-8}$$

显然，相对压强是指超过大气压的压强数值，如图 1-6 所示。

2.3　真空压强

实践中常遇到绝对压强小于大气压的情况，通常说出现了负压，即相对压强为负值。水力学中把这种情况称为真空现象。

先从试验来认识真空现象。若在静止的水中插入一个两端开口的玻璃管，如图 1-7 所示的管 1，这时管内外的水面必在同一高度。如把玻璃管的一端装上橡皮球，并把球内的气排出，再放入水中，如图 1-7 中的管 2。这时，管 2 内水面高于管外的水面，说明管内水面压强 p_0 已不是一个大气压。根据静水压强基本方程可知

$$p_0 + \gamma h_1 = p_a$$

即

$$p_0 = p_a - \gamma h_1$$

这里表面压强 p_0 是一个小于大气压的压强，即管 2 液面上出现了真空。如用相对压强表示，则管内水表面压强为 $-\gamma h_1$。通常也称管 2 液面出现了“负压”。这个负压的绝对值 γh，称为真空值（真空压强）。换句话说，真空压强 $p_{真}$ 是绝对压强不足于一个大气压的差值。

总之，当 $p_{绝} < p_a$ 时，即发生了真空，这时，一般用真空值 $p_{真}$ 来表示，它与相对压强、绝对压强的关系为

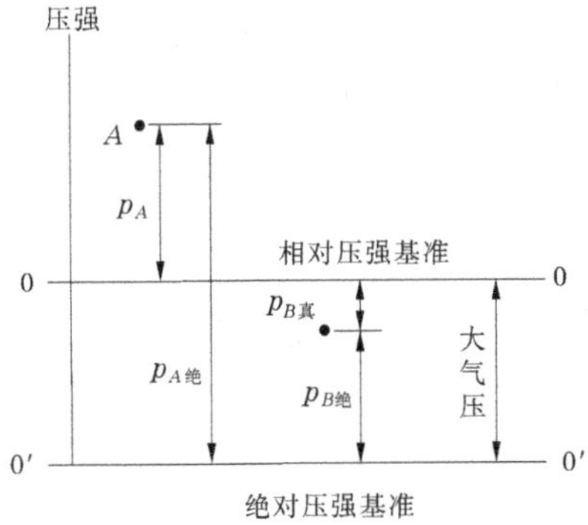

图 1-6

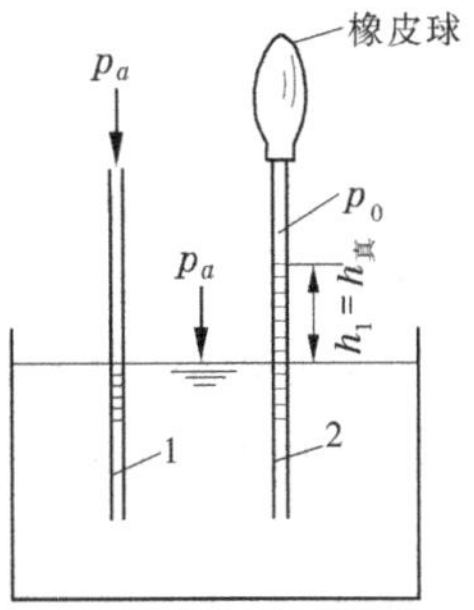

图 1-7

$$p_{真} = p_a - p_{绝} = -p_{相} \quad (p_{相} < 0) \tag{1-9}$$

真空值的大小用所相当的水柱高度表示,称为真空高度,即

$$h_{真} = \frac{p_{真}}{\gamma} \tag{1-10}$$

【例 1-3】 A 点相对压强为 24.5 kN/m²,B 点相对压强为 −24.5 kN/m²,求 $p_{A绝}$、$p_{B绝}$ 和 $p_{B真}$。

解: 因

$$p_{绝} = p + p_a, p_{真} = -p_{相}$$

故

$$p_{A绝} = p_A + p_a = 24.5 + 98 = 122.5(\text{kN/m}^2)$$

$$p_{B绝} = p_B + p_a = -24.5 + 98 = 73.5(\text{kN/m}^2)$$

$$p_{B真} = -p_B = 24.5 \text{ kN/m}^2$$

2.4 静水压强测算

静水压强的测算有两种情况:一是测算点压强,二是测算两点压强差。工程实际中用于测量压强的仪器很多,可分为液柱式测压仪、金属测压仪、电测仪等,各种仪器的量测值一般为相对压强值。下面重点介绍液柱式测压仪的测算原理。

2.4.1 点压强的测算

2.4.1.1 测压管

一般压强用直立测压管,如图 1-8(a)所示;某点压强较小时,可用斜测压管,如图 1-8(b)所示。

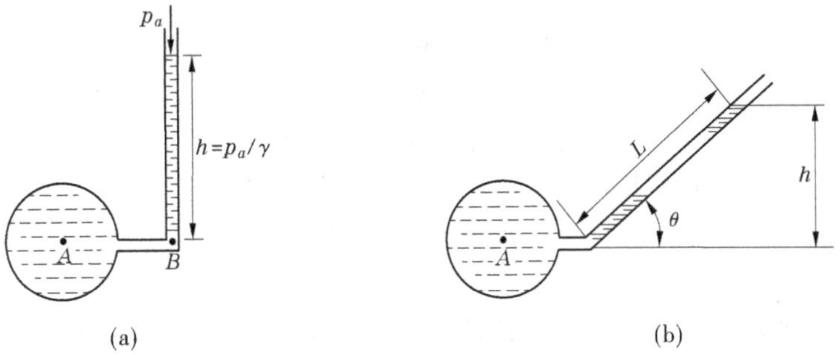

图 1-8

(1)直立测压管。

直立测压管是最简单也最常用的测压装置,管中液柱高度即反映了所测点的相对压强 p,即

$$p = \gamma h \tag{1-11}$$

(2)斜测压管。

若所测点的压强较小,为了提高测量精度,可将测压管倾斜放置以增大测距,如图 1-8(b)所示。此时用于计算压强的测压管高度 $h = L\sin\theta$,则被测点压强为

$$p = \gamma h = \gamma L\sin\theta \tag{1-12}$$

式中 θ——测压管与水平面的夹角;

L——测压管中液柱沿倾斜方向的长度。

2.4.1.2 U 形水银测压计

若所测点压强较大,可采用 U 形水银测压计,如图 1-9 所示。由连通器原理可知,图 1-9 中 1—2 为等压面,若水银容重以 γ_m 表示,则根据静压方程有

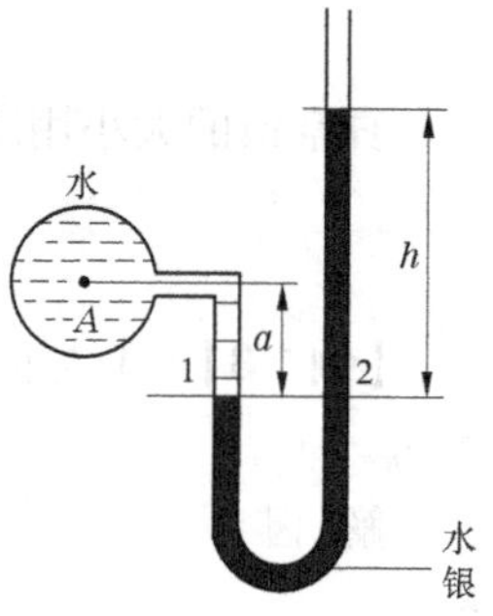

图 1-9

$$p_1 = p_A + \gamma a$$
$$p_2 = \gamma_m h$$

因 $p_1 = p_2$,所以有

$$p_A + \gamma a = \gamma_m h$$

即

$$p_A = \gamma_m h - \gamma a \tag{1-13}$$

可见,对于 U 形水银测压计,只要测出两水银面高差及安装高度 h,就可计算出某点的压强。

2.4.2 两点压差测算

测量两点压差的仪器称为压差计或比压计。常用的压差计有空气压差计和水银压差计。

2.4.2.1 空气压差计

如图 1-10(a)所示,空气压差计即倒 U 形管上部为空气(其压强可大于或小于大气压)。因空气的容重很小,可认为两管中液面压强相等。根据图 1-10(a)中各尺寸几何关系及静水压强方程可知

$$p_A = p_0 + \gamma\Delta h + \gamma(h_2 - z)$$
$$p_B = p_0 + \gamma h_2$$

所以

$$p_A - p_B = \gamma(\Delta h - z)$$

当 A、B 位于同一高程时

$$p_A - p_B = \gamma\Delta h \tag{1-14}$$

2.4.2.2 水银压差计

图 1-10(b)所示为水银压差计装置,图中取 1—2 等压面,由静水压强基本方程可得

$$p_1 = p_A + \gamma(z_A + \Delta h)$$
$$p_2 = p_B + \gamma z_B + \gamma_m \Delta h$$

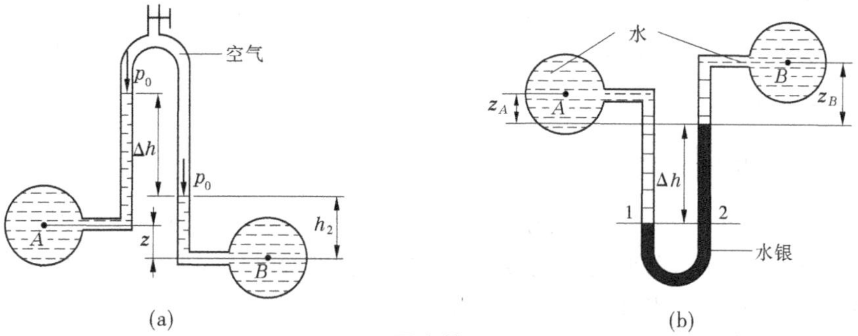

图1-10

因为 $p_1 = p_2$,则

$$p_A - p_B = \gamma(z_B - z_A) + (\gamma_m - \gamma)\Delta h$$

若 A、B 同高,则

$$p_A - p_B = (\gamma_m - \gamma)\Delta h \tag{1-15}$$

【例1-4】 如图1-11所示装置中,$h_水 = 30$ cm,油的容重 $\gamma_油 = 7.85$ kN/m^3。

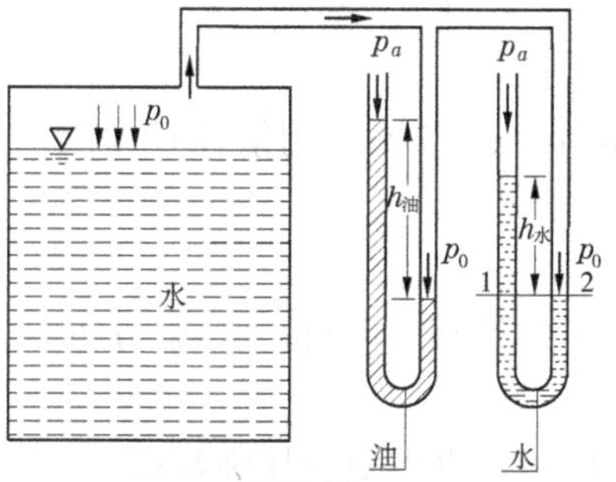

图1-11

求:(1)密闭容器内表面压强 p_0 的相对压强值;

(2)U形管中油柱的高差 $h_油$。

解:(1)在图1-11中右侧U形管上取1—2等压面,因容器内与U形管密封端液面压强可看做相等,根据静水压强计算原理有

$$p_0 = \gamma h_水 = 9.8 \times 0.3 = 2.94(\text{kN/m}^2)$$

(2)因两U形管与容器连通端液面压强相同,所以

$$\gamma h_水 = \gamma_油 h_油$$

则有

$$h_油 = \frac{\gamma h_水}{\gamma_油} = \frac{9.8 \times 0.3}{7.85} = 0.375(\text{m}) = 37.5 \text{ cm}$$

任务4 作用于平面壁上的静水总压力

实际工程中,经常需要计算建筑物与液体接触面上所受静水总压力。例如,确定闸门启闭力、校核闸或坝的稳定等,都需要知道作用于整个受压面上的静水总压力。求静水总

压力就是计算受压面上各部分所受作用力的合力，主要确定静水总压力的大小、方向和作用点位置。水工建筑物的受压面一般分为平面和曲面，本任务主要研究受力条件较简单的平面壁上静水总压力的计算。

1　静水压强分布图

水利工程中表面压强多为大气压。这时 $p=\gamma h$，此式表明：静水压强 p 与水深 h 呈直线关系。所以，可用几何图形清晰地表示出受压面各点静水压强的大小和方向，称静水压强分布图也称压力图，工程计算中常常用到。

静水压强分布图的绘制步骤如下（以图 1-12所示平板闸门为例）：

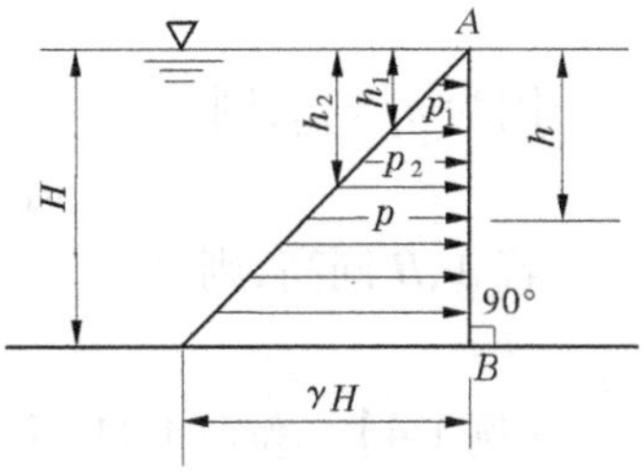

图 1-12

（1）找两点。

即受压平面的最上点 A 和最下点 B。

（2）算压强。

计算出 A、B 两点的相对压强

$$p_A = \gamma h_A = 0, p_B = \gamma h_B = \gamma H$$

（3）画箭杆。

将 A、B 两点的压强数值 p_A、p_B 按比例用箭杆长度表示在图上，注意箭杆垂直于受压面。

（4）连箭尾。

将 A、B 两点箭杆尾部用直线连接，即可得到压强分布图的轮廓。

（5）标数值。

在得到的压强分布图上标出 A、B 两点的压强数值。

（6）画中间。

在压强分布图的轮廓内部均匀地添绘箭杆（垂直于受压面），并标出箭头方向（指向受压面）。

无论是斜面、折面还是曲面，根据静水压强的特性和基本方程都可绘出压力图。

现将工程上常遇到的几种情况列于图 1-13 中。

2　图解法求解矩形平面壁上的静水总压力

静水总压力（包括确定静水总压力的大小、方向和作用点）可根据静水压强分布规律求出。当确定了压强及其分布规律后求总压力，实质上就是静力学中求分布力的合力的问题。

图解法是根据平面壁上压强分布图来确定总压力的数值，它仅适用于受压面为矩形平面的情况。

图 1-14 所示为任意倾斜的矩形受压平面，宽为 b、长为 l。由于压强分布沿宽度不变，因此压强分布图沿宽度方向是不变的。因受压平面的顶部在液面以下，压强分布图为梯形（见图 1-14）；当受压平面的顶部与液面齐平时，压强分布图为三角形（见图 1-13（a）、（b））。

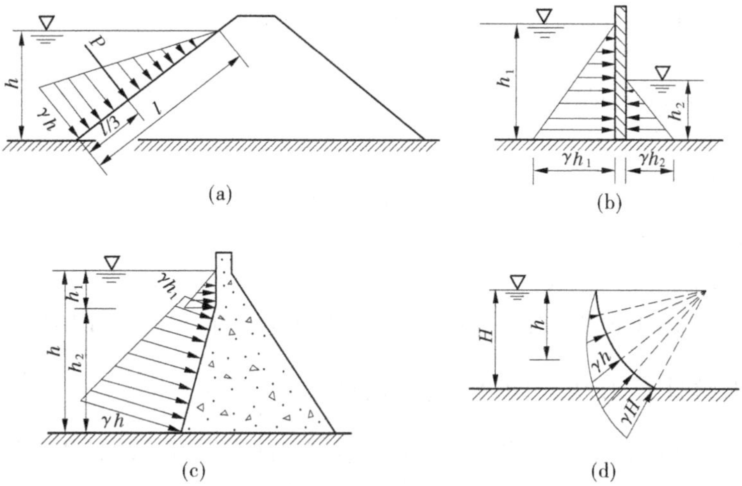

图 1-13

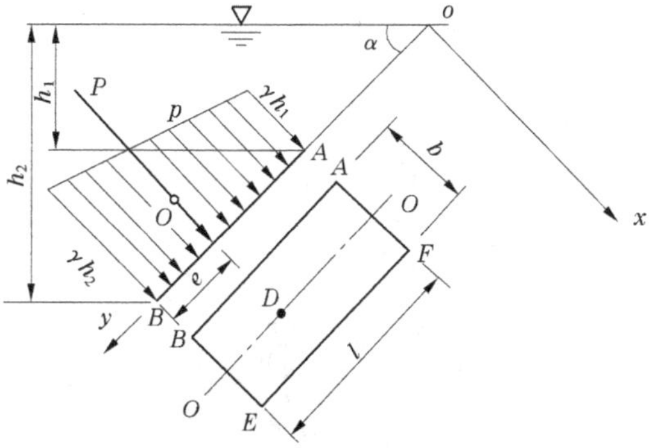

图 1-14

2.1　静水总压力 P 的大小

平面壁上静水总压力 P，就是受压面上各微小面积上静水压力的总和，即静水总压力大小是该平行分布力系的合力。由于压强分布图反映了单位宽度上压强的分布和大小，压强分布图的面积就应等于作用在单位宽度上的静水总压力，因而矩形的受压平面所受静水总压力就等于压强分布图面积 S 乘以受压面宽度 b，即

$$P = Sb \tag{1-16}$$

2.2　静水总压力的方向

平面壁上各点压强方向都垂直指向受压面，静水总压力作为其合力，其方向必定垂直并指向受压面。

2.3　静水总压力的作用点（压力中心 D）

总压力的作用线与受压面的交点，即总压力的作用点，称压力中心，以 D 表示。压力中心位置可以用压力中心 D 至受压面底缘的距离 e 表示。静水总压力的作用线必通过压强分布图的形心（注意要和受压面形心区别开）、垂直受压面，而且压力中心必然位于受压面的对称轴上。

当压强分布图为三角形时，压力中心至三角形底缘距离 $e=\frac{l}{3}$；当压强分布图为梯形时，压力中心至梯形底缘的距离 $e=\frac{l}{3}\times\frac{2b_1+b_2}{b_1+b_2}$（式中 b_1、b_2 分别为梯形压强分布图的上底和下底）。

综上所述，矩形平面壁静水总压力的图解法步骤为：

（1）绘制静水压强分布图；

（2）计算静水总压力大小 $P=Sb$；

（3）总压力作用线通过压强分布图形心，且垂直受压面，其交点即为压力中心。

3 解析法求解任意形状平面壁的静水总压力

对任意形状的平面壁，其静水总压力的大小、方向和压力中心可以用解析法求解。

如图 1-15 所示圆形平板闸门为例。该圆形平面面积为 A、形心为 C、形心在水下的深度 h_C 处。取坐标平面 xoy 与该受压平面重合。将 xoy 平面绕 y 轴转 90°，即把该平面转展在纸面（见图 1-15），静水总压力 P 的作用点为 D，D 点在水面以下的深度为 h_D、沿 oy 轴的距离为 y_D。

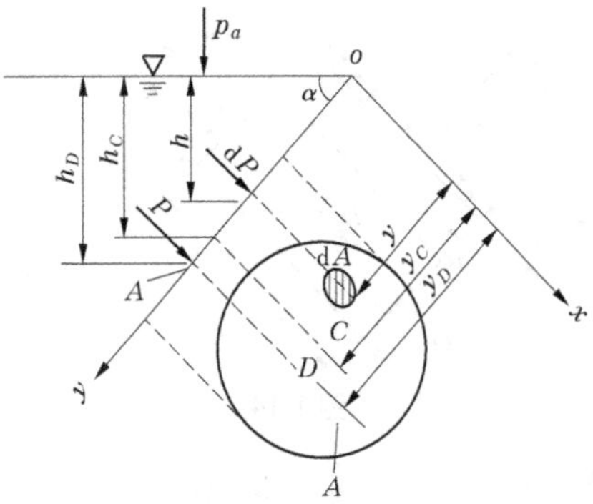

图 1-15

3.1 静水总压力大小

在圆形受压平面中取微小面积 $\mathrm{d}A$，其中心点在水下深度 h 处。因 $\mathrm{d}A$ 极小，可认为在 $\mathrm{d}A$ 上的压强分布是均匀的，各点的压强都等于 γh，则 $\mathrm{d}A$ 上的静水总压力为

$$\mathrm{d}P = p\mathrm{d}A = \gamma h\mathrm{d}A$$

整个受压面上的静水总压力通过积分可得

$$P = \int \mathrm{d}P = \int_A \gamma h\mathrm{d}A = \int_A \gamma y\sin\alpha\mathrm{d}A = \gamma\sin\alpha\int_A y\mathrm{d}A$$

由工程力学知，$\int_A y\mathrm{d}A$ 为面积 A 对 ox 轴的面积矩，它等于 $y_C A$。因此

$$P = \gamma\sin\alpha y_C A = \gamma h_C A = p_C A \tag{1-17}$$

式中 h_C——受压面形心 C 在水面下的深度，$h_C=y_C\sin\alpha$；

p_C——受压面形心 C 的静水压强，$p_C=\gamma h_C$。

式(1-17)是计算平面壁上静水总压力的解析式。它说明任意形状平面壁上静水总压力的大小，等于受压面面积与受压面形心处静水压强的乘积。

3.2 静水总压力方向及作用点

根据静水压强特性，静水总压力的方向必然与受压面垂直。

当受压面为对称图形时，压力中心必然位于对称轴上。具体位置一般用 y_D 来表示。根据合力矩定理，各分力（dP）对 ox 轴的力矩之和，等于合力（总压力 P）对 ox 轴的力矩。

各微小面积上静水总压力 dP 对 ox 轴的力矩和为

$$\int_A y\mathrm{d}P = \int_A y\gamma h\mathrm{d}A = \int_A y\gamma y\sin\alpha\mathrm{d}A = \gamma\sin\alpha\int_A y^2\mathrm{d}A = \gamma\sin\alpha I_{ox}$$

式中，$I_{ox} = \int_A y^2\mathrm{d}A$ 为受压面对 ox 轴的惯性矩。它不仅与受压面形状有关，还与 ox 轴位置有关，直接求解很不方便，因此可先求出受压面对其形心轴（过形心与 ox 平行）的惯性矩 I_C，再根据平移轴定理求出 I_{ox}，即 $I_{ox} = I_C + y_C^2A$，所以有

$$Py_D = \gamma\sin\alpha(I_C + y_C^2A)$$

整理得

$$y_D = y_C + \frac{I_C}{y_CA} \tag{1-18}$$

式中，$\frac{I_C}{y_CA}$不是负数，故 $y_D \geqslant y_C$，即总压力作用点 D 的位置比受压面形心 C 的位置低$\frac{I_C}{y_CA}$。

I_C 代表平面图形的几何性质，一定形状尺寸的图形 I_C 是一个定值，对于常用的矩形 $I_C = \frac{bh^3}{12}$，圆形 $I_C = \frac{\pi r^4}{4}$。

【案例一及解析】 山西省运城市白沙河水库，引水涵洞的闸门为平板闸门，门高 $h = 3.5$ m，门宽 $b = 2.0$ m，闸门自重 $G = 3\ 920$ N，闸前水深为 3.0 m，闸门与门槽之间滑动摩擦系数 $f = 0.4$，试确定闸门提升力 T。

解：提起闸门所需的启闭力，必须大于闸门自重加闸门在静水压力作用下与门槽的摩擦力。

静水压力
$$P = \frac{\gamma H^2 b}{2} = \frac{9.8 \times 3.0^2 \times 2.0}{2} = 88.2(\mathrm{kN})$$

摩擦力等于正压力乘摩擦系数，故摩擦力为

$$F = Pf = 88.2 \times 0.4 = 35.28(\mathrm{kN})$$

因此，要提升闸门，最小启闭力为

$$T = G + F = 3.92 + 35.28 = 39.20(\mathrm{kN})$$

【例1-5】 如图1-16所示一圆形平板闸门，半径 $r = 0.5$ m，闸门与水平面夹角 $\alpha = 45°$，闸门上边缘距水面深度为 1 m，求闸门所受的静水总压力。

解：

$$h_C = 1 + 0.5\sin 45° = 1.35(\mathrm{m})$$

$$P = \gamma h_C A = 9.8 \times 1.35 \times 3.14 \times 0.5^2 = 10.39(\mathrm{kN})$$

$$I_C = \frac{\pi r^4}{4} = \frac{3.14 \times 0.5^4}{4} = 0.049(\mathrm{m}^4)$$

$$y_C = \frac{1}{\sin\alpha} + r = \frac{1}{\sin 45°} + 0.5 = 1.91(\mathrm{m})$$

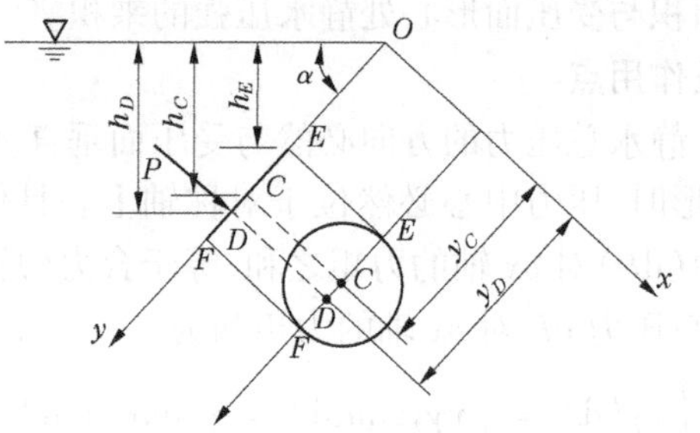

图 1-16

$$y_D = y_C + \frac{I_C}{y_C A} = 1.91 + \frac{0.049}{1.91 \times 3.14 \times 0.5^2} = 1.94(\text{m})$$

任务 5　作用在曲面壁上的静水总压力

1　静水总压力的两个分力

水工建筑物常碰到受压面为曲面的情况,如拱坝坝面、弧形闸门、弧形闸墩及边墩等。因曲面壁上各点静水压强方向互不平行,所以平面壁上求各力代数和确定总压力的方法不再适用。为了便于计算,可把静水总压力分解为水平总压力 P_x 和铅垂总压力 P_z,如图 1-17(a)所示,再求出合力,即可得到静水总压力。

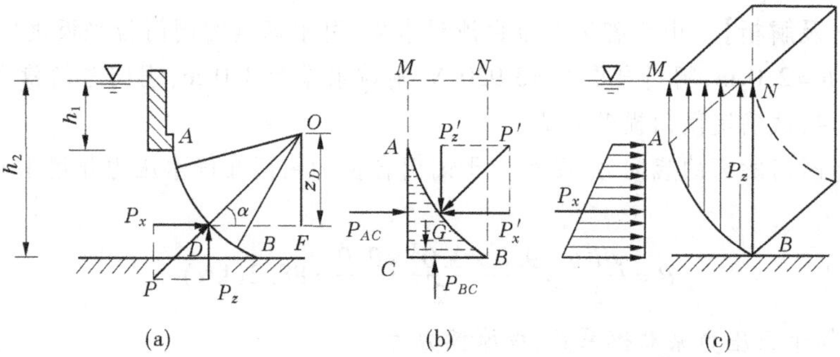

图 1-17

总压力大小:为了确定分力 P_x 和 P_z,选取宽度为 b、截面为 ABC 的水体为脱离体,如图 1-17(b)所示,研究该脱离体的平衡。

作用在 AB 面上的力是闸门对水的反作用力 P',这个力和水对闸门的静水总压力 P 大小相等、方向相反。作用在这块水体上的重力为 G。作用在 BC 和 AC 面上的总压力分别为 P_{BC} 和 P_{AC}。现将 P' 分解成 P_x' 和 P_z' 两个分力。因水体是静止的,所有作用在此水体上的力应保持平衡,即

$$P_x' = P_{AC}$$

$$P_z' = P_{BC} - G$$

根据作用力与反作用力大小相等、方向相反的道理,可得到作用在闸门上总压力的水

平分力为

$$P_x = P_{AC} \tag{1-19}$$

静水总压力的水平分力 P_x 等于曲面的铅直投影面 AC 上的静水总压力 P_{AC}。P_{AC} 可利用确定平面壁静水总压力的方法来求，如矩形闸门，受压面上缘和底缘处的水深分别为 h_1 和 h_2，则

$$P_x = \frac{1}{2}\gamma b(h_2^2 - h_1^2)$$

作用在闸门上总压力的铅直分力为

$$P_z = P_{BC} - G$$

P_z 包含 P_{BC} 和 G 两部分。P_{BC} 相当于作用在 BC 面上的静水总压力的反力。BC 为一等压面，其各点的压强都与 C 点的压强相等，即 $p = \gamma h_2$，故

$$P_{BC} = \gamma h_2 A_{BC} = \gamma V_{MCBN}$$

其中，A_{BC} 是 BC 面的面积，V_{MCBN} 是水体 $MCBN$ 的体积。从图 1-17(b)可得

$$P_z = P_{BC} - G = \gamma V_{MCBN} - \gamma V_{ACB} = \gamma(V_{MCBN} - V_{ACB}) = \gamma V_{MABN} \tag{1-20}$$

式中 V_{MABN}——宽度为 b、截面为 $MABN$ 的水体体积，通称压力体，如图 1-17(c)所示。

式(1-20)表明：静水总压力的铅直分力 P_z 就等于压力体内的水重。由此可见，正确画出压力体图，是求解铅直分力的重要手段。

2 压力体剖面图的绘制

为进一步了解压力体的含义，在图 1-18 中列出了几种弧形闸门不同受力情况下的压力体图形。从这些图形中可看出，压力体是由底面、顶面、侧面构成的体积。底面是曲面本身，顶面是水面或水面的延长面，侧面是通过曲面四周边缘所作的铅直面。

确定铅直分力 P_z 的方向应以水对曲面的作用方向为依据。若曲面上部承受水压，则 P_z 的方向向下（见图 1-18(a)）；若曲面下部承受水压，则 P_z 的方向向上（见图 1-18(b)、(e)）。对于图 1-18(c)、(d)的情况，则应根据水压力大的一方来确定静水总压力铅直分力 P_z 的方向。

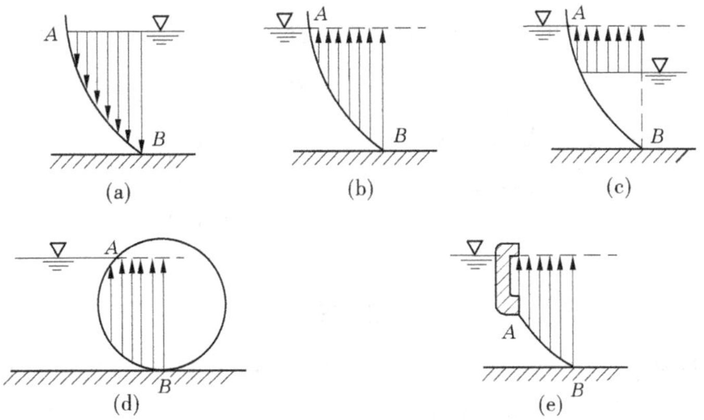

图 1-18

综上所述，曲面壁静水总压力的计算步骤如下：

(1)把曲面壁静水总压力 P 分解为水平分力 P_x 和铅直分力 P_z；

(2)P_x 等于该曲面的铅直投影面上的静水总压力，计算方法和平面壁上静水总压力的计算方法相同；

(3)P_z 等于压力体中水的重量；

(4)P_x、P_z 求得后，总压力大小可通过求合力的方法得到。

3 静水总压力 P

总压力的大小可用下式求得

$$P = \sqrt{P_x^2 + P_z^2} \tag{1-21}$$

总压力作用线的方向，可用总压力作用线与水平线的夹角 α 表示，即

$$\alpha = \arctan \frac{P_z}{P_x} \tag{1-22}$$

总压力的作用点：弧形闸门的面板一般属圆柱面的一部分。作用在弧形闸门上各点的水压力作用线都通过圆心 O 点，故总压力 P 也通过 O 点。若过 O 点作与水平线夹角为 α 的线，即为总压力的作用线。它与受压曲面的交点，即为压力中心 D。若压力中心 D 至轴心 O 的铅直距离以 Z_D 表示，从图 1-17(a)所示的三角形 ODF，可得

$$Z_D = R\sin\alpha \tag{1-23}$$

根据曲面壁静水总压力的规律，很容易说明物体在水中所受浮力的大小。任意物体都可看作是由封闭曲面所包围的，封闭曲面壁上所受的静水总压力，即为物体所受的力。根据压力体定义，作用在封闭曲面上的静水总压力是铅直向上的浮力，其大小等于压力体的重量。亦即：物体在液体中所受的浮力，等于物体所排开的那部分液体的重量。这就是阿基米德原理。

例如，一条船浮在水面上(见图 1-19(a))，它浸没在水面以下的体积如图中阴影线部分所示。船所受到的浮力，就等于水的容重乘以这部分的体积。若物体全部浸没在水面以下(见图 1-19(b))，它所受到的浮力，也等于物体排开水体的重量，即压力体的重量。显然，浮力不仅和所排开的液体体积有关，而且和液体的容重有关。在高含沙水流中，浑水的容重增大，物体所受到的浮力也相应增大。浮力计算在工程设计中往往是很重要的。

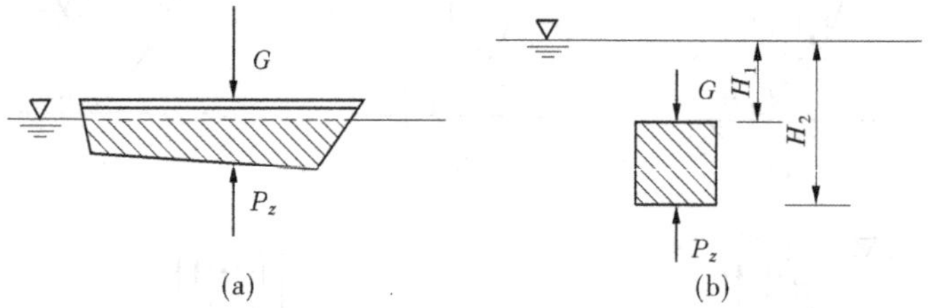

图 1-19

【案例二及解析】 白沙河水库溢洪道进口设有弧形工作闸门，如图 1-20 所示。已知闸门宽度 $b=8$ m，弧形门半径 $R=6$ m，圆心与水平面齐平，中心角为 45°。求作用在闸门上的静水总压力。

解：闸前水深

$$H = R\sin\alpha = 6 \times \sin 45° = 4.24(\text{m})$$

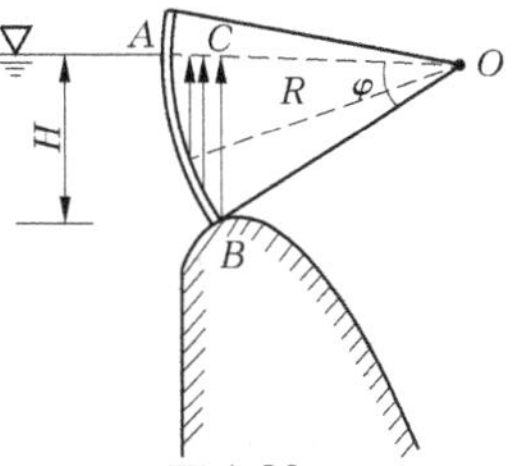

图1-20

水平分力

$$P_x = \frac{1}{2}\gamma H^2 b = \frac{1}{2} \times 9.8 \times 4.24^2 \times 8 = 704.72(\text{kN})$$

静水总压力的铅直分力 P_z，等于压力体 ABC 的水重，即

$$P_z = \gamma V_{ABC}$$

因为面积 ABC = 扇形面积 OAB − 三角形面积 OBC

$$扇形面积\ OAB = \frac{45°}{360°}\pi R^2 = \frac{1}{8} \times 3.14 \times 6^2 = 14.13(\text{m}^2)$$

$$三角形面积\ OBC = \frac{1}{2}BC \times OC = \frac{1}{2} \times 6\sin 45° \times 6\cos 45° = 9(\text{m}^2)$$

所以，压力体 ABC 的体积

$$V_{ABC} = (14.13 - 9) \times 8 = 41.04(\text{m}^3)$$

因此，铅直分力为

$$P_z = \gamma V_{ABC} = 9.8 \times 41.04 = 402.19(\text{kN})$$

作用于闸门上的静水总压力为

$$P = \sqrt{P_x^2 + P_z^2} = \sqrt{704.72^2 + 402.19^2} = 811.41(\text{kN})$$

总压力作用线与水平线之间的夹角 α 为

$$\alpha = \arctan\frac{P_z}{P_x} = \arctan\frac{402.19}{704.72} = 30°$$

总压力的作用点 D 与轴心 O 的铅直距离为

$$Z_D = R\sin\alpha = 6 \times \sin 30° = 3(\text{m})$$

小　结

一、静水压强基础知识

(1)静水压强的两个特性；

(2)静水压强方程的几何意义和物理意义；

(3)$p_{绝}$、p、$p_{真}$ 的定义及相互关系；

(4)静水压强的三种单位。

二、静水压强量测

利用等压面、静水压强基本方程 $p = p_0 + \gamma h$ 量测静水压强的步骤：

(1)取等压面；

(2)对等压面和相关测点列静水压强基本方程；

(3)利用两点压强之间的关系，分别从左、右两侧开始向等压面推算得所求压强。

三、平面壁静水总压力

图解法(矩形平面)求静水总压力的步骤:
(1)绘出静水压强分布图;
(2)计算总压力大小 $P=Sb$;
(3)静水总压力方向:垂直指向作用面;
(4)静水总压力作用点:当压强分布图为三角形时,压力中心至三角形底缘距离 $e=\frac{l}{3}$;当压强分布图为梯形时,压力中心至梯形底缘的距离 $e=\frac{l}{3}\times\frac{2b_1+b_2}{b_1+b_2}$。

解析法(任意形状平面)求静水总压力的步骤:
(1)计算静水总压力大小:$P=p_C A$;
(2)静水总压力方向:垂直指向作用面;
(3)静水总压力作用点:$y_D = y_C + \frac{I_C}{y_C A}$。

四、曲面壁静水总压力

曲面壁静水总压力的求解步骤:
(1)绘出受压曲面的压力体剖面图;
(2)计算总压力大小:$P_x = P_{AC}$,$P_z = \gamma V_{压力体}$,总压力 $P = \sqrt{P_x^2 + P_z^2}$;
(3)总压力方向:$\alpha = \arctan\frac{P_z}{P_x}$;
(4)作用点:$Z_D = R\sin\alpha$。

技能训练题

一、名词解释

(1)静水压强。
(2)相对压强。
(3)绝对压强。
(4)真空压强及真空度。
(5)工程大气压和标准大气压。
(6)位置水头(位置高度)。
(7)压强水头(测压管高度)。
(8)测压管水头。

二、问答题

(1)静水压强的基本特性是什么?

(2)静水压强基本规律有几种表示方法？各自的含义是什么？

(3)相对压强、绝对压强及真空压强的关系式如何表示？水利工程中一般采用哪种压强表示形式？

(4)静水压强的单位有几种，相互之间如何换算？

(5)矩形平面壁上的压强分布图如何绘制？绘制压强分布图的意义是什么？

(6)压力体图如何绘制？压力体图的方向如何确定？

(7)受压面形心、压强分布图形心与压力中心有何区别？

(8)平面壁静水总压力有几种计算方法？简述各自的方法和步骤。

(9)简述曲面壁静水总压力的计算方法及计算步骤。

(10)半径为 r 的两全半球面(若不考虑球壁厚度)，在如图1-21所示的装置情况下，所受的铅直总压力如何求解？它们铅直总压力的方向如何确定？

(11)半径为 r 的三个球体，当处于如图1-22所示的位置时，其所受的浮力是否相同？为什么？

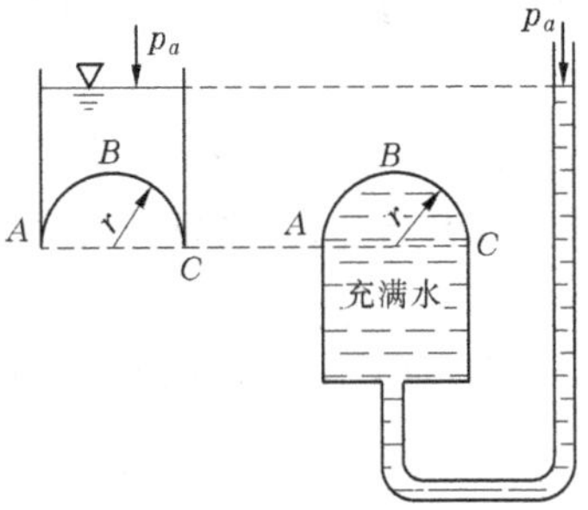

图1-21

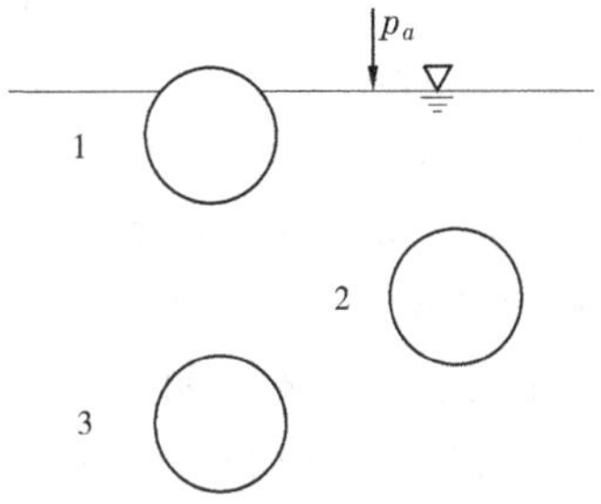

图1-22

三、填空题

(1)静水压强的大小与________方位无关，其方向永远________且________受压面。

(2)相对压强与绝对压强的区别是：是否计入________压强。

(3)真空压强计算时取________的绝对值。静水中某点的真空压强为9.8 kPa，则相对压强为________ kPa。

(4)某点相对压强为49 kPa，则绝对压强为________ kPa。

(5)图解法求矩形平面壁静水总压力，其大小等于________与________的乘积；任意形状平面壁静水总压力的大小等于________与________的乘积。

(6)平面壁静水总压力的方向________且________受压面。

(7)压力体剖面图的顶面为________，底面为________，侧面为________。

(8)弧形闸门静水总压力的方向指向________。

(9)压强分布图的面积表示________上的静水总压力。

四、计算题

(1)如图 1-23 所示某蓄水池深 14 m，试确定护岸 AB 上 1、2 两点的静水压强值，并绘出压强的方向。

(2)试求如图 1-24 所示的容器壁面上 1 ~ 5 点的静水压强的大小(以各种单位表示)，并绘出静水压强的方向。

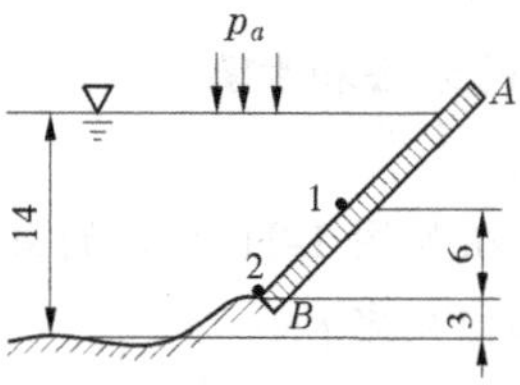

图 1-23　(单位:m)

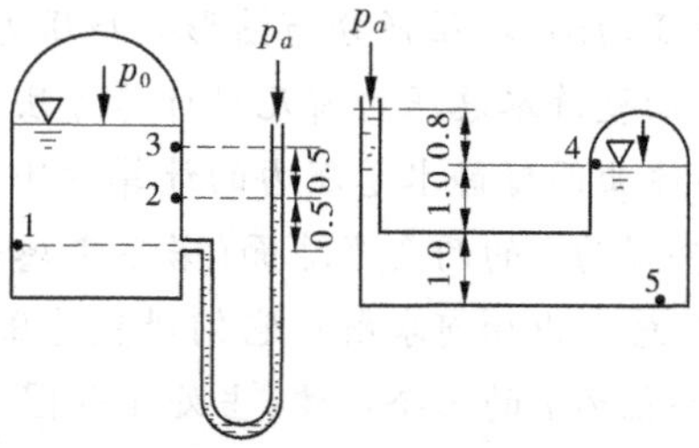

图 1-24　(单位:m)

(3)测得某点的绝对压强为 200 mm 水银柱高，求：其绝对压强用千帕表示为多少？若以真空值和相对压强表示，其数值为多少？

(4)已知某容器(见图 1-25)中 A 点的相对压强为 0.8 工程大气压，设在此高度上安装测压管，问至少需要多长的玻璃管？如果改装成水银测压计，问水银柱高度 h_p 为多少？(已测得 $h = 0.2$ m)

(5)测量容器中 A 点的相对压强值，如图 1-26 所示。已知 $z = 1$ m，$h = 2$ m，求 A 点的相对压强，并用绝对压强和真空高度来表示。

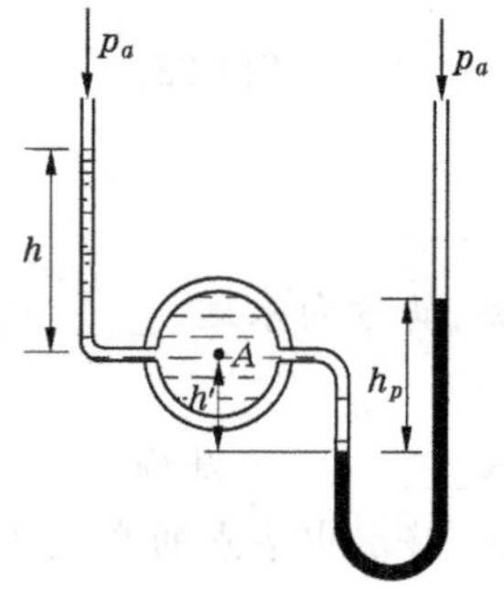

图 1-25

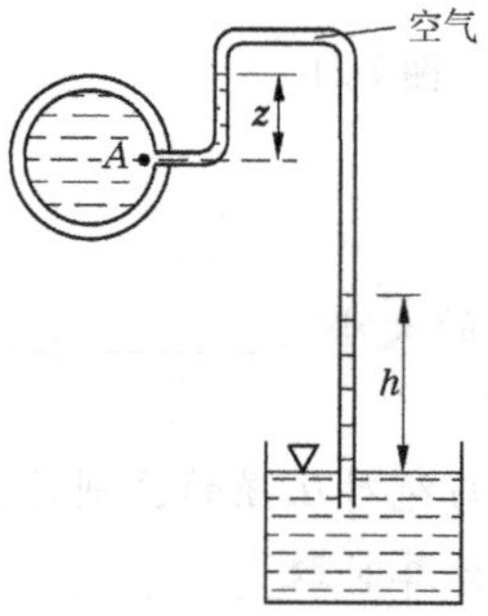

图 1-26

(6)用水银比压计测量(见图 1-27)两容器中 1、2 两点的压强值。已知比压计读数 $h =$ 350 mm，1、2 两点位于同一高度上，试计算 1、2 两点的压强差。

(7)当两点压差很小时，为了提高测量精度，可用斜比压计如图 1-28 所示。已知 $L_1 =$ 5 cm，$\theta = 30°$，试计算 B、A 两点间的压强差？若将此比压计直立起来($\theta = 90°$)，则两测压管液面的读数差为多少？

(8)试绘出图 1-29 所示的各挡水面上的压强分布图。

(9)有一混凝土坝如图 1-30 所示，坝上游水深 $h = 24$ m，求每米宽坝面所受的静水总压力的大小及压力中心的位置。

(10)渠道上有一平板闸门，闸门在水深 $h = 2.5$ m 下工作，闸门宽度 $b = 4.0$ m。求当

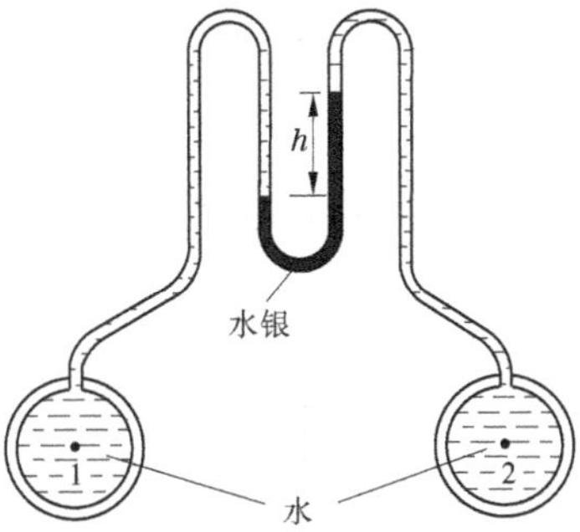

图 1-27

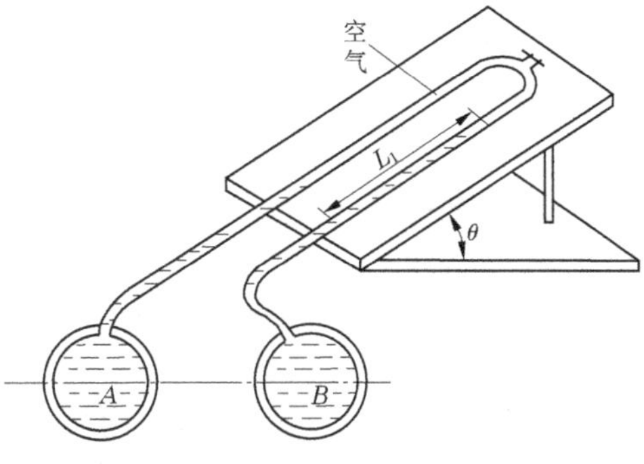

图 1-28

闸门斜放 $\alpha=60°$ 时受到的静水总压力和闸门直立时的静水总压力(见图 1-31)。

(11)在渠道侧壁上开有圆形放水孔,放水孔径 $d=0.5$ m,孔顶至水面深度 $h=2$ m(见图 1-32),试求放水孔闸门上的静水总压力及作用点的位置。

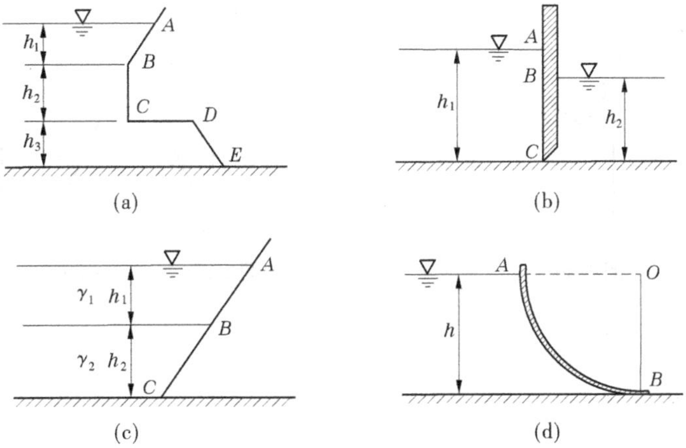

图 1-29

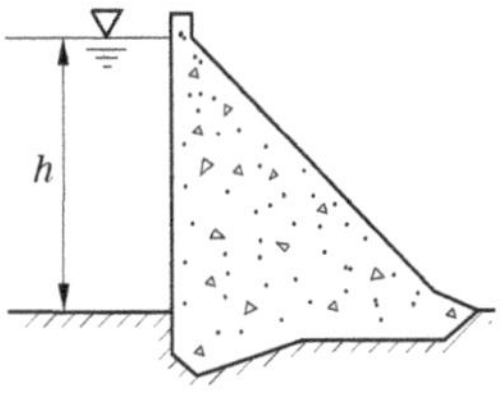

图 1-30

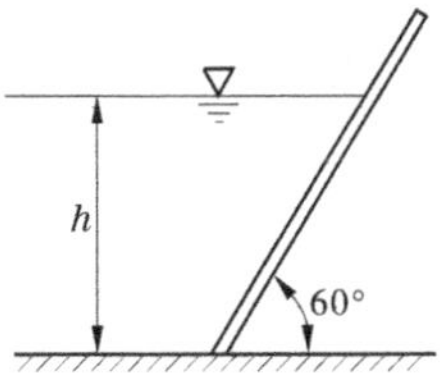

图 1-31

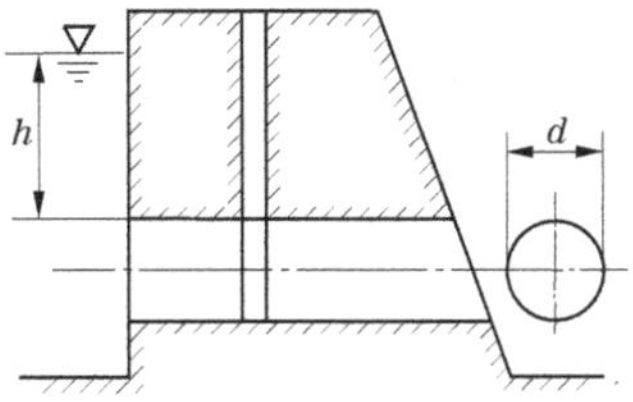

图 1-32

(12)试定性绘制下列各图(见图 1-33)中曲面壁的压力体图及其在铅直投影面上的压强分布图。

(13)某弧形闸门 AB,宽度 $b=4$ m,圆心角 $\varphi=\angle AOB=45°$,半径 $R=2$ m,闸门的转轴与水面齐平(见图 1-34),求作用在闸门上的静水总压力及压力中心。

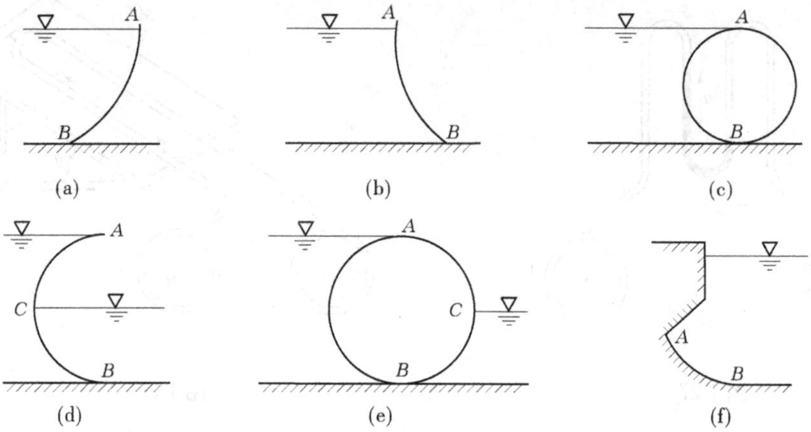

图 1-33

(14)如图 1-35 所示混凝土重力坝,为了校核坝的稳定性,试分别计算当下游有水和无水两种情况下,作用于每米长坝体上水平方向的水压力和铅直方向的水压力。

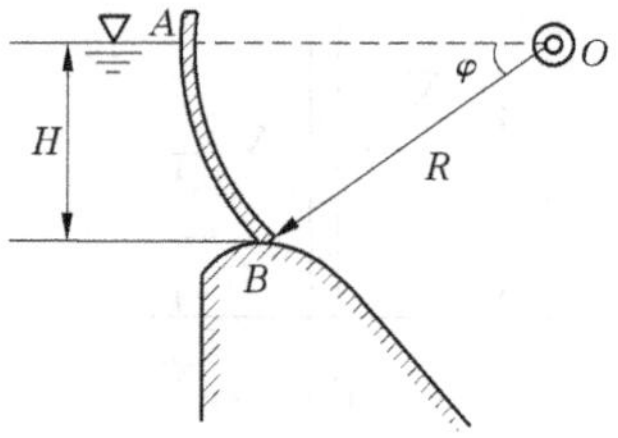

图 1-34

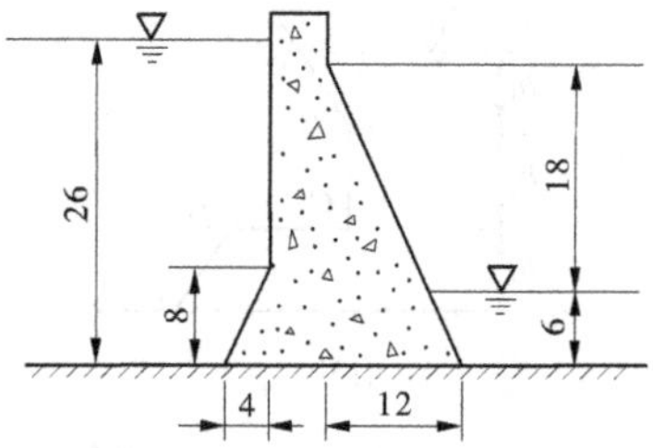

图 1-35　(单位:m)

项目2 水流运动的基本原理

案例一 一水位不变的敞口箱，通过下部一条直径 $d=200$ mm 的管道向外供水，已知水箱水位与管道出口断面中心的高差为3.5 m，管道水头损失为3 m，试求管道出口的流速和流量。

案例二 一水泵的抽水量 $Q=30$ L/s，吸水管的直径 $d=150$ mm，水泵进口允许真空值 $h_{真}=6.8$ m，吸水管内的水头损失 $h_w=1.0$ m，试求此水泵在水面以上的安装高度 h_s。

任务1 水流运动的基本概念

1 描述水流运动的两种方法

1.1 拉格朗日法（迹线法）

拉格朗日法是用迹线描述水流运动。迹线是一个水流质点在一段时间内的运动轨迹。由于质点的运动轨迹十分复杂，水流中又有数量极多的水流质点，显然，用这种方法描述水流运动是非常困难的，目前普遍采用较为简便实用的流线法。

1.2 欧拉法（流线法）

欧拉法是用流线描述水流运动。流线是绘于流动区内的曲线，它能表示位于曲线上所有水流质点某一瞬时的流速方向。即位于流线上的各水流质点，其流速方向都与曲线在该点相切，如图2-1所示。

根据上述流线的概念，可以看出流线具有以下几个基本特性：

（1）流线上所有各质点的切线方向就代表了该点的流动方向。

（2）一般情况下，流线既不能相交，也不能是折线，而只能是一条连续光滑的曲线。因为如果流线相交，交点处的水质点将有两个运动方向；若流线为折线，则在转折点处，同样将出现有两个流动方向的矛盾现象，所以流线只能是一条光滑曲线。

（3）流线上的液体质点只能沿着流线运动。这是因为水质点的流速是与流线相切的，在流线上不可能有垂直于流线的速度分量，所以液体质点不可能有横越流线的流动。

某一瞬间，在运动液体的整个空间绘出的一系列流线所构成的图形，称为流线图，它可形象地描绘出该瞬时整个液流的流动趋势。流线图不仅能够反映空间点上液体质点的流速方向，对于不可压缩液体，流线图的疏密程度还能反映该时刻流场中各点的速度大小。流线越密集的地方，流速越大；流线越稀疏的地方，流速越小。同时，它的形状受到固体边界形状的影响，离边界越近，受边界影响越大，流线形状越接近于边界形状；离边界越远，流线形状受边界影响越小。在边界突变处，水流质点不能完全按边界形状流动，脱离边界，形成旋涡（见图2-2）。

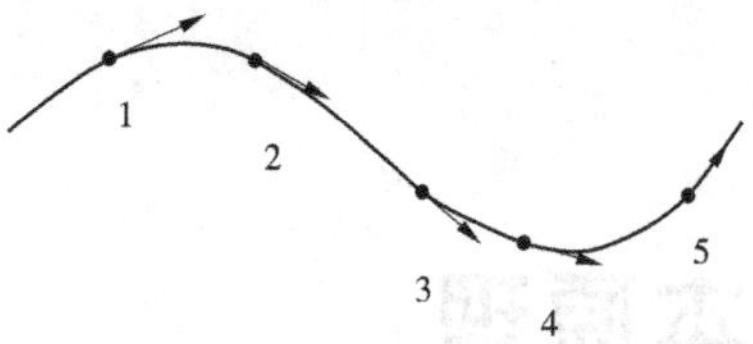

图 2-1

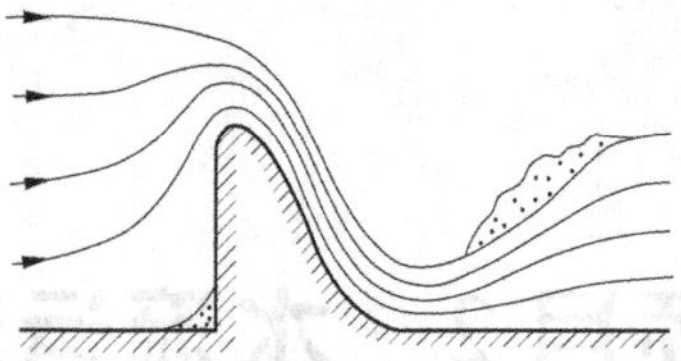

图 2-2

由上可知，流线与迹线是两个完全不同的概念。流线是同一时间描述流动场中不同水流质点流动方向的曲线；而迹线则指同一个水流质点在一段时间内所流经的轨迹。

2　水流运动的一些基本概念

2.1　恒定流与非恒定流

如图 2-3 所示，水从水箱侧壁的孔中流出，如果水箱内的水位保持不变，则小孔的射流也将保持不变，射流各点上的速度也不随时间发生变化。这种运动要素不随时间而改变的水流称为恒定流，恒定流时流线与迹线重合。如图 2-4 所示，水箱充满水后关掉进水阀，则随着时间的推移水位将不断降低，从而小孔中的射流也越来越低，射流的位置和各点的流速随着时间的推移发生了变化。这种运动要素随着时间发生变化的水流称为非恒定流。非恒定流中流线与迹线不重合。非恒定流比较复杂，以后无特殊说明，我们主要研究恒定流。

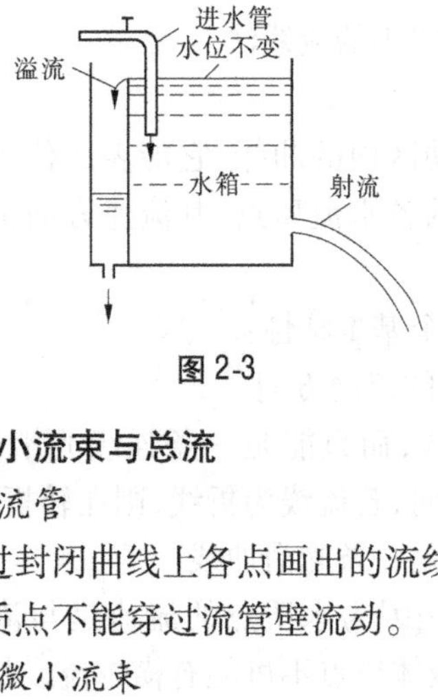

图 2-3

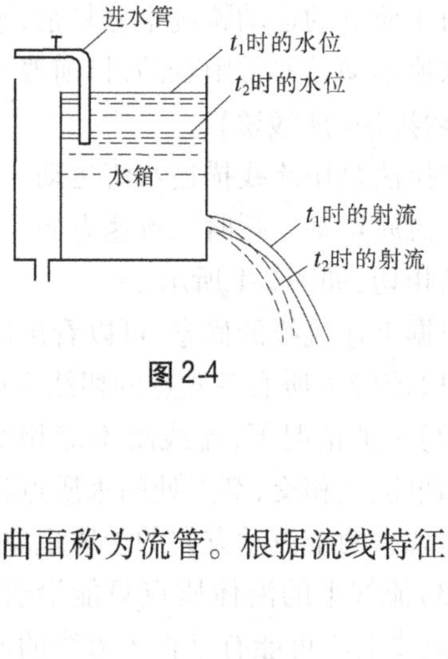

图 2-4

2.2　微小流束与总流

2.2.1　流管

通过封闭曲线上各点画出的流线所形成的管状曲面称为流管。根据流线特征，流管内液体质点不能穿过流管壁流动。

2.2.2　微小流束

充满以流管为边界的一束液流，称为微小流束。微小流束的横断面面积十分微小，它上面各点的运动要素在同一时刻一般可认为是相等的。按照流线不能相交的特性，微小流束内的液体不会穿过流管的管壁向外流动，流管外的液体也不会穿过流管的管壁向流束内流动。当水流为恒定流时，微小流束的形状和位置不会随时间而改变。在非恒定流中，微小流束的形状和位置将随时间而改变，如图 2-5 所示。

2.2.3　总流

任何一个实际水流都具有一定规模的边界，这种有一定大小尺寸的实际水流称为总流。总流可以看做由无限多个微小流束所组成。

2.2.4 过水断面

与微小流束或总流的流线成正交的横断面称为过水断面,该面积 dA 或 A 称为过水断面面积,单位为 m^2。

如果水流的所有流线互相平行,则过水断面为平面,否则就是曲面(见图2-6)。

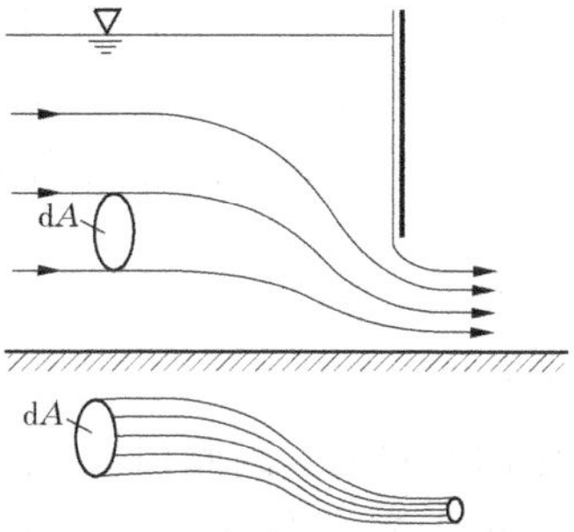

图2-5

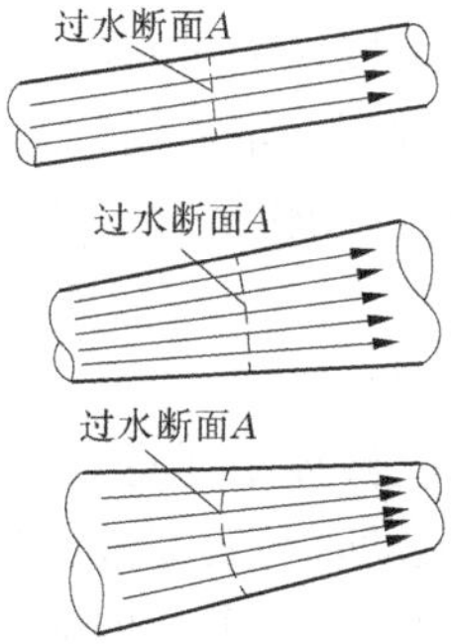

图2-6

2.2.5 流量

单位时间内通过某一过水断面的液体体积称为流量。流量一般以符号 Q 表示。常用的单位为 m^3/s。

设在总流中任取一微小流束,其过水断面面积为 dA,因微小流束在过水断面上各点流速可认为相等,令 dA 面上流速为 u,由于过水断面定义为与水流方向垂直,故单位时间内通过过水断面 dA 的液体体积 $udA = dQ$,dQ 即为微小流束的流量。

通过总流过水断面 A 的流量,应等于无限多个微小流束的流量之和,即

$$Q = \int_Q dQ = u\int_A dA \tag{2-1}$$

2.2.6 断面平均流速

总流过水断面上的平均流速 v,是一个想象的流速,如果过水断面上各点的流速都相等并等于 v,此时所通过的流量与实际上流速为不均匀分布时所通过的流量相等,则流速 v 就称为断面平均流速。如图2-7(a)所示,因过水断面上的流速不等,各为 $u_1, u_2, u_3, \cdots$,根据式(2-1),通过过水断面的流量为 $\int_A udA$,其中 udA 为任一微小流束的流量,积分后即为图2-7(a)的体积。现若将各点的流速截长补短,使过水断面上各点流速均相等,都等于 v,如图2-7(b)所示,使其体积与图2-7(a)中的体积相等,则流速 v 就是断面平均流速。

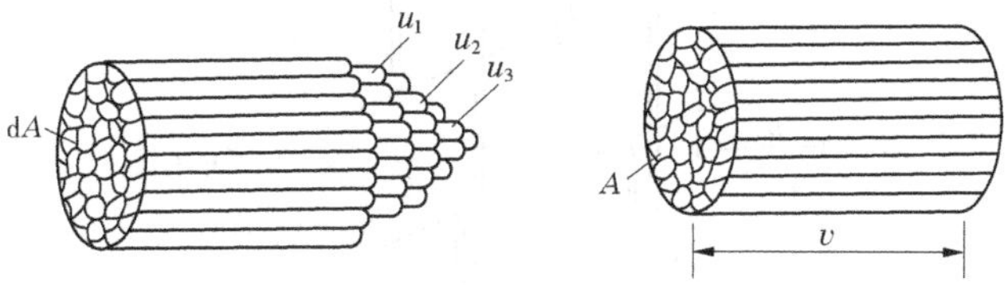

(a) (b)

图2-7

根据断面平均流速的定义:

$$Q = \int_A u\mathrm{d}A = \int_A v\mathrm{d}A = v\int_A \mathrm{d}A = vA \tag{2-2}$$

或

$$v = \frac{Q}{A} \tag{2-3}$$

由此可见,通过总流过水断面的流量等于断面平均流速与过水断面面积的乘积。按照这样的概念,可以认为过水断面上各点的水流均以同一平均流速而运动着。因为在实际应用中,有时并不一定需要知道总流过水断面上的流速分布,仅仅需要了解断面平均流速沿流程与时间的变化情况。所以,引入断面平均流速的概念,可以使水流运动的分析得到简化。

2.2.7 动水压强

液体运动时,液体中任意点上的压强称为动水压强。

理想液体流动时与实际液体静止时,均不产生内摩阻力。因此,其任意一点各方向的压强与受压面的方位无关。但对于实际液体运动,由于黏滞力与压应力同时存在,此时,动水压强的大小一般将不再与作用面的方位无关,即从各方向作用于一点的动水压强并不相等。但动水在各个方向的变化受黏滞力的影响很小,而且从理论上可以证明,对于实际液体,任意一点任取彼此垂直三个方向上动水压强的平均值,是一个不随三个彼此垂直方向选取而变化的常数。通常所说的实际液体某点的动水压强,即指三个方向压强的平均值。

3 水流运动分类

3.1 均匀流和非均匀流

恒定水流中,断面平均流速与流速分布沿流程没有变化的叫均匀流,断面平均流速与流速分布沿流程有变化的叫非均匀流。如在比较长直、断面不变、底坡不变的人工渠道或管径不变的管道中,流速在各断面相等,是均匀流;而在天然河道中,河道的深浅宽窄沿流程有变化,流速也必然会变化,为非均匀流。均匀流中,流线是一组平行的直线。非均匀流中,流线不是平行的直线,相邻流线存在夹角,是一组曲线。

如图 2-8 所示,在管道均匀流中,任意选择 1—1 断面及 2—2 断面两过水断面,分别在两过水断面上装上测压管,则同一断面上各测压管水面必上升至同一高程,即 $z + \frac{p}{\gamma} =$

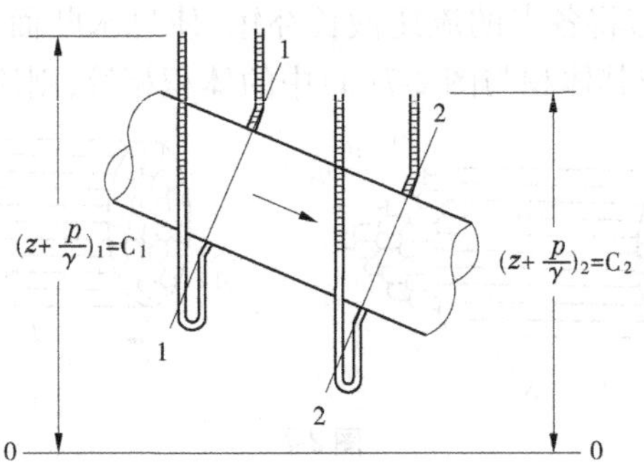

图 2-8

C，但不同断面上测压管水面所上升的高度是不相同的，对 1—1 断面，$(z+\frac{p}{\gamma})_1=C_1$，对 2—2 断面，$(z+\frac{p}{\gamma})_2=C_2$。

3.2 渐变流和急变流

非均匀流分为两类：一类是水流中流线夹角很小，流线曲率不大，流线可近似认为是平行的直线，这种水流称渐变流，它的极限状态就是均匀流。另一类是流线曲率比较大，流线之间夹角大，这种水流称急变流（见图 2-9）。

由于渐变流的流线为近似平行的直线，所以过水断面近似为平面。由于流线曲率很小，水流离心惯性力的作用可忽略不计，所以均匀流断面上作用于各质点上的力只有压力和重力。这时过水断面上各点动水压强的分布规律与静水相似，即在同一过水断面上，尽管各点位置高度不同，压强也不同，但测压管水头守恒（见图 2-10）。

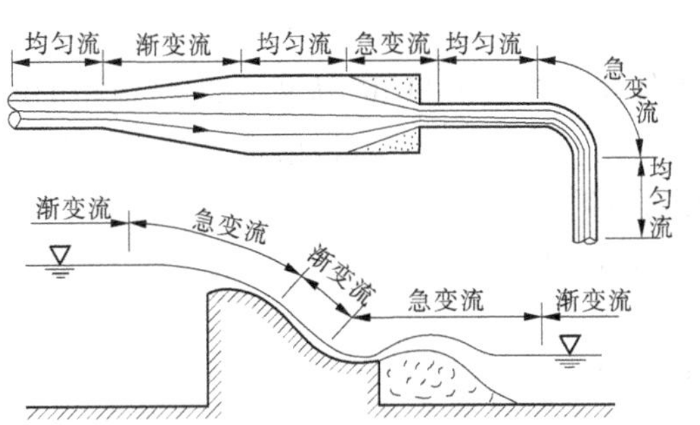

图 2-9

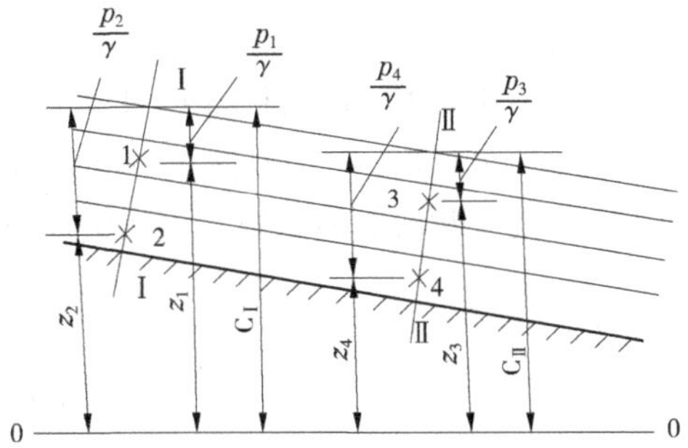

图 2-10

急变流与渐变流不同，其特性也不同，因流线间夹角较大，急变流过水断面不再是平面，而是曲面。因流线曲率大，作用于水流各质点的力除重力和压力外，还有离心惯性力。因此，急变流中任一点的动水压强 p 与水深 h 不再是直线关系。由于离心惯性力的影响，在不同边界条件下，有时 $p<h$，如图 2-11 所示，这时离心惯性力的方向与重力方向相反，于是过水断面上的动水压强比静水压强小。有时 $p>h$，如图 2-12 所示，这时离心惯性力的方向与重力相同，于是过水断面上的动水压强比静水压强要大。综上可知，当水流为急变流时，同一过水断面上的$\left(z+\frac{p}{\gamma}\right)$不是常数，其动水压强分布规律与静水压强分布规律不同。

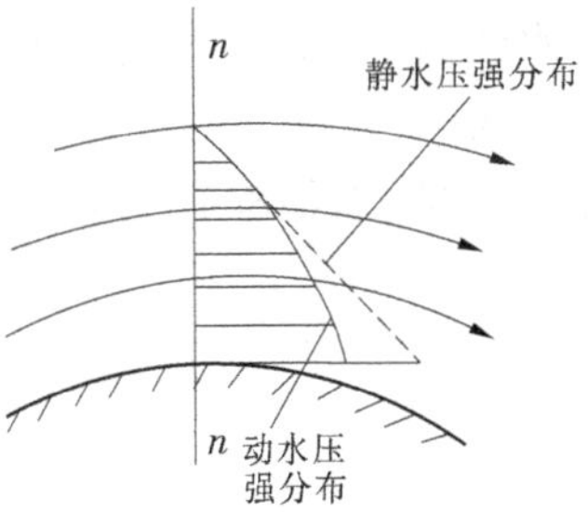

图 2-11

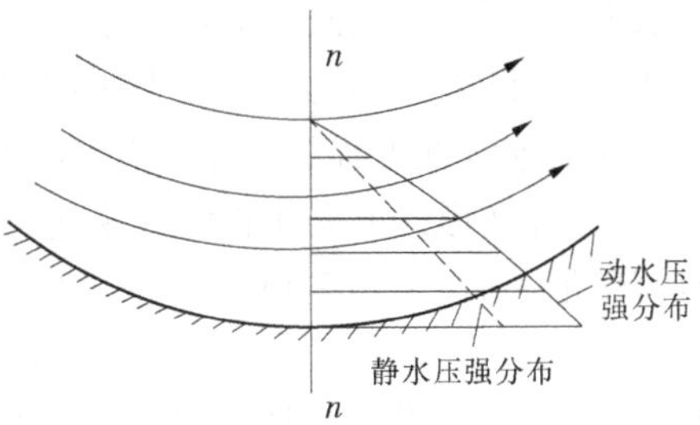

图 2-12

任务 2　恒定总流的连续性方程

液体运动必须遵循质量守恒的普遍规律，液流的连续性方程式就是质量守恒定律的一种特殊形式。

在恒定流中任取一段微小流束来研究。令过水断面 1—1 的面积为 dA_1，流速为 u_1，过水断面 2—2 的面积为 dA_2，流速为 u_2（见图 2-13）。考虑到：

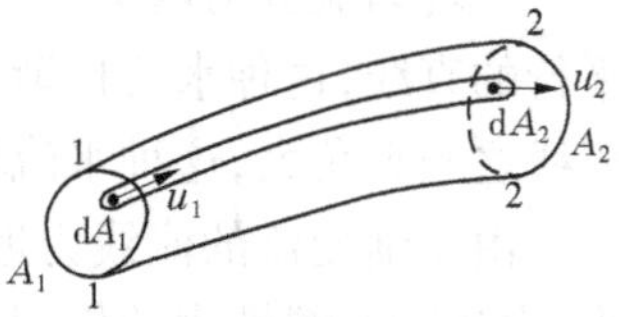

图 2-13

（1）在恒定流条件下，微小流束的形状与位置不随时间而改变。

（2）液体一般可视为不可压缩的连续介质，其密度为常数。

（3）液体质点不可能从微小流束的侧壁流入或流出。有质量流入或流出的，只有两端过水断面。

这样，在 dt 时段内，从断面 1—1 流出的液体质量为 $\rho_1 u_1 dA_1 dt$，从断面 2—2 流出的液体质量为 $\rho_2 u_2 dA_2 dt$。由于液体是不可压缩的连续介质，$\rho_1 = \rho_2 = \rho$，根据质量守恒定律，在 dt 时段内，流入断面的质量应与流出的质量相等，即

$$\rho u_1 dA_1 dt = \rho u_2 dA_2 dt$$

化简可得

$$u_1 dA_1 = u_2 dA_2$$

或

$$dQ = u_1 dA_1 = u_2 dA_2$$

上式为不可压缩液体恒定一元流微小流束的连续性方程。若将上式对总流过水断面积分得

$$Q = A_1 v_1 = A_2 v_2 \tag{2-4}$$

式(2-4)为恒定总流的连续性方程。其中，v_1 与 v_2 分别表示总流过水断面 A_1 与 A_2 的断面平均流速。该式表明，在不可压缩液体恒定总流中，任意两个过水断面所通过的流量相等。也就是说，上游断面流进多少流量，下游断面必然流走多少流量。

将式(2-4)移项，得

$$\frac{v_2}{v_1} = \frac{A_1}{A_2} \tag{2-5}$$

上式表明，在不可压缩液体恒定总流中，任意两个过水断面其平均流速的大小与过水断面面积成反比，断面大的地方流速小，断面小的地方流速大。

上述总流的连续性方程是在流量沿程不变的条件下建立的，若沿程有流量汇入或分出，则连续性方程在形式上需作相应的变化。

当有流量汇入时（见图 2-14），其连续性方程为

$$Q_1 + Q_3 = Q_2 \tag{2-6}$$

当有流量分出时（见图 2-15），其连续性方程为

$$Q_1 = Q_2 + Q_3 \tag{2-7}$$

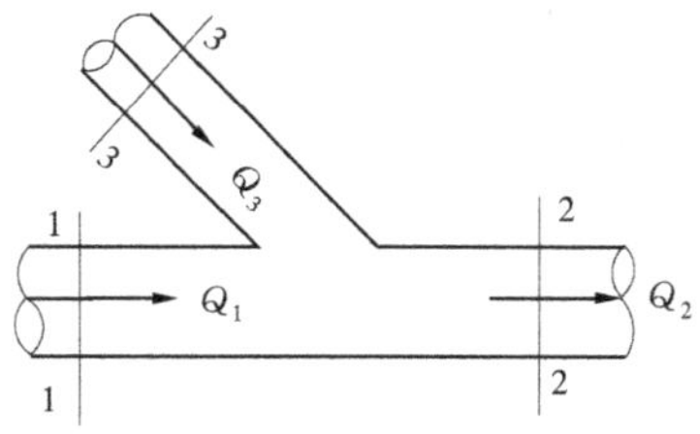

图2-14

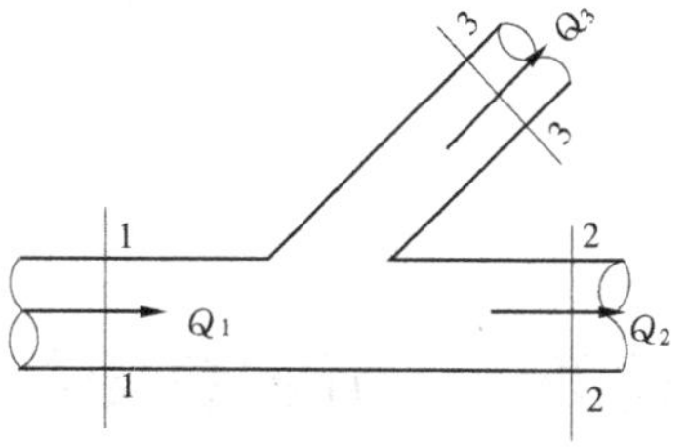

图2-15

【例2-1】 有一变直径圆管(见图2-16),已知断面1—1直径 $d_1=200$ mm,断面平均流速 $v_1=0.5$ m/s;断面2—2直径 $d_2=100$ mm。

试求:(1)断面2—2的平均流速 v_2;

(2)管中流量 Q。

解:(1)求流速 v_2:

根据恒定总流连续性方程

$$A_1v_1 = A_2v_2$$

而

$$A_1 = \frac{\pi d_1^2}{4} \qquad A_2 = \frac{\pi d_2^2}{4}$$

于是

$$v_2 = v_1\frac{d_1^2}{d_2^2} = 0.5\times\left(\frac{0.2}{0.1}\right)^2 = 2(\text{m/s})$$

(2)求管中流量 Q:

$$Q = v_1A_1 = v_1\frac{\pi d_1^2}{4} = 0.5\times\frac{3.14\times 0.2^2}{4} = 0.0157(\text{m}^3/\text{s})$$

【例2-2】 有一分岔管路(见图2-17),已知管径 $d_1=d_2=200$ mm,$d_3=100$ mm,断面平均流速 $v_1=4$ m/s,$v_2=3$ m/s,试求断面平均流速 v_3。

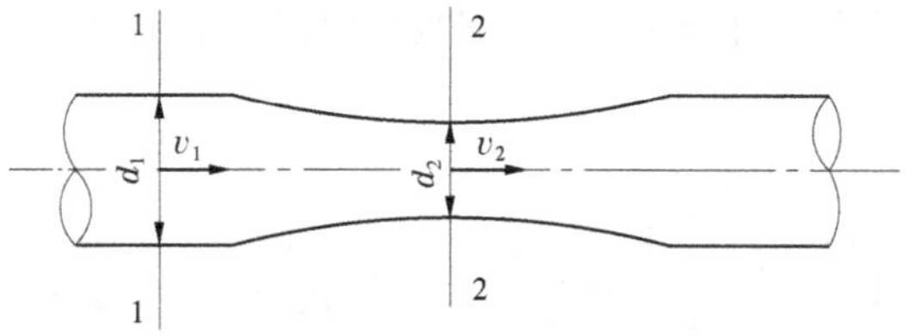

图2-16

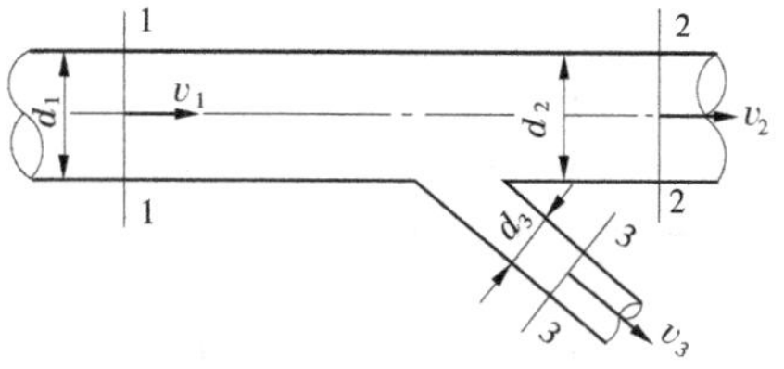

图2-17

解:根据连续性方程:

$$Q_1 = Q_2 + Q_3$$

即

$$v_1A_1 = v_2A_2 + v_3A_3$$

其中

$$Q_1 = v_1A_1 = 4\times\frac{3.14\times 0.2^2}{4} = 0.1256\ (\text{m}^3/\text{s})$$

$$Q_2 = v_2A_2 = 3\times\frac{3.14\times 0.2^2}{4} = 0.0942(\text{m}^3/\text{s})$$

$$A_3 = \frac{\pi d_3^2}{4} = \frac{3.14 \times 0.1^2}{4} = 0.007\ 85(\mathrm{m^3/s})$$

$$v_3 = \frac{v_1 A_1 - v_2 A_2}{A_3} = \frac{0.125\ 6 - 0.094\ 2}{0.007\ 85} = 4(\mathrm{m/s})$$

任务3　恒定总流的能量方程

研究水流中动能和势能的转换规律，以及确定水流中沿流程各断面位置高度、流速和压强之间关系的方程式称为能量方程。

下面先讨论水流中能量的转换现象及微小流束的能量方程，然后推广到总流上去。

1　水流中机械能的表现形式及转换现象

首先从能量的观点来研究水流中机械能的表现形式。由物理学可知，在重力作用下，运动物体有动能和势能两种机械能。质量为 m 的物体，当速度为 v 时具有的动能为 $\frac{1}{2}mv^2$，物体在设定基准面以上的位置高度为 z，重量为 $G = mg$，则它具有的位置势能为 mgz，在一定条件下，动能和势能可以相互转化。另外，机械能也可以转换为其他形式的能。例如水流运动时由于摩擦阻力的作用，消耗一部分机械能转化为热能。从机械能的角度看是损失了能量，而从总能量来看则是机械能转化为热能，总的能量守恒。这就是物体能量转化和守恒原理。下面讨论实际水流中动能和势能的转化关系。

图2-18为水流从溢流坝顶上经坝面和坝址流向下游，在1—1断面处，如研究水面一点，该点在基准面以上的位置高度最大而流速较小，随水流流动位置高度不断降低，速度不断增大，即势能不断减小而动能不断增大，到2—2断面处势能达到最小而动能达到最大，1—1断面处的部分势能转换为2—2断面处的动能。

图2-19为一根管径变化的水平管道，上端接平水箱，另一端装阀门以控制流量。

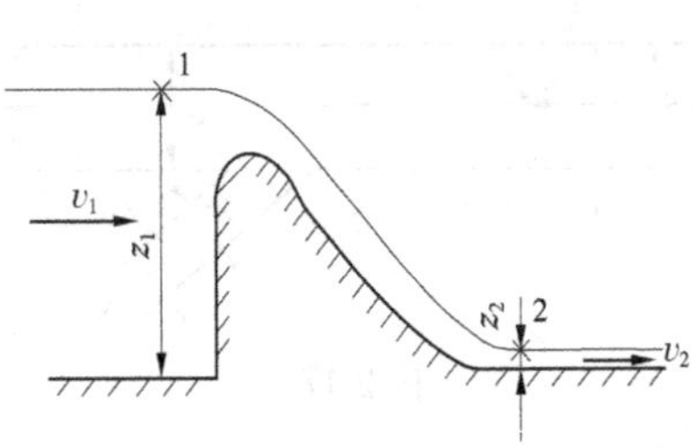

图2-18

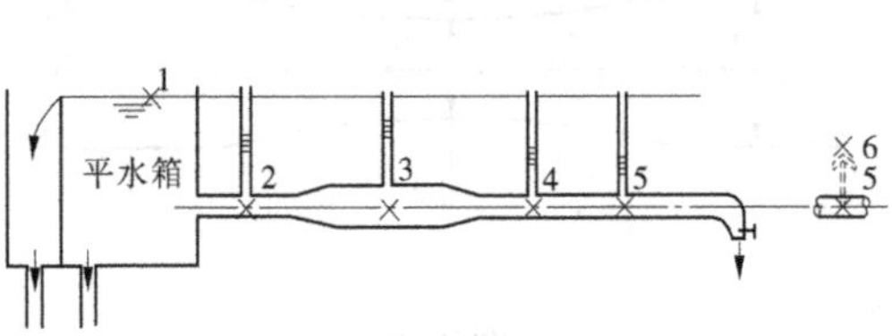

图2-19

(1)当阀门关闭管内为静水时，测压管水头 $(z + \frac{p}{\gamma})$ 守恒，各测压管水面与平水箱水面位于同一高度。

(2)保持平水箱中水位不变，打开阀门后使开度不变，此时管中水流各断面具有一定速度，各测压管水面相应降低，但又各保持一定高度。这说明动水中也存在压力，且动水压强的大小正好和这段水柱的重量相平衡，即 $p=\gamma h$，因而测压管高度 $h=\dfrac{p}{\gamma}$。这说明由于压力做功使2—2断面上中心点的液体质点上升至 h 的高度，该质点的重量为 $G=mg$，则该质点由于压力做功获得的势能为 $Gh=mg\dfrac{p}{\gamma}$，可称为压力势能。这样水流的机械能就有动能、位置势能、压力势能三种形式。

(3)从图2-19中可知，粗细管水流各点的位置势能是相等的，没有变化。而2断面测压管水面低，3断面测压管水面高。出现这种情况的原因是水流从细管流到粗管后流速减小了，减小的动能转化为压力势能，使粗管的测压管水面高于细管。

(4)同在细管上的4、5断面位置势能相等，两断面流速也一样，动能相同。但5断面测压管水面比4断面略低，这是管路中摩擦阻力引起能量损失所致，损失的能量转换为热能而散逸。

(5)如把5断面的测压管拔掉，水流将以一定速度向上喷出，压能转化为动能。水流喷射到最高点6处，速度为零。这说明5点处的动能全部转化为6点处的势能。

以上这些水流现象表明，水流的机械能有三种表现形式，即动能、位置势能和压力势能。这三种能量可以互相转化。由于存在摩擦阻力，能量有所损失。

2 微小流束的能量方程

在恒定总流(见图2-20)中从1—1断面到2—2断面之间取出一段微小流束来研究(见图2-21)，这段微小流束两端的过水断面面积分别为 dA_1 和 dA_2，因过水断面很小，可认为该断面上各点流速均相等，分别以 u_1 和 u_2 表示。断面上压强也是均匀分布，分别用 p_1、p_2 表示。以0—0为基准面，则断面中心在基准面以上的位置高度分别为 z_1、z_2，经过微小时段 dt 后，微小流束运动到1′—1′断面和2′—2′断面的位置。1—1断面移动的距离为 $ds_1=u_1dt$，2—2断面移动的距离是 $ds_2=u_2dt$。

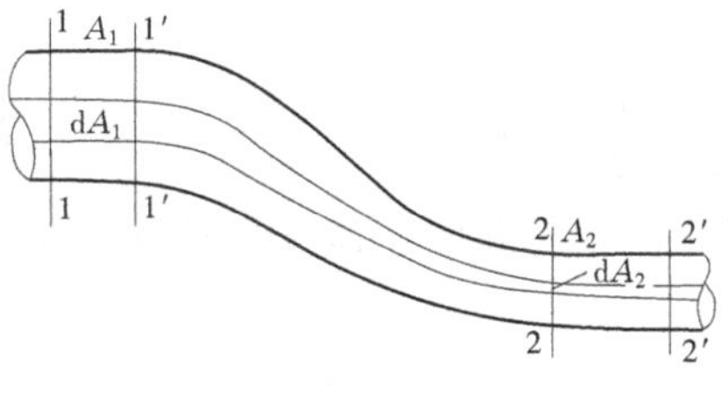

图2-20

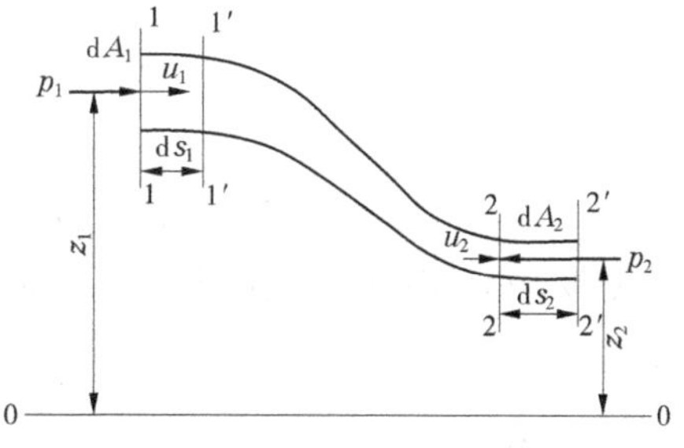

图2-21

从能量的观点来研究1—1断面和2—2断面在运动过程中所具有的能量。设在 dt 时段内1—1断面的水流质量为 m，流速为 u_1，则通过1—1断面的动能为 $E_k=\dfrac{1}{2}mu_1^2$，此时段通过1—1断面的水体体积为 dA_1ds_1，其重量为 $G=mg$，则单位重量液体所具有的动能(简称为单位动能)为

$$\frac{E_k}{G} = \frac{\frac{1}{2}mu_1^2}{mg} = \frac{u_1^2}{2g} \tag{2-8}$$

dt 时段内 1—1 断面通过的水流重量为 $G = mg$，其中心点在基准面以上的位置高度为 z_1，则其位置势能为 mgz_1，而单位重量液体所具有的位置势能（简称单位位能）为

$$\frac{mgz_1}{mg} = z_1 \tag{2-9}$$

同样，1—1 断面处，重量为 $G = mg$ 的液体，其压力势能为 $mg\frac{p_1}{\gamma}$，单位重量液体具有的压力势能（简称单位压能）为

$$\frac{mg\frac{p_1}{\gamma}}{mg} = \frac{p_1}{\gamma} \tag{2-10}$$

1—1 断面处单位重量液体所具有的全部能量（单位能量 e）应为单位动能、单位压能、单位势能三项之和，即

$$e_1 = z_1 + \frac{p_1}{\gamma} + \frac{u_1^2}{2g}$$

同理，2—2 断面处的单位能量为

$$e_2 = z_2 + \frac{p_2}{\gamma} + \frac{u_2^2}{2g}$$

对于不考虑黏滞性的液体而言，由于沿程没有发生能量损失，根据能量守恒原理，微小流束各断面上的单位能量是保持不变的，即

$$e_1 = e_2 = e = 常数 \tag{2-11}$$

但是，对于考虑黏滞性的实际液体来说，微小流束受摩擦阻力的作用，沿流程方向必然要发生能量损失，根据能量守恒原理有

$$e_1 = e_2 + h'_w \tag{2-12}$$

或

$$z_1 + \frac{p_1}{\gamma} + \frac{u_1^2}{2g} = z_2 + \frac{p_2}{\gamma} + \frac{u_2^2}{2g} + h'_w \tag{2-13}$$

上式即为微小流束的能量方程。它确定了微小流束各断面流速、压强及位置高度之间的关系。

3　总流的能量方程

只有需要了解水流内部或边界上各点流速和压强的变化时，才应用微小流束能量方程。大多数工程问题中只需要了解总流断面上平均流速和平均压强的变化。因此，有必要把微小流束能量方程推广到总流上去。研究微小流束能量方程时假设断面上各点的流速大小相等、方向相同，但这种假定对总流不能成立。但若假定总流断面上各点也像微小流束那样以等于平均流速的同一速度流动，则关于总流断面上各点速度的问题就可大大简化。下面只讨论渐变流断面上的总流能量方程。

总流包含许多微小流束，所以在确定代表总流某断面的单位势能、单位动能时，应取全断面上各微小流束单位势能的平均值及各微小流束单位动能的平均值。讨论如下：

(1)总流断面上各微小流束单位势能的平均值。

将总流断面取在渐变流断面上，则在同一过水断面上各点的测压管水头都相等，即 $z+\frac{p}{\gamma}=$ 常数。所以，断面上任意一点的单位势能都可以代表断面上各点的单位势能。

(2)总流断面上各微小流束单位动能的平均值。

由于总流断面上各点流速数值不相同，因此各点的单位动能 $\frac{u^2}{2g}$ 也不相等。确定代表总流的单位动能时，必须取其平均值。假设在某总流断面上，有 n 个微小流束，相应的流速分别为 $u_1,u_2,\cdots,u_n$，则代表总流的单位动能应为 $\frac{1}{n}(\frac{u_1^2}{2g}+\frac{u_2^2}{2g}+\cdots+\frac{u_n^2}{2g})$。若以断面平均流速 v 来计算其动能，则应为 $\frac{v^2}{2g}$，即 $\frac{1}{2g}(\frac{u_1+u_2+\cdots+u_n}{n})^2$。由数学可知：一些数平方的平均值大于这些数平均值的平方。即

$$\frac{1}{n}(\frac{u_1^2}{2g}+\frac{u_2^2}{2g}+\cdots+\frac{u_n^2}{2g}) > \frac{v^2}{2g}$$

所以

$$\frac{1}{n}(\frac{u_1^2}{2g}+\frac{u_2^2}{2g}+\cdots+\frac{u_n^2}{2g}) = \frac{\alpha v^2}{2g} \tag{2-14}$$

其中，α 为大于1.0的系数，称流速分布不均匀系数或动能修正系数。一般为1.05～1.10，其值视流速分布均匀程度而定，流速分布越不均匀，α 值越大；流速分布均匀时，$\alpha=1.0$。为了简化计算，常取 $\alpha=1.0$。

综上所述，总流某断面的单位能量 E 应等于单位势能与单位动能之和，即

$$E = z+\frac{p}{\gamma}+\frac{\alpha v^2}{2g} \tag{2-15}$$

图2-22是一恒定管道水流，1—1断面及2—2断面均取在渐变流段上，其断面平均流速分别为 v_1 和 v_2，动水压强分别为 p_1 和 p_2，两断面处管轴线在0—0基准面以上的位置高度分别为 z_1、z_2，则1—1断面和2—2断面两断面的单位能量 E_1 和 E_2 分别为

$$E_1 = z_1+\frac{p_1}{\gamma}+\frac{\alpha v_1^2}{2g}$$

$$E_2 = z_2+\frac{p_2}{\gamma}+\frac{\alpha v_2^2}{2g}$$

由于水流受阻力作用，所以1—1断面到2—2断面间会产生能量损失，以 h_w 表示总流单位重量液体所产生的能量损失，则根据能量守恒原理得

$$E_1 = E_2 + h_{w1-2}$$

或

$$z_1+\frac{p_1}{\gamma}+\frac{\alpha v_1^2}{2g} = z_2+\frac{p_2}{\gamma}+\frac{\alpha v_2^2}{2g}+h_{w1-2} \tag{2-16}$$

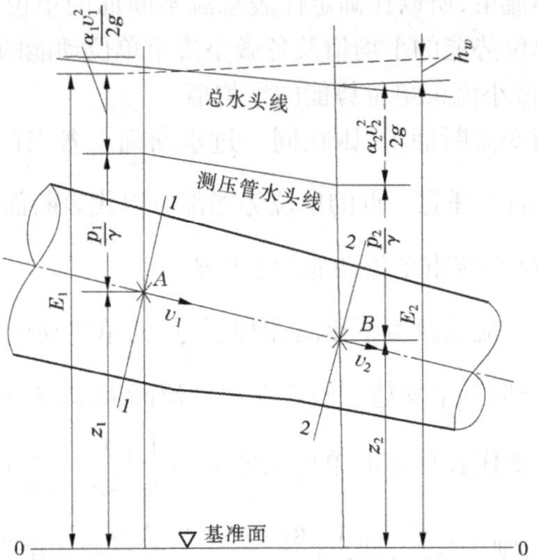

图 2-22

这就是总流的能量方程,也称为伯努利方程,是水力学中最基本、最常用的公式之一。

4 能量方程的意义

4.1 能量方程的物理意义

总流能量方程式中各项的意义如下:

z——总流过水断面上单位重量液体所具有的平均位能,简称为单位位能,几何上称为位置高度或位置水头;

$\frac{p}{\gamma}$——总流过水断面上单位重量液体所具有的平均压能,简称为单位压能,几何上称为测压管高度或压强水头;

$z+\frac{p}{\gamma}$——总流过水面上单位重量液体所具有的平均势能,几何上称为测压管水头;

$\frac{\alpha v^2}{2g}$——总流过水断面上单位重量所具有的平均动能,几何上称为流速水头;

$H=z+\frac{p}{\gamma}+\frac{\alpha v^2}{2g}$——总流过水断面上单位重量液体的总能量,即总机械能,几何上称为总水头;

h_{w1-2}——总流单位重量液体在始末两断面间沿流程的平均能量损失,即机械能损失,几何上称为水头损失。

以上各项水头的单位都是长度单位,一般用 m 来表示。

设 H_1 和 H_2 分别表示总流中任意两个过水断面上液流所具有的总水头,根据能量方程式得

$$H_1 = H_2 + h_{w1-2}$$

即

$$H_1 - H_2 = h_{w1-2} \tag{2-17}$$

可见,因为水流在流动过程中要产生能量损失,所以水流只能从总机械能大的地方流向总机械能小的地方。

对于理想液体,$h_{w1-2}=0$,则 $H_1=H_2$,即总流中任何过水断面上总水头保持不变。

4.2 能量方程的几何意义

为了形象地反映总流中各种能量的变化规律,可以把能量方程用图形描绘出来。因为单位重量液体所具有的各种机械能都具有长度单位,于是可用水头为纵坐标,按一定的比例尺沿流程把过水断面的 z、$\frac{p}{\gamma}$及$\frac{\alpha v^2}{2g}$分别绘于图上(见图 2-23)。z 值在总流过水断面上的各点是变化的,管流中一般选取断面形心点的 z 值来标绘,相应的$\frac{p}{\gamma}$亦选用形心点动水压强来标绘。把各断面的$(z+\frac{p}{\gamma})$值的点连接起来可以得到一条测压管水头线(如图 2-23中虚线所示),把各断面 $H=z+\frac{p}{\gamma}+\frac{\alpha v^2}{2g}$描出的点连接起来可以得到一条总水头线(如图 2-23 中实线所示),任意两断面之间的总水头线的降低值,即为该两断面间水头损失 h_w。

由能量方程的物理意义不难得出,实际液体总流的总水头线必定是一条逐渐下降的线(直线或曲线)。而测压管水头线则可能是下降的线(直线或曲线),也可能是上升的线(直线或曲线),甚至可能是一条水平线,这要看总流的几何边界变化情况而作具体分析。

总水头线沿流程的降低值与流程长度之比,称为总水头线坡度,也称水力坡度,常以 J 表示。若总水头线为直线时,其坡度可表示为

$$J = \frac{H_1 - H_2}{L} = \frac{h_w}{L} \tag{2-18}$$

当总水头线为曲线时,其坡度为变值,在某一断面处坡度可表示为

$$J = \frac{-\mathrm{d}H}{\mathrm{d}L} = \frac{\mathrm{d}h_w}{\mathrm{d}L} \tag{2-19}$$

因总水头增量 dH 始终为负值,为使 J 为正值,上式中加“ - ”号。总水头线坡度 J 是表示单位流程上的水头损失。

对于河渠中的渐变流,其测压管水头线就是水面线,如图 2-24 所示。

4.3 恒定总流能量方程的应用条件及注意点

4.3.1 能量方程的应用条件

总流能量方程应用广泛,能够解决很多工程实际问题,但在推导过程中引入了一些限制条件,故能量方程在应用时需要满足以下条件:

(1)水流必须是恒定流;

(2)液体为不可压缩的液体,即 ρ = 常数;

(3)建立能量方程时,两个计算过水断面应满足均匀流或渐变流的条件(只受重力这一质量力作用,无惯性力存在),但两个过水断面之间的水流可以是急变流。

(4)两个过水断面间,无流量的分出和流入。

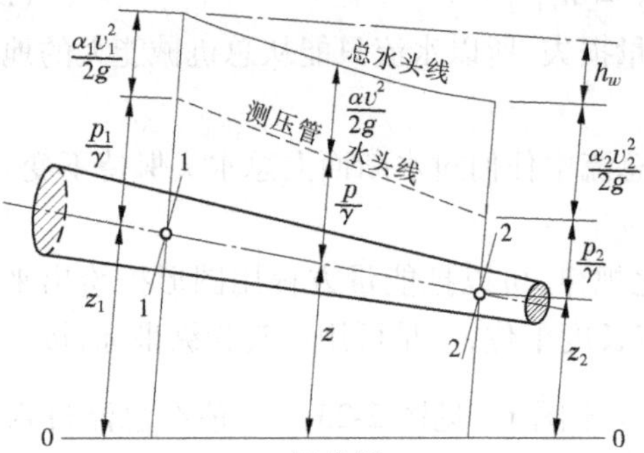

图 2-23

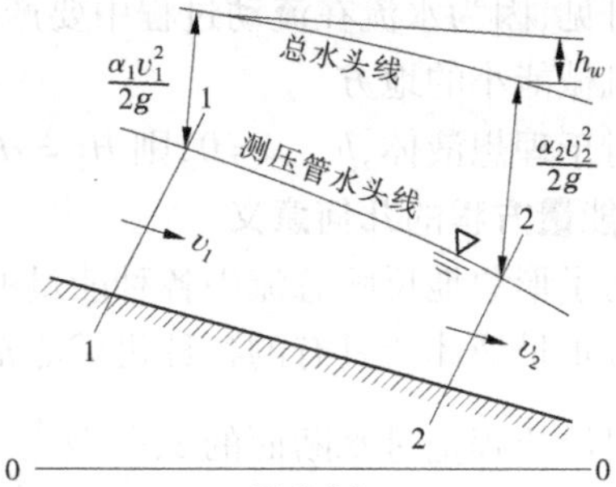

图 2-24

(5)两个过水断面间,水流无能量的输出和输入。

因总流能量方程中各项均指单位重量液体的能量,所以在水流有分支或汇合的情况下,仍可分别对每一支水流建立能量方程式。

(1)对于汇流情况(见图 2-25)可建立 1—1 断面与 3—3 断面和 2—2 断面与 3—3 断面的能量方程如下:

$$z_1 + \frac{p_1}{\gamma} + \frac{\alpha v_1^2}{2g} = z_3 + \frac{p_3}{\gamma} + \frac{\alpha v_3^2}{2g} + h_{w1-3}$$

$$z_2 + \frac{p_2}{\gamma} + \frac{\alpha v_2^2}{2g} = z_3 + \frac{p_3}{\gamma} + \frac{\alpha v_3^2}{2g} + h_{w2-3}$$

(2)对于分流情况(见图 2-26)可建立 1—1 断面与 2—2 断面和 1—1 断面与 3—3 断面的能量方程如下:

$$z_1 + \frac{p_1}{\gamma} + \frac{\alpha v_1^2}{2g} = z_2 + \frac{p_2}{\gamma} + \frac{\alpha v_2^2}{2g} + h_{w1-2}$$

$$z_1 + \frac{p_1}{\gamma} + \frac{\alpha v_1^2}{2g} = z_3 + \frac{p_3}{\gamma} + \frac{\alpha v_3^2}{2g} + h_{w1-3}$$

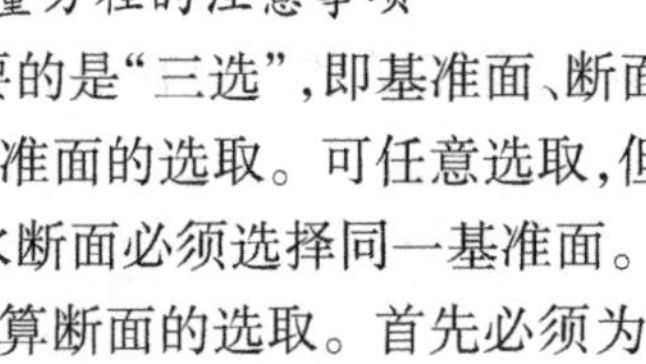

图 2-25

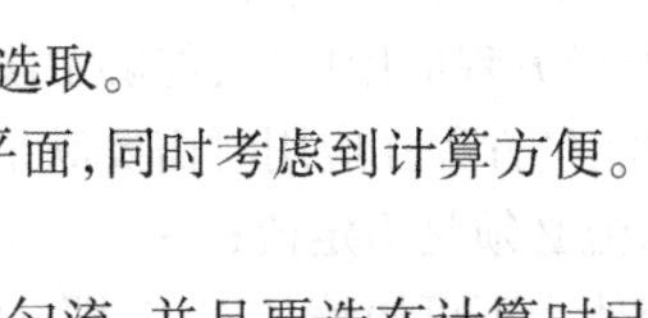

图 2-26

4.3.2 能量方程的注意事项

最重要的是"三选",即基准面、断面、代表点的选取。

(1)基准面的选取。可任意选取,但必须为水平面,同时考虑到计算方便。对于两个不同的过水断面必须选择同一基准面。

(2)计算断面的选取。首先必须为渐变流或均匀流,并且要选在计算时已知条件多又含有待求未知量的断面上。

(3)代表点的选取。原则上可任意选取,但一般对于有自由水面的,选取在水面点;对于管流,则选取在管道中心。

(4)压强的计算标准选取。可选用相对压强也可采用绝对压强,但能量方程中必须选取同一标准。一般多采用相对压强。

(5)动能修正系数的选取。大多数情况下,为了计算方便,选择 $\alpha_1=\alpha_2=1.0$。

应用能量方程时还应注意具体问题具体分析,若方程中同时出现较多的未知量,应考虑与其他方程联立求解。

【案例一及解析】 一水位不变的敞口箱,通过下部一条直径 $d=200$ mm 的管道向外供水(见图2-27),已知水箱水位与管道出口断面中心的高差为3.5 m,管道水头损失为3 m,试求管道出口的流速和流量。

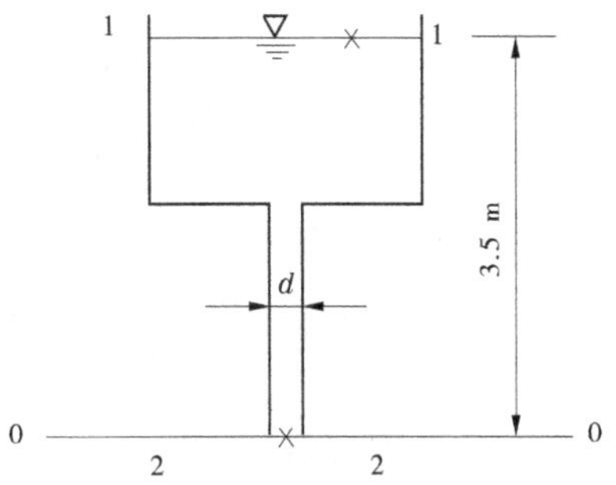

图2-27

解:以通过出口断面中心的水平面0—0为基准面,选取水箱自由表面断面1—1和管道出口断面2—2作为计算断面,计算点分别选在断面1—1的水面上和断面2—2的轴线上,列断面1—1和断面2—2的能量方程:

$$z_1+\frac{p_1}{\gamma}+\frac{\alpha v_1^2}{2g}=z_2+\frac{p_2}{\gamma}+\frac{\alpha v_2^2}{2g}+h_w$$

式中:$z_1=3.5$ m;$\frac{p_1}{\gamma}=0$;$z_2=0$;$\frac{p_2}{\gamma}=0$;$h_w=3$ m。

由于水箱水面比管道出口断面大得多,其断面平均流速比管道出口平均流速小得多,故可认为$\frac{\alpha v_1^2}{2g}\approx 0$,取 $\alpha_2=1.0$ 代入能量方程,得

$$3.5+0+0=0+0+\frac{v_2^2}{2g}+3$$

整理得

$$\frac{v_2^2}{2g}=0.5$$

管道出口流速为

$$v_2=\sqrt{2\times 9.8\times 0.5}=3.13(\text{m/s})$$

管中流量为

$$Q=v_2A_2=3.13\times\frac{3.14\times 0.2^2}{4}=0.098\,3(\text{m}^3/\text{s})$$

【案例二及解析】 一水泵(见图2-28)的抽水量 $Q=30$ L/s,吸水管的直径 $d=150$ mm,水泵进口允许真空值 $h_{真}=6.8$ m,吸水管内的水头损失 $h_w=1.0$ m,试求此水泵在水面以上的安装高度 h_s。

解:取水池水面0—0断面为基准面,以1—1断面和水泵进口处2—2断面作为计算断面,计算点分别在水池水面和2—2断面的中心上,列出能量方程如下:

$$z_1+\frac{p_1}{\gamma}+\frac{\alpha v_1^2}{2g}=z_2+\frac{p_2}{\gamma}+\frac{\alpha v_2^2}{2g}+h_w$$

式中：$z_1=0,\frac{p_1}{\gamma}=0,\frac{\alpha v_1^2}{2g}\approx 0,z_2=h_s,\frac{p_2}{\gamma}=-6.8\ \text{m}$，取 $\alpha_2=1.0$。

将以上条件代入能量方程有

$$0+0+0=h_s-6.8+\frac{v_2^2}{2g}+h_w$$

$$v_2=\frac{Q}{A_2}=\frac{0.03}{\frac{3.14}{4}\times 0.15^2}=1.699(\text{m/s})$$

所以水泵的安装高度

$$h_s=6.8-\frac{1.699^2}{19.6}-1.0=5.653(\text{m})$$

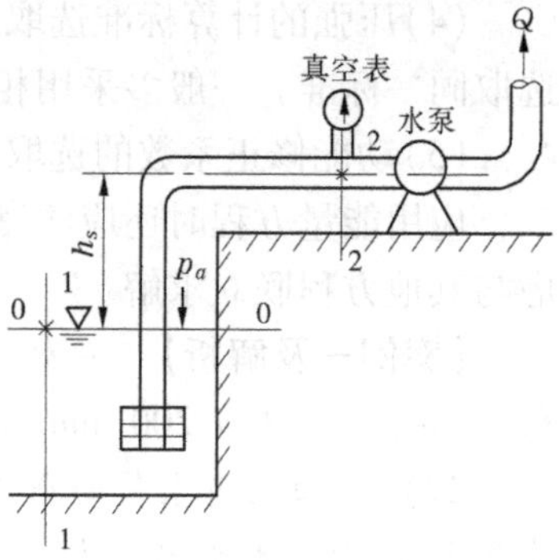

图 2-28

5 能量方程应用举例

如何利用能量方程来分析和解决具体水力学问题？现以毕托管测流速、文德里流量计测流量为例来讨论。

5.1 毕托管测流速

在科学试验中，广泛采用着一种测量水流速度的仪器，叫做毕托管。

毕托管是一根很细的弯管，其前端和侧面均开有小孔，当需要测量水中某点流速时，将弯管前端置于该点并正对水流方向，前端小孔和侧面小孔分别由两个不同通道接入两根测压管，测量时只需要读出这两根测压管的水面差，即可求得所测点之流速。该点流速的求得就要利用能量守恒的关系，现将其原理分析如下。

如图 2-29(a)所示，设先将一根弯管的前端封闭，弯管侧面开一小孔，把弯管正对水流方向，把侧面开孔处置于预测点 A 位置，此时弯管（相当于测压管）中水面上升到某一高度 h_1，测压管所量的高度 h_1 代表了 A 点的动水压强，即 $h_1=\frac{p_A}{\gamma}$。设 A 点水流速度为 u，若以通过 A 点的水平面为基准面，A 点处水流的总能量 $H=\frac{p_A}{\gamma}+\frac{u^2}{2g}=h_1+\frac{u^2}{2g}$。

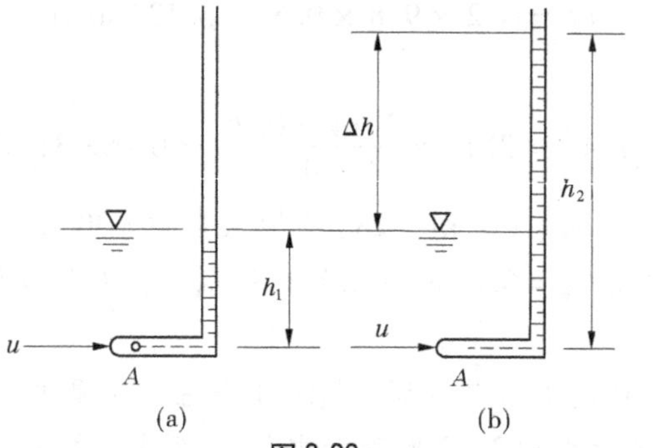

图 2-29

假定再以另一根同样的弯管（见图 2-29(b)），侧面不开孔，在其前端开一小孔，将弯

管前端置于 A 点并正对水流方向。弯管放入后，由于 A 点水流受弯管的阻挡，流速变为零，动能将全部转化为压能，使测压管中水面上升至高度 h_2。此 h_2 代表 A 点处水流的总能量，即 $H = h_2$。上述两不同弯管所得的 A 点总能量应相等，故

$$h_1 + \frac{u^2}{2g} = h_2 \tag{2-20}$$

由此可求出 A 点流速

$$u = \sqrt{2g(h_2 - h_1)} = \sqrt{2g\Delta h} \tag{2-21}$$

式中 Δh——两根测压管的水面差值。

真实的毕托管，并不是要用两根弯管进行两次测量，而是把两根管子纳入一根弯管当中，只是将前端的小孔和侧面的小孔分别由不同的通道接在两支测压管上。由于两个小孔的位置不同，因而测得的不是同一点上的能量，加之考虑毕托管放入水流中所产生的扰动影响，需要对式(2-21)加以修正，一般乘以修正系数 μ，即

$$u = \mu\sqrt{2g\Delta h} \tag{2-22}$$

其中，μ 称为毕托管的校正系数，一般为 0.98 ~ 1.0，从工厂买来的毕托管，说明书上给有 μ 值。毕托管使用过久，μ 值应再经过率定。

5.2 文德里流量计测流量

文德里流量计是测量管道中流量大小的一种装置，它由收缩段、喉管段、扩散段组成（见图 2-30）。若欲测量某管子中通过的流量，则把文德里流量计连接在管段当中，在管道和喉管上分别设置测压管（也可直接设置压差计），用以测得该两断面（见图 2-30 中的 1—1 断面和 2—2 断面）上测压管高度差 Δh，运用能量方程式即可计算出通过水管中的流量。

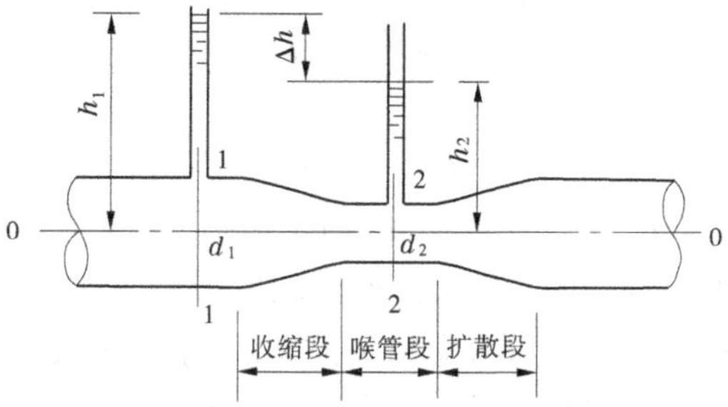

图 2-30

现将其原理分析于下：

假定水管是水平放置的，现对安装测压管的断面 1—1 和断面 2—2 写总流的能量方程：

$$z_1 + \frac{p_1}{\gamma} + \frac{\alpha_1 v_1^2}{2g} = z_2 + \frac{p_2}{\gamma} + \frac{\alpha_2 v_2^2}{2g}$$

若以管轴线为基准面，则 $z_1 = z_2 = 0$，$\frac{p_1}{\gamma} = h_1$，$\frac{p_2}{\gamma} = h_2$，取 $\alpha_1 = \alpha_2 = 1$，因断面 1—1 和断面 2—2 相距很近，暂时不计水头损失，令 $h_w = 0$，此时能量方程变为

$$\frac{p_1}{\gamma} - \frac{p_2}{\gamma} = \frac{v_2^2 - v_1^2}{2g}$$

$$h_1 - h_2 = \Delta h = \frac{v_2^2 - v_1^2}{2g}$$

由连续性方程可得

$$\frac{v_1}{v_2} = \frac{A_2}{A_1} = \frac{\frac{\pi}{4}d_2^2}{\frac{\pi}{4}d_1^2} = \frac{d_2^2}{d_1^2}$$

或

$$v_2 = v_1\left(\frac{d_1}{d_2}\right)^2$$

上式中 d_1、d_2 分别为断面 1—1 和断面 2—2 处管道的直径。把 v_2 和 v_1 关系式代入前式，得

$$\Delta h = \frac{v_1^2}{2g}\left[\left(\frac{d_1}{d_2}\right)^4 - 1\right]$$

$$v_1 = \sqrt{\frac{2g\Delta h}{\left(\frac{d_1}{d_2}\right)^4 - 1}} \tag{2-23}$$

因此，通过文德里流量计的流量为

$$Q = A_1 v_1 = \frac{\pi d_1^2 d_2^2}{4\sqrt{d_1^4 - d_2^4}}\sqrt{2g\Delta h} \tag{2-24}$$

令

$$K = \frac{\pi d_1^2 d_2^2}{4\sqrt{d_1^4 - d_2^4}}\sqrt{2g}$$

则

$$Q = K\sqrt{\Delta h} \tag{2-25}$$

很显然，当水管直径 d_1 及喉管直径 d_2 确定以后，K 为一定值，可以预先算出。由式(2-25)可见，只要测得水管断面与喉部断面的测压管高差 Δh，很快就得出流量 Q 值。

由于在上面的分析计算中，没有考虑水头损失，而水头损失将会促使流量减小，因而实际流量比按式(2-25)算得的为小，对于这个误差一般也是用一个修正系数 μ（称为文德里管流量系数）来修正，实际流量

$$Q = \mu K\sqrt{\Delta h} \tag{2-26}$$

流量系数 μ 一般为 0.95 ~0.98。

如果文德里流量计上直接安装水银压差计（见图 2-31），由压差计原理可知

$$\frac{p_1}{\gamma} - \frac{p_2}{\gamma} = \frac{\gamma_m - \gamma}{\gamma}\Delta h = 12.6\Delta h$$

式中　Δh——两支管中水银面的高差。

此时文德里流量计的流量为

$$Q = \mu K\sqrt{12.6\Delta h} \tag{2-27}$$

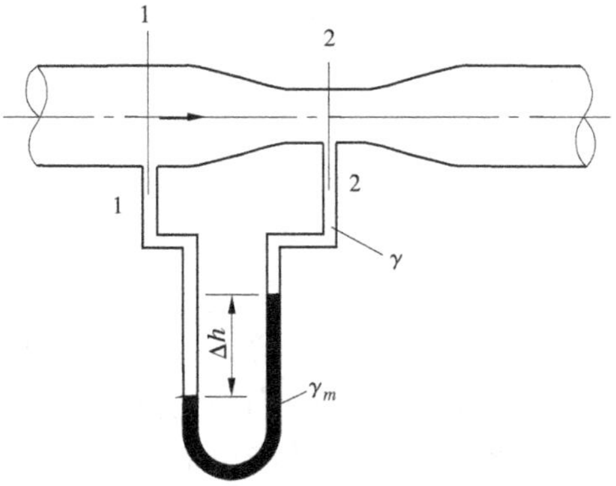

图 2-31

任务4 恒定总流的动量方程

前面讨论了水流的连续性方程和能量方程,它们在解决实际水力学问题中具有重要的意义。但是对某些水力学问题,用能量方程求解就有一定的困难,例如求急变流对边界的作用力,若用能量方程求解,式中水头损失一般很难确定,但又不能忽略。如果利用动量方程,则求解比较方便。

1 恒定总流动量方程的推导

物理学中的动量为:运动物体在单位时间内动量的变化量等于物体所受各外力的合力。现依据动量定律来推求表达液体运动中动量变化规律的方程。

今在恒定总流中,取出某一流段来研究,如图 2-32 所示。该流段两端过水断面为 1—1 断面及 2—2 断面,断面平均流速分别为 v_1、v_2,经微小时段 dt 后,设原流段 1—2 移至新的位置 1′—2′,从而产生了动量的变化。动量是矢量,设流段内动量的变化量为 $\Delta\vec{K}$,应等于 1′—2′与 1—2 流段内液体的动量 $\vec{K}_{1'-2'}$ 和 $\vec{K}_{1-2}$ 之差,即

$$\Delta\vec{K} = \vec{K}_{1'-2'} - \vec{K}_{1-2} \tag{2-28}$$

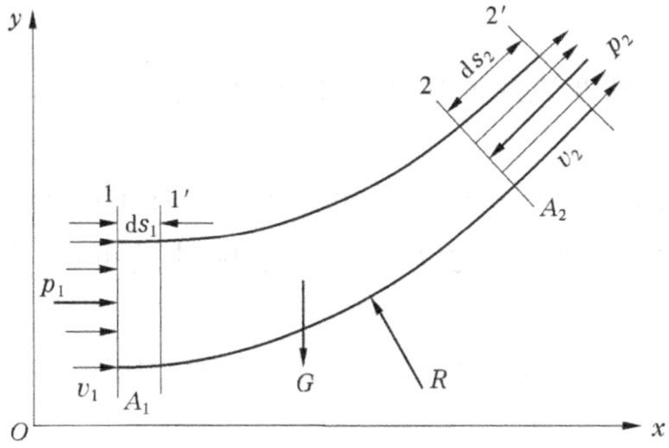

图 2-32

而$\vec{K}_{1-2}$是1—1′和1′—2两段液体动量之和，即

$$\vec{K}_{1-2} = \vec{K}_{1-1'} + \vec{K}_{1'-2} \tag{2-29}$$

同理

$$\vec{K}_{1'-2'} = \vec{K}_{1'-2} + \vec{K}_{2-2'} \tag{2-30}$$

$$\Delta\vec{K} = \vec{K}_{2-2'} - \vec{K}_{1-1'} \tag{2-31}$$

由任意断面流过的动量，如按平均流速计算，等于质量ρQ乘以平均流速v，即ρQv。但断面上的流速分布实际是不均匀的，按实际流速计算通过断面的动量比ρQv大，须乘以修正系数β才能相等。在一般渐变流中，动量修正系数值一般为1.02～1.05，为计算简便，常采用$\beta=1.0$，则

$$\Delta\vec{K} = \rho Q\mathrm{d}t(\beta_2\vec{v}_2 - \beta_1\vec{v}_1) \tag{2-32}$$

单位时间内动量变化量等于$\rho Q(\beta_2\vec{v}_2-\beta_1\vec{v}_1)$。

设$\sum\vec{F}$为单位时间内作用于总流流段上的所有外力的矢量和，于是得恒定总流的动量方程为

$$\sum\vec{F} = \rho Q(\beta_2\vec{v}_2 - \beta_1\vec{v}_1) \tag{2-33}$$

在直角坐标系中，恒定总流的动量方程式可以写成三个投影表达式

$$\left.\begin{aligned}\sum F_x &= \rho Q(\beta_2 v_{2x} - \beta_1 v_{1x})\\ \sum F_y &= \rho Q(\beta_2 v_{2y} - \beta_1 v_{1y})\\ \sum F_z &= \rho Q(\beta_2 v_{2z} - \beta_1 v_{1z})\end{aligned}\right\} \tag{2-34}$$

式中 v_{2x},v_{2y},v_{2z}——总流下游过水断面2—2的断面平均流速v_2在三个坐标方向的投影；

v_{1x},v_{1y},v_{1z}——上游过水断面1—1的断面平均流速v_1在三个坐标方向的投影；

$\sum F_x,\sum F_y,\sum F_z$——作用在1—1断面与2—2断面间液体上的所有外力在三个坐标方向上的投影代数和。

动量方程是水动力学中重要的基本方程之一，应用较为广泛。在应用动量方程式时要注意以下几点：

(1)将所研究的两个渐变流断面之间的水体取为脱离体，分析其受力情况，把力和流速按方向标在图上。

(2)选定坐标轴x、y的方向，然后把力和流速投影到坐标轴上，凡是和坐标轴的正向一致的流速和作用力均为正值，反之为负值。坐标轴是可以任意选择的，以计算方便为宜。

(3)动量方程的右端，系单位时间内脱离体中液体动量的改变值，必须是输出的动量减去输入的动量，切不可颠倒。

(4)边界对水流的反作用力与水流对边界的作用力大小相等、方向相反。可以先假定F_x、F_y方向，此后若所求得该力的计算值为正，表明原假定方向正确，若所求得的值为

负，表明与原假定方向相反。

(5)动量方程只能求解一个未知数，若方程中未知数多于一个，必须借助于其他方程(如连续性方程、能量方程)联合求解。

2 恒定总流动量方程的应用举例

2.1 弯管内水流对管壁的作用力

【例 2-3】 有一水平放置的弯管，由直径 $d_1=300$ mm 渐变为 $d_2=200$ mm，弯管转角 $\theta=60°$(见图 2-33)。断面 1—1 处的压强 $p_1=35$ kN/m^2(相对压强)，通过弯管流量 $Q=150$ L/s，若不计水头损失，求水流对弯管的作用力。

解：1. 取隔离体并选坐标

取渐变流过水断面 1—1 与断面 2—2 间的水体作为脱离体，利用总流的动量方程求解 F_x 与 F_y。

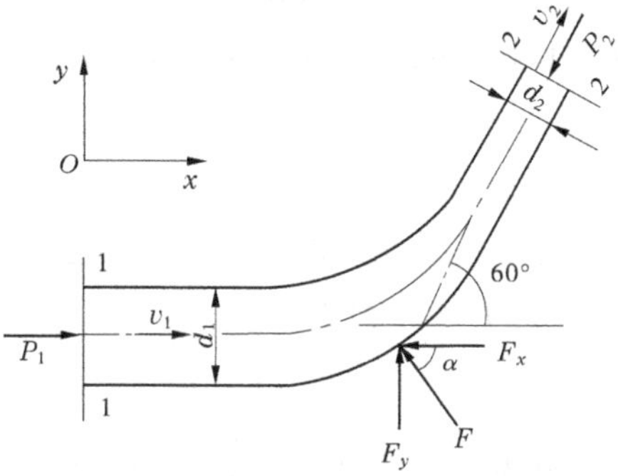

图 2-33

2. 分析受力情况

作用在脱离体上的外力有：①水体重力 G：因弯管水平面放置，故不必考虑；②过水断面 1—1 和断面 2—2 上的动水压力 P_1 和 P_2；③弯管对水流的反作用力 F，在 x 和 y 方向的分力为 F_x、F_y。最后注意说明：F_x 与 F'_x，F_y 与 F'_y 分别大小相等、方向相反。

分别列出 x 轴方向和 y 轴方向的动量方程，并取动量修正系数 $\beta_1=\beta_2=1.0$。

(1)x 轴方向的动量方程为

$$P_1 - P_2\cos60° - F_x = \rho Q(v_2\cos60° - v_1)$$

由连续性方程求得

$$v_1 = \frac{Q}{A_1} = \frac{150\times10^{-3}}{\frac{\pi}{4}\times0.3^2} = 2.12(\text{m/s})$$

$$v_2 = \frac{Q}{A_2} = \frac{150\times10^{-3}}{\frac{\pi}{4}\times0.2^2} = 4.78(\text{m/s})$$

为确定 P_2，再以管轴线所在水平面为基准面，列断面 1—1 与断面 2—2 能量方程，并取动量方程修正系数 $\alpha_1=\alpha_2=1.0$，则

$$0 + \frac{p_1}{\gamma} + \frac{v_1^2}{2g} = 0 + \frac{p_2}{\gamma} + \frac{v_2^2}{2g}$$

$$\frac{p_2}{\gamma}=\frac{p_1}{\gamma}+\frac{v_1^2}{2g}-\frac{v_2^2}{2g}=\frac{35}{9.8}+\frac{2.12^2}{2\times9.8}-\frac{4.78^2}{2\times9.8}=2.64(\mathrm{m})$$

$$p_2=2.64\times9.8=25.87(\mathrm{kN/m^2})$$

所以

$$P_1=p_1A_1=p_1\frac{\pi d_1^2}{4}=35\times\frac{3.14\times0.3^2}{4}=2.47(\mathrm{kN})$$

$$P_2=p_2A_2=p_2\frac{\pi d_2^2}{4}=25.87\times\frac{3.14\times0.2^2}{4}=0.81(\mathrm{kN})$$

$$F_x=P_1-P_2\cos60°-\rho Q(v_2\cos60°-v_1)$$

$$=2.47-0.81\times0.5-1\times0.15\times(4.78\times0.5-2.12)=2.02(\mathrm{kN})$$

(2) y 轴方向的动量方程为

$$-P_2\sin60°+F_y=\rho Q(v_2\sin60°-0)$$

所以

$$F_y=P_2\sin60°+\rho Qv_2\sin60°$$

$$=0.81\times0.866+1\times0.15\times4.78\times0.866$$

$$=0.703+0.621=1.32(\mathrm{kN})$$

(3) 合力为

$$F=\sqrt{F_x^2+F_y^2}=\sqrt{2.02^2+1.32^2}=2.42(\mathrm{kN})$$

F_x、F_y 都为正值，说明所设的 F 的方向正确。

(4) 合力方向为

$$\alpha=\arctan\frac{F_y}{F_x}=\arctan\frac{1.32}{2.02}=33.16°$$

水流对弯管的作用力 $F'=F$，方向与 F 相反，与 x 轴方向的夹角为 33.16°。

2.2 水流对溢流坝面的水平总作用力

【例 2-4】 某溢流坝（见图 2-34），上游渐变流断面 1—1 处的水深 $h_1=2.0$ m，下游渐变流过水断面 2—2 处的水深 $h_2=0.8$ m，若忽略水头损失，试求水流作用于 1 m 坝宽上的水平推力。

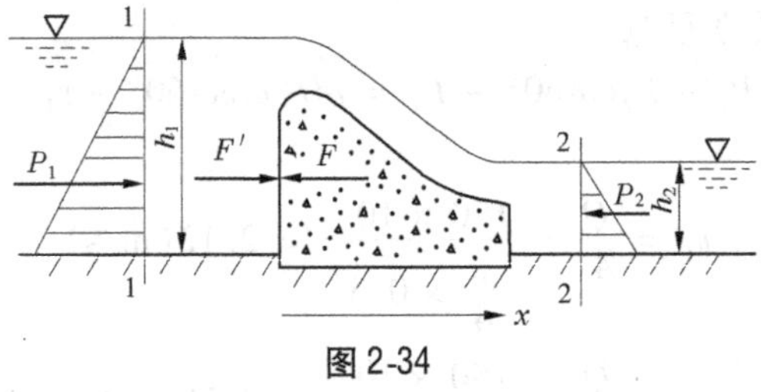

图 2-34

解：建立 x 轴坐标方向，并选取渐变流断面 1—1 和断面 2—2 之间水体为脱离体。脱离体内水体沿 x 轴方向所受的外力有：过水断面 1—1 和断面 2—2 上的动水压力 P_1 和 P_2；溢流坝对水流的作用力 F，它实际上是水流对溢流坝水平推力 F' 的反作用力。

取动量修正系数 $\beta_1=\beta_2=1.0$，列出 x 轴方向的动量方程为

$$\rho Q(v_2-v_1)=P_1-P_2-F$$

则

$$F = P_1 - P_2 - \rho Q(v_2 - v_1) \tag{a}$$

断面1—1动水压力为

$$P_1 = \frac{1}{2}\gamma h_1^2 b = \frac{1}{2} \times 9.8 \times 2.0^2 \times 1 = 19.6(\text{kN})$$

断面2—2动水压力为

$$P_2 = \frac{1}{2}\gamma h_2^2 b = \frac{1}{2} \times 9.8 \times 0.8^2 \times 1 = 3.136(\text{kN})$$

为求流量，以渠底部0—0面为基准面，取动能修正系数 $\alpha_1 = \alpha_2 = 1.0$，列出断面1—1和断面2—2能量方程，得

$$h_1 + \frac{v_1^2}{2g} = h_2 + \frac{v_2^2}{2g} \tag{b}$$

由连续性方程可得

$$v_2 = \frac{A_1}{A_2}v_1 = \frac{2.0}{0.8}v_1 = 2.5v_1 \tag{c}$$

将式(c)代入式(b)中，得

$$2.0 + \frac{v_1^2}{2g} = 0.8 + \frac{(2.5v_1)^2}{2g}$$

故

$$v_1 = \sqrt{\frac{2 \times 9.8 \times (2.0 - 0.8)}{2.5^2 - 1}} = 2.12(\text{m/s})$$

$$v_2 = 2.5v_1 = 2.5 \times 2.12 = 5.3(\text{m/s})$$

$$Q = v_1 A_1 = 2.12 \times 2.0 \times 1 = 4.24(\text{m}^3/\text{s})$$

将已求得的 P_1、P_2、v_1、v_2 及 Q 值代入式(a)，得

$$F = 19.6 - 3.136 - 1 \times 4.24 \times (5.3 - 2.12) = 2.981(\text{kN})$$

因 F 为正值，说明所设的 F 方向正确，所以水流作用于坝体上的水平推力 $F' = 2.981$ kN，方向与 F 相反。

任务5 水头损失的类型及其与阻力的关系

1 产生水头损失的原因及水头损失的分类

实际液体在流动过程中，与边界面接触的液体质点黏附于固体表面，流速为零。在边界面的法线方向上流速从零速度加大，过水断面上的流速分布处于不均匀状态。如果选取相邻两流层来研究，由于两流层间存在相对运动（见图2-35），实际液体又具有黏滞性，所以在有相对运动的相邻流层间就会产生内摩擦力。液体流动过程中要克服这种摩擦阻力，损耗一部分液流的机械能，转化为热能而散失。单位重量液体从一断面流至另一断面所损失的机械能，就叫做两断面之间的单位能量损失。

在固体边界顺直的河道中，水流的边界形状和尺寸沿水流方向不变或基本不变，水流

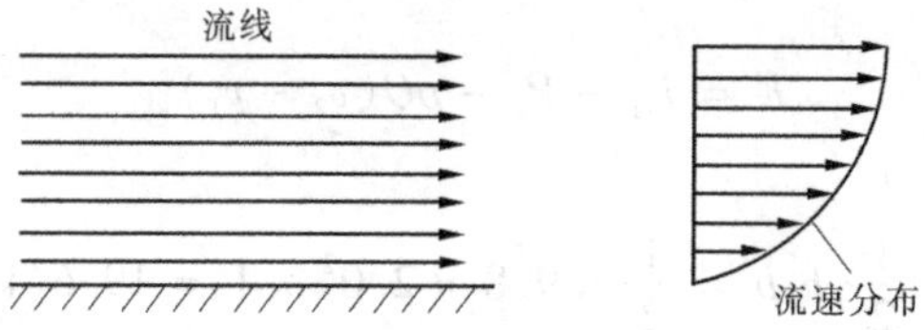

图 2-35

的流线便是平行的直线,或者近似为平行的直线,其水流属于均匀流或渐变流。这种情况下产生的水头损失,是沿程都有并随流程的长度而增加,所以叫做沿程水头损失,常用 h_f 表示。

在边界形状和大小沿流程发生改变的流段,水流的流线发生弯曲。由于水流的惯性作用,水流在边界突变处会产生与边界的分离并且水流与边界之间形成旋涡。因此,在边界突变处的水流属于急变流(见图 2-36)。在急变流段内,由于水流的扩散和旋涡的形成,使水流在此段内形成了比内摩擦阻力大得多的水流阻力,产生了较大的水头损失,这种能量损失是发生在局部范围之内的,所以叫做局部水头损失,常用 h_j 表示。

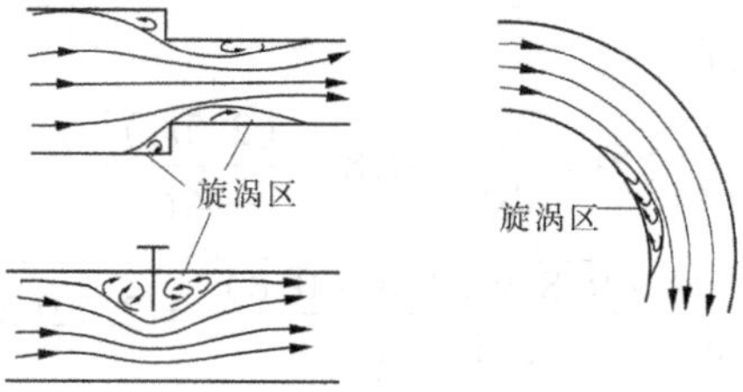

图 2-36

综上所述,我们可以将水流阻力和水头损失分成两类:

(1)由各流层之间的相对运动而产生的阻力,称为内摩擦阻力。它由于均匀地分布在水流的整个流程上,故又称为沿程阻力。为克服沿程阻力而引起单位重量水体在运动过程中的能量损失,称为沿程水头损失,用 h_f 来表示。

(2)当流动边界沿程发生急剧变化(如突然扩大、突然缩小、转弯、阀门等处)时,局部流段内的水流产生了附加的阻力,额外消耗了大量的机械能,通常称这种附加的阻力为局部阻力,克服局部阻力而造成单位重量水体的机械能损失为局部水头损失,用 h_j 来表示。局部水头损失是在边界发生改变处的一段流程内产生的,为了计算方便,常将局部水头损失看成是集中在一个突变断面上产生的水头损失。

实际水流中,整个流程既存在着各种局部水头损失,又有各流段的沿程水头损失。某一流段沿程水头损失与局部水头损失的总和,称为该流段的总水头损失。如其相邻两局部水头损失互不影响,则全流程总水头损失 h_w 就等于各局部水头损失和各流段的沿程水头损失之和,如图 2-37 所示,即

$$h_w = \sum h_f + \sum h_j \tag{2-35}$$

式中 $\sum h_f$ ——整个流程中各均匀流段或渐变流段的沿程水头损失之和;

$\sum h_j$——整个流程中各种局部水头损失之和。

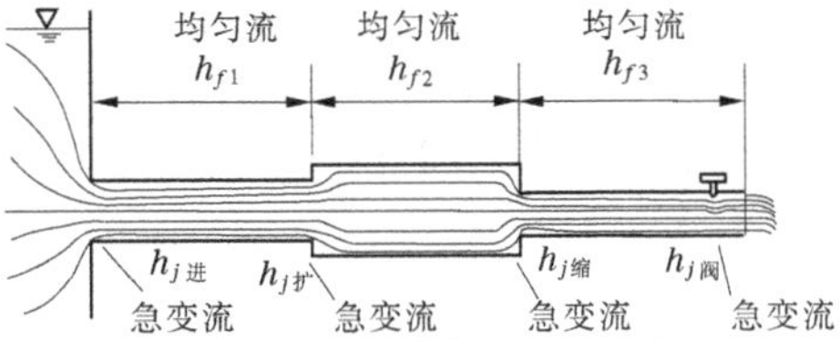

图 2-37

2 液流边界几何条件对水头损失的影响

我们知道产生水头损失的根源是实际液体本身具有的黏滞性，但固体边界纵横方向的几何条件（边界轮廓的形状和大小）对水头损失也有很大的影响。

（1）液流边界横向轮廓的形状和大小对水头损失有很大影响——液流边界横向轮廓的形状和大小对水流的影响可用过水断面的水力要素来表征，如过水断面的面积 A、湿周 χ 及水力半径 R 等。

单靠过水断面面积的大小不足以说明液流边界横向轮廓的几何形状和大小对水流的影响，例如两个不同形状的断面，一为正方形，一为扁长矩形，虽其过水断面面积相等，而且其他条件也相同，但扁长矩形渠槽中的液流所受到的阻力要大些，因而水头损失也要大些，这是因为扁长矩形渠槽中的液流与固体边界接触的周界要长些。液流过水断面与固体边界接触的周长叫做湿周，常用 χ 表示。湿周愈大，水流阻力及水头损失也愈大。

若两个过水断面的湿周相等，而形状不同，则过水断面面积一般是不相等的，虽通过同样大小的流量，水流阻力和水头损失也不相等，因为面积较小的过水断面液流通过的流速较大，水流阻力及水头损失也大。

所以，以过水断面面积 A 或湿周 χ 中任何一个水力要素来表征过水断面的水力特征都是不够全面的，只有把两者互相结合起来才较为全面。过水断面的面积 A 与湿周 χ 的比值称为水力半径，即

$$R = \frac{A}{\chi} \tag{2-36}$$

水力半径是过水断面的一个非常重要的水力要素，许多重要的水力学公式中都包含有这个要素。水力半径常用 m 或 cm 为单位。

例如，直径为 d 的圆管，当充满液流时，$A = \frac{\pi d^2}{4}$，$\chi = \pi d$，故水力半径

$$R = \frac{A}{\chi} = \frac{\frac{\pi d^2}{4}}{\pi d} = \frac{d}{4} \tag{2-37}$$

（2）液流边界纵向轮廓对水头损失的影响——因边界纵向轮廓的不同，可有两种不同形式的液流：均匀流与非均匀流。

按均匀流的定义可知，沿水流长度方向上各过水断面的水力要素及断面平均流速都是保持不变的。所以，均匀流时只有沿程水头损失，而且单位长度上相等，总水头线应为一直线。又因各过水断面平均流速相等，所以各过水断面上的流速水头也是相等的。由

此可知，均匀流时总水头线和测压管水头线是相互平行的直线（见图2-38）。

非均匀流与均匀流不同，沿水流长度方向上各过水断面的形状及大小是不相等的，各过水断面上的流速也是不相等的，所以非均匀流单位长度上的水头损失也不相等，总水头线和测压管水头线是互不平行的曲线（见图2-39）。

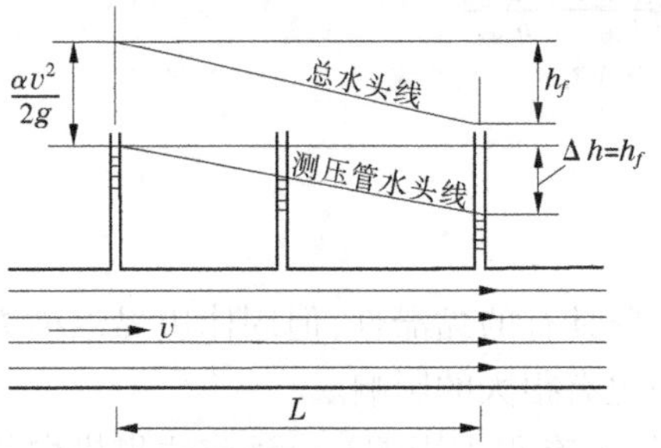

图2-38

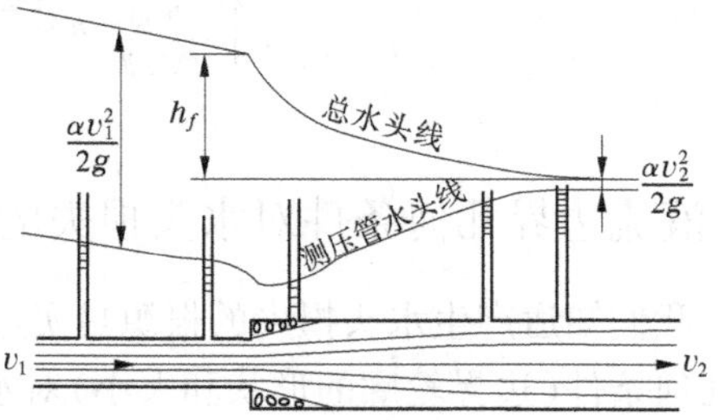

图2-39

均匀流时无局部水头损失，非均匀渐变流时局部水头损失可忽略不计，非均匀急变流时两种水头损失均有。下面先研究沿程水头损失，然后讨论局部水头损失。因为均匀流时只有沿程水头损失，所以研究沿程水头损失只要研究均匀流的水头损失就可以了。

3 沿程水头损失的分析计算

3.1 水流运动的两种流态

1883年雷诺（Reynolds）曾用试验揭示了实际液体运动存在的两种型态即层流和紊流的不同本质。

3.1.1 雷诺试验

图2-40所示为雷诺试验装置的示意图。试验时将容器装满液体，使液面保持稳定，使水流为恒定流。试验时将阀门 K_1 徐徐开启，液体自玻璃管中流出，然后将带颜色液体的阀门 K_2 打开，就可看见在玻璃管中有一条细直而鲜明的带色流束，这一流束并不与未带色的液体混杂，如图2-41(a)所示。再将阀门 K_1 逐渐开大，玻璃管中流速逐渐增大，就可看到带色流束开始颤动并弯曲，具有波形轮廓（见图2-41(b)）。然后在其个别流段上开始出现破裂，因而失掉了带色流束的清晰形状。最后在流速达到某一定值时，带色流束便完全破裂，并且很快扩散成布满全管的旋涡，使全部水流着色（见图2-41(c)），说明此时流体质点已互相混掺。

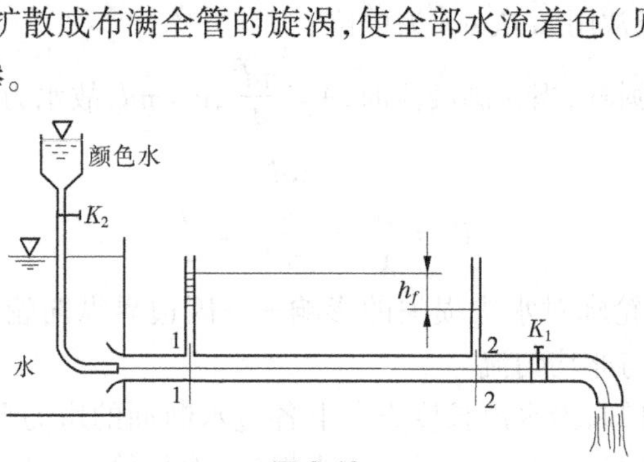

图2-40

以上试验说明，同一液体在同一管道中流动，当流速不同时，液体可有两种不同型态的运动：

(1)当流速较小时，各流层的液体质点是有条不紊地运动，互不混杂，这种型态的流动叫做层流。

(2)当流速较大时，各流层的液体质点在流动过程中，互相混掺，这种型态的流动叫做紊流。

当试验以相反的程序进行时，则观察到的现象就以相反的程序而重演，但在紊流转变为层流时流速的数值要比层流转变为紊流时小。

若在玻璃管的两个断面1—1及2—2上各安一根测压管，则可测出断面1—1及断面2—2间的水头损失。由能量方程式得

$$z_1 + \frac{p_1}{\gamma} + \frac{\alpha_1 v_1^2}{2g} = z_2 + \frac{p_2}{\gamma} + \frac{\alpha_2 v_2^2}{2g} + h_f$$

因 $z_1 = z_2$，$\frac{\alpha_1 v_1^2}{2g} = \frac{\alpha_2 v_2^2}{2g}$，故 $\frac{p_1}{\gamma} - \frac{p_2}{\gamma} = h_f$。这就是说，两根测压管中的水柱差即为断面1—1至断面2—2的沿程水头损失。

据雷诺试验的结果，液流型态不同，沿程水头损失的规律也不同。若以 $\lg v$ 为横轴，以 $\lg h_f$ 为纵轴，将试验数据绘出，如图2-42所示。相应于液体运动型态转变时的流速叫做临界流速。若试验时流速自小变大，则层流维持至 C 点才能转变为紊流。C 点所对应的流速叫上临界流速 v'_{cr}。若试验自相反程序进行，则紊流维持至 B 点才转变为层流，B 点所对应的流速叫做下临界流速 v_{cr}。BD 之间的液流型态依试验的程序而定，可能为层流也可能是紊流，称为过渡区。线段 AC 及 ED 可用下列方程式来表示：

$$\lg h_f = \lg k + m \lg v$$

式中 $\lg k$——截距；

m——直线的斜率。

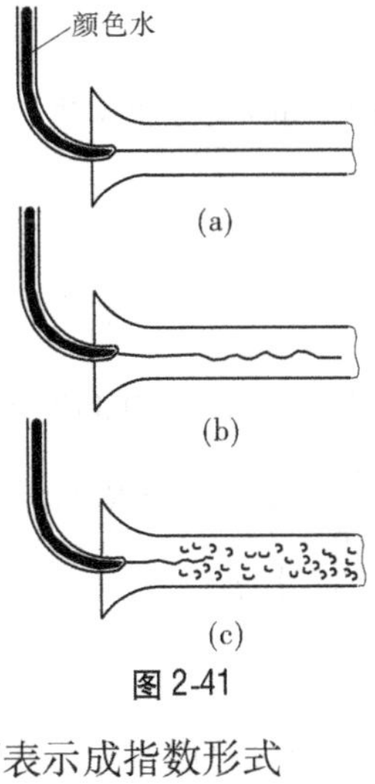

图2-41

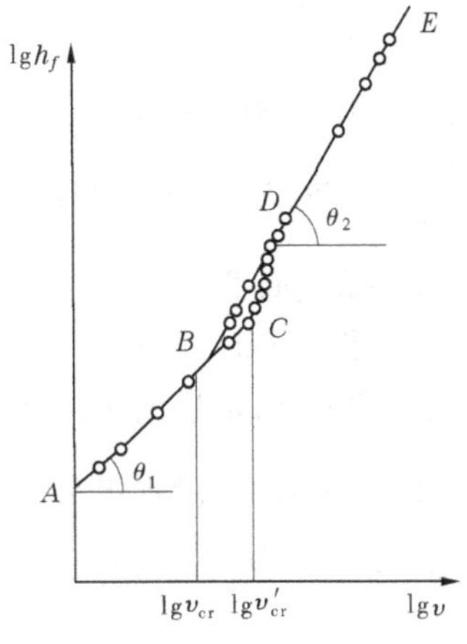

图2-42

上式可表示成指数形式

$$h_f = kv^m \tag{2-38}$$

据试验结果：层流时适用直线 AC，$\theta_1 = 45°$，即 $m = 1$，所以层流时沿程水头损失是与流速的一次方成比例的。紊流时适用直线 DE，$\theta_2 > 45°$，$m > 1$，所以紊流时沿程水头损失是与流速的 1.75 ~ 2 次方成比例的。由此可见，m 值随液流型态而不同。因此，欲确定沿程水头损失须首先判别液流的型态。

3.1.2 液流型态的判别

雷诺试验的结果发现，临界流速与液体的密度 ρ、动力黏度 μ 及管径 d 都有密切关系，并提出液流型态可用雷诺数 Re 来判断：

$$Re = \frac{\rho v d}{\mu} = \frac{vd}{\nu} \tag{2-39}$$

液流型态开始转变时的雷诺数叫做临界雷诺数。若用下临界流速代入上式，则求得的雷诺数叫做下临界雷诺数 Re_{cr}。若用上临界流速代入上式，则求得的雷诺数叫做上临界雷诺数 Re'_{cr}。

经大量试验证明，圆管中液流的下临界雷诺数 Re_{cr} 是一个比较稳定的数值，常取 Re_{cr} = 2 320。

但上临界雷诺数是一个不稳定的数值，Re'_{cr} = 12 000 ~ 20 000。在个别情况下也有高达 40 000 ~ 50 000 的，这要看液流平静程度及有无扰动而定。凡雷诺数大于下临界雷诺数时，即使液流原为层流，只要有任何微小扰动，就可以使层流变为紊流。在实际工程上扰动总是存在的，所以上、下临界雷诺数之间的液流是极不稳定的，在实用上都可以看做是紊流。因此，判别液流型态以下临界雷诺数为标准：实际雷诺数大于下临界雷诺数时就是紊流，小于下临界雷诺数时一定是层流。

以上试验虽然都是以圆管液流为对象，但其结论对其他边界条件下的液流也是适用的，只是边界条件不同时，下临界雷诺数的数值不同而已。例如：明渠及天然河道中常用水力半径 R 替代 d，即 $Re = \frac{vR}{\nu}$，Re_{cr} 常取 580 为判别值。

【例 2-5】 有一圆形水管，其直径 d 为 100 mm，管中水流的平均流速 v 为 1.0 m/s，水温为 10 ℃，试判别管中水流的型态。

解： 当水温为 10 ℃ 时查得水的运动黏度 $\nu = 1.306 \times 10^{-6}\ \mathrm{m^2/s}$，管中水流的雷诺数 $Re = \frac{vd}{\nu} = \frac{1.0 \times 0.1}{1.306 \times 10^{-6}} = 76\ 570 > 2\ 320$，因此管中水流为紊流。

3.2 沿程水头损失的计算

3.2.1 沿程水头损失的计算公式

实际水流非常复杂，常借助于试验和经验公式进行计算。针对不同管、槽，通过不同条件进行试验的结果表明：沿程水头损失 h_f 与流速水头 $\frac{v^2}{2g}$、水力半径 R、计算长度 l 及边界粗糙程度和水流型态有关，一般采用达西 - 魏斯巴哈公式计算

$$h_f = \lambda \frac{l}{4R} \frac{v^2}{2g} \tag{2-40}$$

式中 λ——沿程阻力系数，反映水流型态和边界粗糙程度对 h_f 的影响，无单位；

R——水力半径。

圆管的水力半径 $R=\frac{A}{\chi}=\frac{\frac{\pi d^2}{4}}{\pi d}=\frac{d}{4}$，也就是说，对圆管流动，达西－魏斯巴哈公式可写为

$$h_f=\lambda\frac{l}{d}\frac{v^2}{2g} \tag{2-41}$$

式(2-40)、式(2-41)说明：沿程水头损失 h_f 与计算长度 l、流速水头$\frac{v^2}{2g}$成正比，与水力半径 R(或管径 d)成反比。计算沿程水头损失的关键是确定系数 λ 值。

3.2.2 沿程阻力系数 λ 的测定

沿程阻力系数 λ 的变化规律，可由试验成果分析得出，试验装置如图2-43所示。试验时，先保证水箱中的水位为定值，量测段 AB 的两端距管道的进、出口有一定的距离，并在 AB 段两端设测压管，首先测出管长 l 及管径 d。

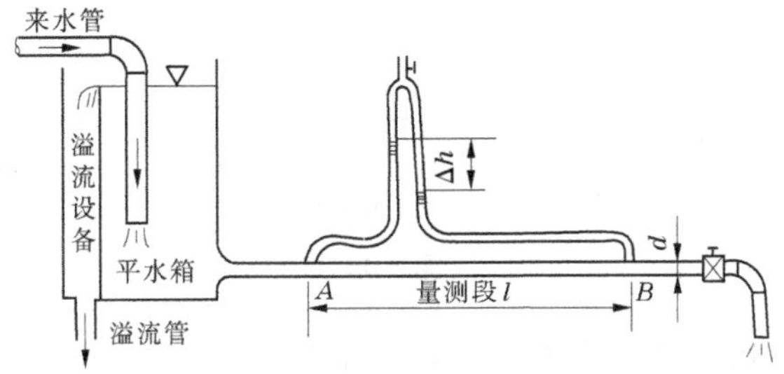

图2-43

由于各断面流速相同，没有局部水头损失，因而根据能量方程得

$$h_w=h_f=(z_A+\frac{p_A}{\gamma})-(z_B+\frac{p_B}{\gamma})=h_1-h_2=\Delta h$$

将量测到的 Δh 及用体积法测出的流量 $Q=\frac{V}{t}$代入下式：

$$\lambda=\frac{h_f}{\frac{l}{d}\frac{v^2}{2g}}=\frac{h_f}{\frac{l}{d}\frac{Q^2}{2gA^2}}$$

就可算出该管道通过流量 Q 时的 λ 值。对不同相对粗糙度的管子用不同的过流量进行试验，即可得出相应的沿程阻力系数 λ。

为了探讨沿程阻力系数 λ 的变化规律，尼古拉兹曾用不同粒径的人工砂贴在不同直径的管道内壁上，表示管壁的粗糙状况。他进行了一系列的试验，并绘制了反映 λ 值变化规律的关系曲线。后来，蔡克士大用同样的方法在矩形明渠中进行了试验，也得到了与尼古拉兹试验结果相类似的曲线。

1944年，摩迪在总结前人经验研究的基础上，对工业用的实际管道进行了试验研究，并绘制了不同相对粗糙度的管道沿程阻力系数 λ 与雷诺数 Re 的关系曲线，称为摩迪图，如图2-44所示。

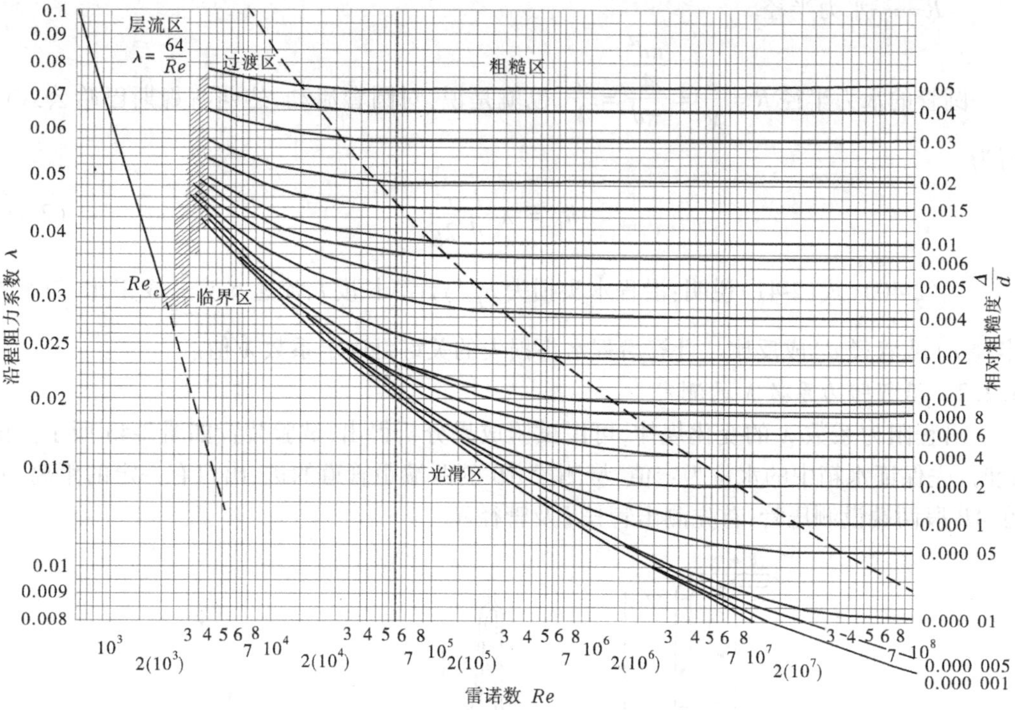

图 2-44

该图的纵坐标为 λ，横坐标为 Re，参编量相对粗糙度用 $\frac{\Delta}{d}$ 表示，d 为管道直径。上述试验成果都表明：在管道（或明槽）中流动的液体，随着 Re 和相对粗糙度 $\frac{\Delta}{d}$（或 $\frac{\Delta}{R}$）的不同，出现层流区、紊流水力光滑区、紊流过渡区和紊流水力粗糙区等 4 个不同的流区，见图 2-45。

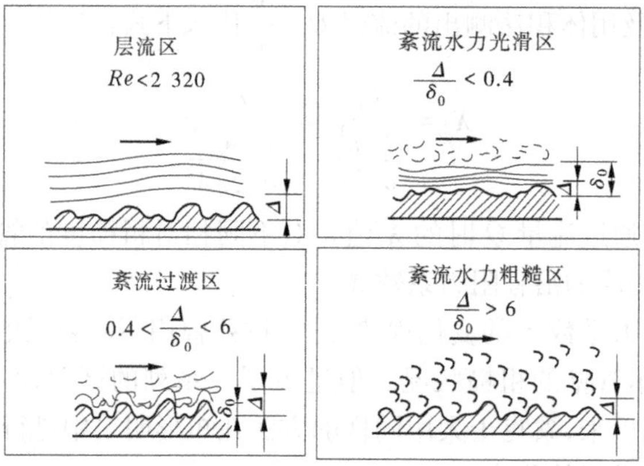

图 2-45

在不同的流区中，系数 λ 遵循着不同的规律。现以圆管流动为例，结合摩迪图加以说明。

(1)层流区($Re<2\ 320$)。

不同相对粗糙度的试验点都集中在同一条直线上。这时,整个断面水流都是层流。壁面凸起高度完全掩盖在层流中,λ 与 Δ 无关,而仅是 Re 的函数,即 $\lambda=f(Re)$。

对于圆管

$$\lambda = \frac{64}{Re} \tag{2-42}$$

根据 $Re=\frac{vd}{\nu}$,相应的水头损失为

$$h_f = \frac{64}{\frac{vd}{\nu}} \frac{l}{d} \frac{v^2}{2g} \propto v^{1.0}$$

这表明,在层流中,水头损失与断面平均流速的一次方成正比。

(2)紊流水力光滑区($\frac{\Delta}{\delta_0}<0.4$)。

此时水流属紊流,但流速不够大,黏性底层厚度 δ_0 比边壁粗糙度 Δ 大得多,边壁凸出高度 Δ 仍被黏性底层掩盖,对紊流流核区不发生影响。所以,称这时的边界为水力光滑管(相应情况的明槽称水力光滑槽)。λ 与 Δ 无关,而仅是 Re 的函数,即 $\lambda=f(Re)$。不同相对粗糙度的一些试验点都在一定区域内聚集在同一条线上,相对粗糙度较小的管道,在 Re 数较高时才离开此流区。这时,试验曲线表明:

$$h_f = \lambda \frac{l}{d} \frac{v^2}{2g} \propto v^{1.75}$$

即水头损失与断面平均流速的 1.75 次方成比例,通常根据试验公式进行计算。

相对粗糙度较大的管道,则可能不出现此流区。

(3)紊流过渡区$\left(0.4<\frac{\Delta}{\delta_0}<6\right)$。

不同相对粗糙度的试验点分属各自的曲线,这时水流的紊流,流速较大,δ_0 已不能完全掩盖住 Δ 的作用,Δ 的大小直接影响紊流流核区的流动。这时,系数 λ 既与 Re 有关,又与$\frac{\Delta}{d}$有关,即 $\lambda=f\left(Re,\frac{\Delta}{d}\right)$。试验成果表明:

$$h_f = \lambda \frac{l}{d} \frac{v^2}{2g} \propto v^{1.75\sim2.0}$$

即水头损失与断面平均流速的 1.75 ~2.0 次方成比例。

(4)紊流水力粗糙区$\left(\frac{\Delta}{\delta_0}>6\right)$。

此时紊流的流速和雷诺数都相当大,黏性底层厚度 δ_0 比绝对粗糙度 Δ 小得多,黏性底层厚度对边壁粗糙度不起掩盖作用,这时的管称为水力粗糙管(相应情况的明槽称为水力粗糙槽)。系数 λ 与 Re 无关,仅与$\frac{\Delta}{d}$有关,即 $\lambda=f\left(\frac{\Delta}{d}\right)$,不同相对粗糙度的试验点分别位于不同的水平线上,这样 $h_f=\lambda\frac{l}{d}\frac{v^2}{2g}\propto v^{2.0}$。由于水头损失与流速的平方成正比,因

此水力粗糙区又称阻力平方区，这种水流在水利工程中最为常见。

总之，无论在管流或明槽流动中，都存在两种流态，即层流与紊流。紊流中又分 3 个不同的流区，不同流区中，流动特征、切应力、流速分布和影响 λ 值的因素等亦不相同。

在不同流区中系数 λ 遵循着不同的规律，有不同的计算公式。因此，计算 λ 值时，必须先区分流态和紊流的流区，区分紊流流区需要根据粗糙度 Δ 与黏性底层厚度 δ_0 的比值确定。但由于黏性底层厚度 δ_0 是随水流变化的，因而 $\frac{\Delta}{\delta_0}$ 也是随水流变化的。在一种水流条件下，若判明它属于水力光滑壁，但当水流的 Re 加大，δ_0 减小时，原属水力光滑的壁面又可能变成水力粗糙区或过渡区。可见，若水流条件改变，需要重新判定流区。

黏性底层厚度根据经验公式 $\delta_0 = 32.8\frac{d}{Re\sqrt{\lambda}}$ 计算。由于此时 λ 值未知，必须进行试算，这在实用上是很不方便的。若利用摩迪图，可较简便地划分流区，并进行一般管道的阻力系数的计算。

实际管道的壁面粗糙是不均匀的，无法直接量测绝对粗糙度 Δ 值，实际运用过程中是用当量粗糙度衡量的，将工业管道的试验结果与同直径的人工均匀粗糙度的试验结果相比较，把具有同一 λ 值的人工均匀粗糙度的 Δ 值作为工业管道的当量粗糙度。

由于 λ 用上述方法来确定都不是很方便，工程中常利用经验公式进行水头损失的计算。

3.2.3 沿程水头损失的分析与计算

1769 年谢才总结了明渠均匀流的实测资料，提出计算均匀流的经验公式，后人称为谢才公式，即

$$v = C\sqrt{RJ} \tag{2-43}$$

式中 C——谢才系数，单位为 $m^{\frac{1}{2}}/s$；

R——断面水力半径，$R = \frac{A}{\chi}$；

J——水力坡度，$J = \frac{h_f}{l}$。

将 $J = \frac{h_f}{l}$ 代入式(2-43)，得

$$h_f = \frac{v^2}{C^2 R} l \tag{2-44}$$

其实谢才公式与达西公式是一致的，只是表现形式不同。只要用

$$\lambda = \frac{8g}{C^2} \tag{2-45}$$

代入达西公式就可得到谢才公式。所以，谢才公式既可应用于明渠也可应用于管流。现在介绍两个比较常用的求谢才系数的公式：

(1)曼宁公式。

$$C = \frac{1}{n} R^{\frac{1}{6}} \tag{2-46}$$

因曼宁公式形式简单，计算方便，且应用于管道及较小的河渠可得到较满意的结果，故现为世界各国工程界所采用。

(2)巴甫洛夫斯基公式。

$$C = \frac{1}{n}R^{y} \tag{2-47}$$

式中

$$y = 2.5\sqrt{n} - 0.13 - 0.75\sqrt{R}(\sqrt{n} - 0.10) \tag{2-48}$$

可近似按下列简式确定：

当 $R < 1.0$ m 时　　$y = 1.5\sqrt{n}$

当 $R > 1.0$ m 时　　$y = 1.3\sqrt{n}$

适用范围：0.1 m≤R≤3.0 m，0.011 m≤n≤0.04 m。

这里要注意，上述各公式中水力半径 R 的单位均采用 m。

式(2-46)和式(2-47)中 n 为粗糙系数，也称糙率，反映边壁的粗糙程度。在实际工程中所遇到的情况往往非常复杂，如管道有新有旧，有生锈的有清洁的。天然河道的变化更为复杂，即使在同一过水断面上，河滩与河槽的土壤性质及颗粒大小也不相同，草木生长的情况更是千变万化，而且河槽形态对粗糙系数也有一定的影响。所以，要选择完全符合实际情况的 n 值是很困难的，可参考表2-1或表4-1～表4-4。

【例2-6】 有一混凝土衬砌的引水隧洞，洞径 $d=2.5$ m，洞长 $l=4\ 000$ m。求引水隧洞通过流量 $Q=6.5\ m^3/s$ 时的沿程水头损失。

解：先计算隧洞过水断面的水力要素：

过水断面面积　$A = \frac{\pi}{4}d^2 = \frac{3.14}{4} \times 2.5^2 = 4.9\ (m^2)$

水力半径　$R = \frac{d}{4} = \frac{2.5}{4} = 0.625\ (m)$

断面平均流速　$v = \frac{Q}{A} = \frac{6.5}{4.9} = 1.33\ (m/s)$

根据隧洞的壁面为混凝土面，选用糙率 $n=0.014$，按曼宁公式计算谢才系数 C

$$C = \frac{1}{n}R^{\frac{1}{6}} = \frac{1}{0.014} \times 0.625^{\frac{1}{6}} = 66.05(m^{1/2}/s)$$

按式(2-44)求沿程水头损失

$$h_f = \frac{v^2}{C^2R}l = \frac{1.33^2}{66.05^2 \times 0.625} \times 4\ 000 = 2.60(m)$$

或者由　$\lambda = \frac{8g}{C^2} = \frac{8 \times 9.8}{66.05^2} = 0.018$

根据式(2-41)得隧洞沿程水头损失为

$$h_f = \lambda\frac{l}{d}\frac{v^2}{2g} = 0.018 \times \frac{4\ 000}{2.5} \times \frac{1.33^2}{19.6} = 2.60(m)$$

表 2-1 糙率

壁面种类及状况	n
特别光滑的黄铜管、玻璃管、涂有珐琅质或其他釉料的表面	0. 009
精致水泥抹面、安装及连接良好的新制清洁铸铁管及钢管、精刨模板	0. 011
安装很好的未刨木板、正常情况下无显著水锈的给水管、非常清洁的排水管、最光滑的混凝土面	0. 012
良好的砖砌体、正常情况下的排水管、略有积污的排水管	0. 013
积污的给水管和排水管、中等情况下渠道的混凝土砌面	0. 014
良好的块石圬工、旧的砖砌体、比较粗的混凝土砌面、特别光滑仔细开挖的岩石面	0. 017
坚实黏土渠道、不密实淤泥层覆盖的黄土、砾石及泥土的渠道、良好养护的大渠道	0. 022 5
良好的干砌圬工、中等养护情况的土渠、情况良好的天然河道（河床清洁、顺直、水流通畅、无塌岸及深潭）	0. 025
养护情况在中等以下的土渠	0. 027 5
情况不良的土渠（如部分渠底有水草、卵石或砾石部分边岸崩塌等）、水流条件良好的天然河流	0. 030
情况特别坏的渠道（有不少深潭及塌岸、芦苇丛生、渠底有大石及密生的树根等）、过水条件差且石子及水草数量增加有深潭及浅滩的弯曲河道	0. 040

【例 2-7】 有一混凝土的矩形断面渠道，已知渠道通过的流量 $Q=25.0\ m^3/s$，渠底宽度 $b=6$ m，水深 $h=3$ m。求渠道中发生均匀流时每千米渠长的沿程水头损失。

解：先计算过水断面的水力要素：

过水断面面积 $A=bh=6\times3=18(m^2)$

湿周 $\chi=b+2h=6+2\times3=12(m)$

水力半径 $R=\dfrac{A}{\chi}=\dfrac{18}{12}=1.5(m)$

根据表 2-1，中等情况下的混凝土砌面的渠道，取 $n=0.014$。

(1) 由曼宁公式计算 C 值，求沿程水头损失：

按曼宁公式计算谢才系数 C

$$C=\frac{1}{n}R^{\frac{1}{6}}=\frac{1}{0.014}\times1.5^{\frac{1}{6}}=76.42(m^{1/2}/s)$$

则 1 km 长渠道的沿程水头损失 h_f 可由式(2-44)求得

$$h_f = \frac{v^2}{C^2R}l = \frac{Q^2}{A^2C^2R}l = \frac{25^2}{18^2 \times 76.42^2 \times 1.5} \times 1\ 000 = 0.220(\text{m})$$

(2)由巴甫洛夫斯基公式计算 C 值,求沿程水头损失:

按巴甫洛夫斯基公式计算谢才系数 C

$$C = \frac{1}{n}R^y$$

$$y = 2.5\sqrt{n} - 0.13 - 0.75\sqrt{R}(\sqrt{n} - 0.10)$$
$$= 2.5 \times \sqrt{0.014} - 0.13 - 0.75 \times \sqrt{1.5} \times (\sqrt{0.014} - 0.10) \approx 0.15$$

因而
$$C = \frac{1}{n}R^y = \frac{1}{0.014} \times 1.5^{0.15} = 75.9(\text{m}^{1/2}/\text{s})$$

则 1 km 长渠道的沿程水头损失为

$$h_f = \frac{v^2}{C^2R}l = \frac{Q^2}{A^2C^2R}l = \frac{25^2}{18^2 \times 75.9^2 \times 1.5} \times 1\ 000 = 0.223(\text{m})$$

从上述结果来看,由两种方法所得的谢才系数 C 的结果相差极小,因而沿程水头损失的计算结果也就没多大差别。

4 局部水头损失的分析与计算

当流动边界发生突变时,水流将产生局部水头损失。边界突变的形式多种多样,如断面突然扩大、突然缩小、转弯、分岔、阀门等。断面突变对水流运动产生的影响有两点:

(1)断面突变处,水流因受惯性作用,与壁面产生分离,并形成旋涡,旋涡的分裂和互相摩擦消耗大量的能量;

(2)主流脱离边界形成旋涡区,主流受到压缩或扩散,流速分布急剧调整,在流速改变过程中,质点内部相对运动加强,碰撞、摩擦作用加剧,从而造成较大的能量损失,如图 2-46 所示。

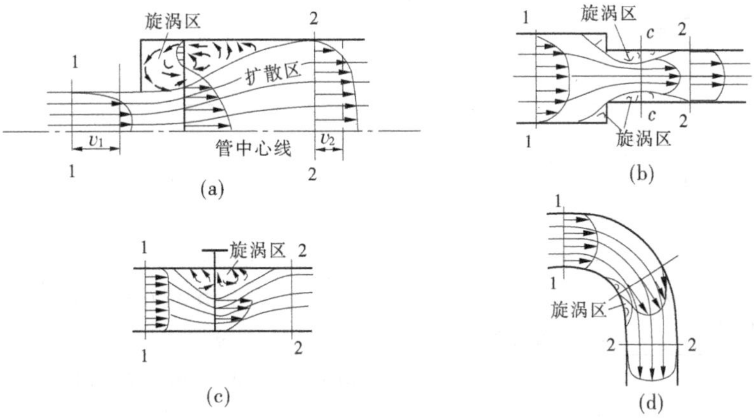

图 2-46

局部水头损失一般都可以用一个流速水头与一个局部水头损失系数的乘积来表示，即

$$h_j = \zeta \frac{v^2}{2g} \tag{2-49}$$

其中，局部水头损失系数 ζ 值通常可由试验测定；v 为发生局部水头损失以后（或以前）的断面平均流速。在查资料时应特别注意，某些资料在给出 ζ 值时常注明相应的流速位置。现将管道及明渠中常用的一些局部水头损失系数 ζ 值列于表 2-2 中，供计算时参考。

表 2-2　局部阻力系数

<table>
<tr><th>名称</th><th colspan="2">简图</th><th colspan="10">局部水头损失系数 ζ 值</th></tr>
<tr><td>断面突然扩大</td><td colspan="2">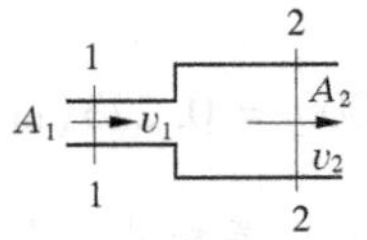
</td><td colspan="10">$\zeta' = (1 - \frac{A_1}{A_2})^2$ （应用公式 $h_j = \zeta' \frac{v_1^2}{2g}$）
$\zeta'' = (\frac{A_2}{A_1} - 1)^2$ （应用公式 $h_j = \zeta'' \frac{v_2^2}{2g}$）</td></tr>
<tr><td>断面突然缩小</td><td colspan="2">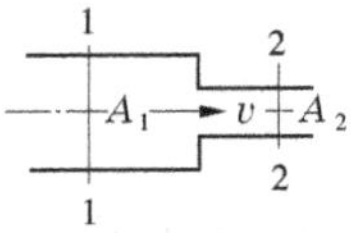
</td><td colspan="10">$\zeta = 0.5(1 - \frac{A_2}{A_1})$</td></tr>
<tr><td rowspan="3">进口</td><td rowspan="2">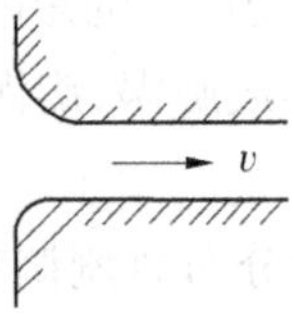
</td><td>完全修圆</td><td colspan="10">0.05～0.10</td></tr>
<tr><td>稍微修圆</td><td colspan="10">0.20～0.25</td></tr>
<tr><td>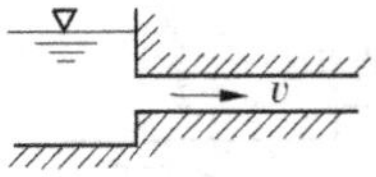
</td><td>没有修圆</td><td colspan="10">0.50</td></tr>
<tr><td rowspan="3">出口</td><td>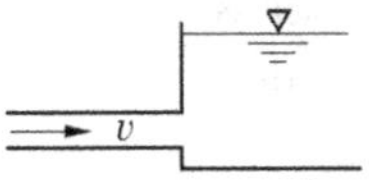
</td><td>流入水库（池）</td><td colspan="10">1.0</td></tr>
<tr><td rowspan="2">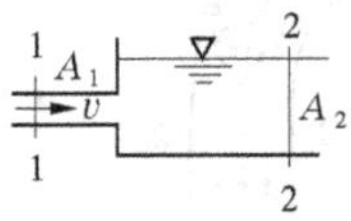
</td><td rowspan="2">流入明渠</td><td>A_1/A_2</td><td>0.1</td><td>0.2</td><td>0.3</td><td>0.4</td><td>0.5</td><td>0.6</td><td>0.7</td><td>0.8</td><td>0.9</td></tr>
<tr><td>ζ</td><td>0.81</td><td>0.64</td><td>0.49</td><td>0.36</td><td>0.25</td><td>0.16</td><td>0.09</td><td>0.04</td><td>0.01</td></tr>
</table>

续表 2-2

名称	简图		局部水头损失系数 ζ 值
急转弯管	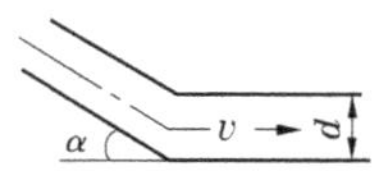	圆形、矩形	见下表
弯管	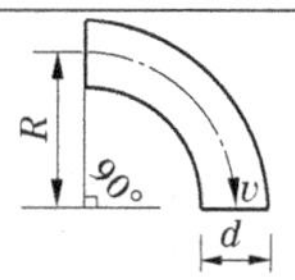	90°	见下表
弯管	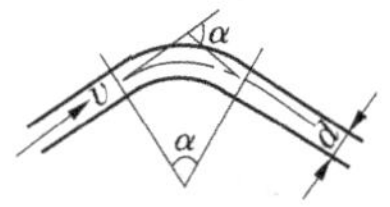	任意角度	见下表
闸阀	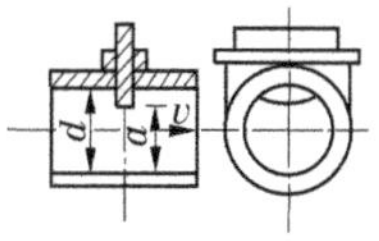	圆形管道	见下表
截止阀	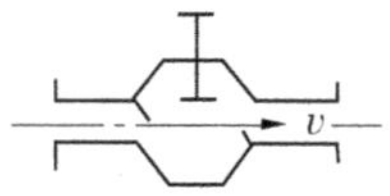	全开	4.3 ~ 6.1
莲蓬头（滤水网）	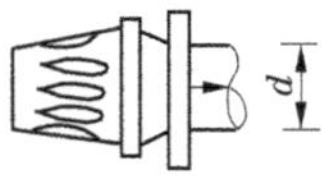	无底阀	2 ~ 3
莲蓬头（滤水网）	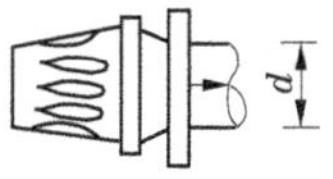	有底阀	见下表

急转弯管 圆形

α(°)	30	40	50	60	70	80	90
ζ	0.20	0.30	0.40	0.55	0.70	0.90	1.10

急转弯管 矩形

α(°)	15	30	45	60	90
ζ	0.025	0.11	0.26	0.49	1.20

弯管 90°

R/d	0.5	1.0	1.5	2.0	3.0	4.0	5.0
$\zeta_{90°}$	1.2	0.80	0.60	0.48	0.36	0.30	0.29

弯管 任意角度

$$\zeta_{\alpha°} = a\zeta_{90°}$$

α(°)	20	30	40	50	60	70	80
a	0.40	0.55	0.65	0.75	0.83	0.88	0.95

α(°)	90	100	120	140	160	180
a	1.00	1.05	1.13	1.20	1.27	1.33

闸阀 圆形管道

当全开时（$a/d = 1$）

d(mm)	15	20 ~ 50	80	100	150	200 ~ 250
ζ	1.5	0.5	0.4	0.2	0.1	0.08

d(mm)	300 ~ 450	500 ~ 800	900 ~ 1 000
ζ	0.07	0.06	0.05

当各种开启度时

a/d	7/8	6/8	5/8	4/8	3/8	2/8	1/8
$A_{开启}/A_{总}$	0.948	0.856	0.740	0.609	0.466	0.315	0.159
ζ	0.15	0.26	0.81	2.06	5.52	17.0	97.8

莲蓬头（滤水网） 有底阀

d (mm)	40	50	75	100	150	200	250	300	350	400	500	750
ζ	12	10	8.5	7.0	6.0	5.2	4.4	3.7	3.4	3.1	2.5	1.6

续表 2-2

名称	简图	局部水头损失系数 ζ 值
平板门槽	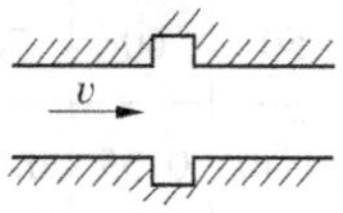	0.05 ~ 0.20
拦污栅	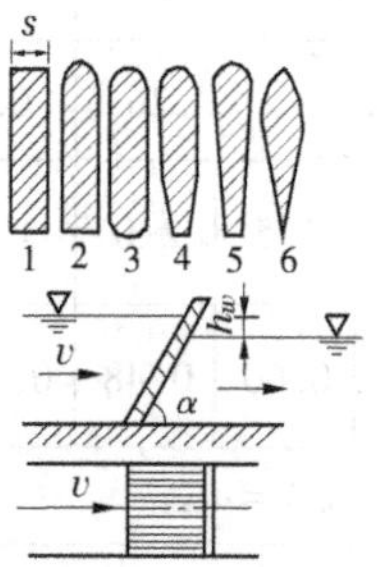	$\zeta=\beta(\frac{s}{b})^{4/3}\sin\alpha$ 式中 s——栅条宽度; b——栅条间距; α——倾角; β——栅条形状系数,由下表确定

栅条形状	1	2	3	4	5	6	7
β	2.42	1.83	1.67	1.035	0.92	0.76	1.79

注:计算局部水头损失公式:$h_j=\frac{v^2}{2g}$,式中 v 如图说明。

【例 2-8】 如图 2-47 所示,水从水箱流入一直径不同的管道,已知 $d_1=150$ mm,$l_1=25$ m,$\lambda_1=0.037$;$d_2=125$ mm,$l_2=10$ m,$\lambda_2=0.039$。局部水头损失系数:进口 $\zeta_1=0.5$,阀门开度 $a/d=0.5$,需要输送流量 $Q=25$ L/s。

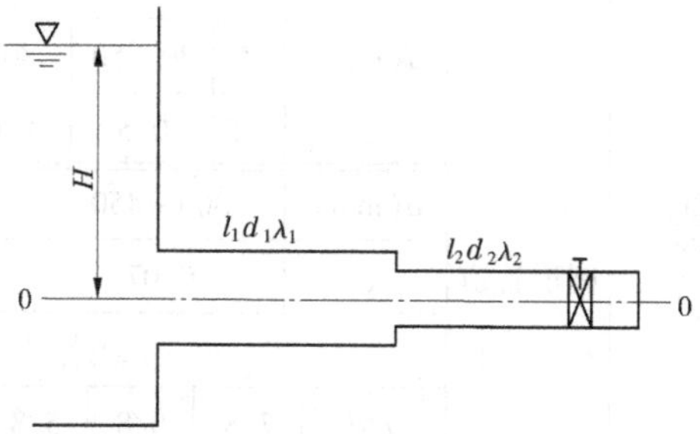

图 2-47

试求:(1)沿程水头损失 $\sum h_f$;

(2)局部水头损失 $\sum h_j$;

(3)要保持流量 $Q=25$ L/s 所需要的水头 H。

解:(1)求沿程水头损失。

第一管段:$h_{f1}=\lambda_1\frac{l_1}{d_1}\frac{v_1^2}{2g}$

$$v_1=\frac{Q}{A_1}=\frac{Q}{\frac{\pi d_1^2}{4}}=\frac{4\times0.025}{3.14\times0.15^2}=1.415(\text{m/s})$$

$$h_{f1}=0.037\times\frac{25}{0.15}\times\frac{1.415^2}{2\times9.8}=0.63(\mathrm{m})$$

第二管段：$h_{f2}=\lambda_2\dfrac{l_2}{d_2}\dfrac{v_2^2}{2g}$

$$v_2=\frac{Q}{A_2}=\frac{Q}{\frac{\pi d_2^2}{4}}=\frac{4\times0.025}{3.14\times0.125^2}=2.04(\mathrm{m/s})$$

$$h_{f2}=0.039\times\frac{10}{0.125}\times\frac{2.04^2}{2\times9.8}=0.662(\mathrm{m})$$

故 $$\sum h_f=h_{f1}+h_{f2}=0.63+0.662=1.292\ (\mathrm{m})$$

(2)求局部水头损失。

进口水头损失：

$$h_{j1}=\zeta_1\frac{v_1^2}{2g}=0.5\times\frac{1.415^2}{19.6}=0.051(\mathrm{m})$$

断面突缩水头损失：

$$\zeta_2=0.5(1-\frac{A_2}{A_1})=0.5\times(1-\frac{0.125^2}{0.15^2})=0.15$$

$$h_{j2}=\zeta_2\frac{v_2^2}{2g}=0.15\times\frac{2.04^2}{19.6}=0.032$$

阀门水头损失：

由表2-2查得$\zeta_3=2.06$，则

$$h_{j3}=\zeta_3\frac{v_2^2}{2g}=2.06\times\frac{2.04^2}{19.6}=0.437(\mathrm{m})$$

故 $$\sum h_j=h_{j1}+h_{j2}+h_{j3}=0.051+0.032+0.437=0.520\ (\mathrm{m})$$

(3)要保持流量$Q=25$ L/s所需要的水头。

以管轴线0—0为基准面，取水箱内断面和管出口断面为两过水断面。断面1—1取水面点，其位置高度为H，压强为大气压强，流速近似为零；断面2—2取中心点，因断面四周为大气压强，故中心点也近似为大气压强，流速为v_2，则对水箱液面上与管子出口列能量方程式

$$H+0+0=0+0+\frac{v_2^2}{2g}+h_w$$

得 $$H=\frac{v_2^2}{2g}+h_w$$

因 $$h_w=\sum h_f+\sum h_j=1.292+0.520=1.812\ (\mathrm{m})$$

故所需水头 $$H=\frac{2.04^2}{19.6}+1.812=2.024\ (\mathrm{m})$$

小　结

一、基本概念

(1)描述水流运动的方法:迹线法、流线法。水力学一般采用流线法来研究水流运动。

(2)常用概念:流管、微小流速、总流、过水断面、流量、断面平均流速。

(3)水流运动分类:

- 水流
  - 有压流
    - 恒定流
    - 非恒定流
      - 渐变流
      - 急变流
  - 无压流
    - 恒定流
    - 非恒定流
      - 渐变流
      - 急变流

二、恒定总流连续性方程

$$Q = v_1A_1 = v_2A_2 \text{ 或 } \frac{v_1}{v_2} = \frac{A_2}{A_1}$$

三、恒定总流能量方程(伯努利方程)

$$z_1 + \frac{p_1}{\gamma} + \frac{\alpha_1 v_1^2}{2g} = z_2 + \frac{p_2}{\gamma} + \frac{\alpha_2 v_2^2}{2g} + h_w$$

该方程反映总流各过水断面单位位能 z、单位压能 $\frac{p}{\gamma}$、单位动能 $\frac{\alpha v^2}{2g}$ 之间的能量转换关系。

注意:应用能量方程时,过水断面必须取均匀流或渐变流断面;明渠水流时代表点取在水面上,管流时代表点取在管轴线上。

四、恒定总流的动量方程

$$\sum \vec{F} = \rho Q(\beta_2 \vec{v}_2 - \beta_1 \vec{v}_1)$$

三个坐标轴上的投影式为

$$\left.\begin{aligned} \sum F_x &= \rho Q(\beta_2 v_{2x} - \beta_1 v_{1x}) \\ \sum F_y &= \rho Q(\beta_2 v_{2y} - \beta_1 v_{1y}) \\ \sum F_z &= \rho Q(\beta_2 v_{2z} - \beta_1 v_{1z}) \end{aligned}\right\}$$

注意:应用动量方程时,脱离体两端的过水断面必须取均匀流或渐变流断面。

五、水头损失分类与计算

(1)过水断面水力要素：面积 A、湿周 χ、水力半径 $R=\dfrac{A}{\chi}$。

(2)沿程水头损失 h_f 的计算：

①通用公式(达西－魏斯巴哈公式)：

$$h_f = \lambda \frac{l}{4R}\frac{v^2}{2g}$$

λ 的影响因素见表2-3。

表2-3　λ 的影响因素

流动形态	流态判别	流区判别	流动特征	其主要作用的物性	流速分布	影响 λ 值的因素	h_f 与 v 的关系
层流	$Re<2\,320$	不分区	质点运动互不混掺，做线状运动	黏滞性	较不均匀	$\lambda=f(Re)$，λ 与 $\frac{\Delta}{d}$ 无关	$h_f \propto v^{1.0}$
紊流	$Re>2\,320$	水力光滑区	质点相互混掺，做不规则运动，产生脉动现象	惯性	较均匀	$\lambda=f(Re)$，λ 与 $\frac{\Delta}{d}$ 无关	$h_f \propto v^{1.75}$
		水力过渡区				$\lambda=f(Re,\frac{\Delta}{d})$	$h_f \propto v^{1.75\sim2.0}$
		水力粗糙区				$\lambda=f(\frac{\Delta}{d})$，$\lambda$ 与 Re 无关	$h_f \propto v^{2.0}$

②经验公式(谢才公式)：

$v = C\sqrt{RJ}$ 或 $h_f = \dfrac{v^2}{C^2R}l$，此时 $\lambda = \dfrac{8g}{C^2}$。

(3)局部水头损失 h_j 计算：

$$h_j = \zeta\frac{v^2}{2g}$$

技能训练题

一、名词解释

(1)迹线与流线。

(2)微小流束和总流。

(3)过水断面。

(4)流量和断面平均流速。

(5)恒定流与非恒定流。

(6)均匀流与非均匀流。

(7)急变流与渐变流。

(8)有压流与无压流。

(9)流速水头。

(10)层流与紊流。

(11)湿周和水力半径。

(12)沿程水头损失和局部水头损失。

二、问答题

(1)恒定流与非恒定流、均匀流与非均匀流、渐变流与急变流的区别是什么?

(2)渐变流的基本特性是什么?

(3)流量、过水断面及断面平均流速之间的关系如何?

(4)恒定流中,两断面之间的流速和断面面积之间的关系如何?管道直径和流速的关系如何?

(5)能量方程表达式各项表达的意义是什么?能量方程的应用条件是什么?水流总能量沿程是增加还是减小?原因如何?

(6)能量方程应用时,对于基准面、断面和代表点的选择有何要求?

(7)动量方程主要解决什么问题?其表达式是什么?其中的合外力主要有哪些?动量方程中哪些量要考虑方向?

(8)运动液体的两种基本流动型态是什么?如何判别?圆管雷诺数的计算公式与明渠水流的雷诺数计算公式有何区别?其临界雷诺数是多少?

(9)水头损失有几种类型?各自的定义及产生原因?

(10)沿程水头损失有几种计算方法?如何计算?

(11)局部损失如何计算?

(12)谢才公式、曼宁公式的表达式是什么?

(13)当输水管径一定时,随流量加大,Re 是加大了还是减小了?当输水管道的流量一定时,随管径加大,Re 是加大了还是减小了?

三、计算题

(1)如图 2-48 所示一压力管中,已知 $d_1=200$ mm,$d_2=150$ mm,$d_3=100$ mm。第三段管中的平均流速 $v_3=2$ m/s。试求管中的流量 Q 及断面平均流速 v_1、v_2。

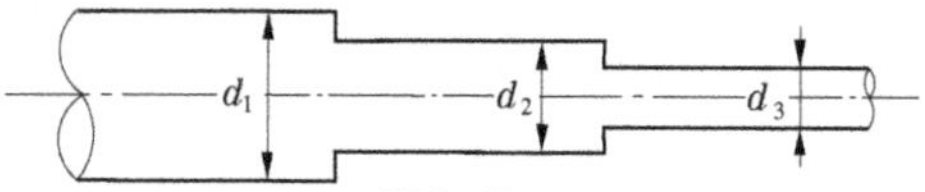

图 2-48

(2)有一倾斜放置的渐变管如图 2-49 所示,$A—A$ 与 $B—B$ 两个过水断面形心点的高差为 1.0 m。A—A 断面管径 $d_A=150$ mm,形心点 $P_A=68.5$ kN/m^2。B—B 断面管径 $d_B=300$ mm,形心点 $P_B=58$ kN/m^2,断面平均流速 $v_B=1.5$ m/s。试求:①管中水流的方向;②两断面之间的能量损失;③通过管道的流量。

(3)如图 2-50 所示某水管,已知管径 $d=100$ mm,当阀门全关时,压力计读数为 0.5 个大气压。当阀门开启后,保持恒定流,压力计读数降至 0.2 个大气压。若压力计前段的水头损失为 $2\dfrac{v^2}{2g}$,试求管中的流速和流量。

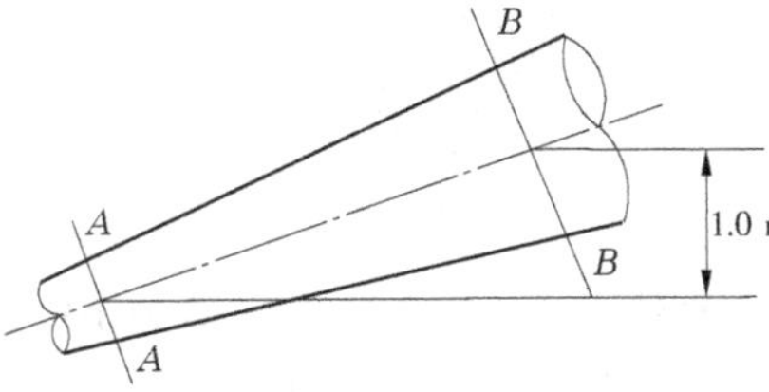

图 2-49

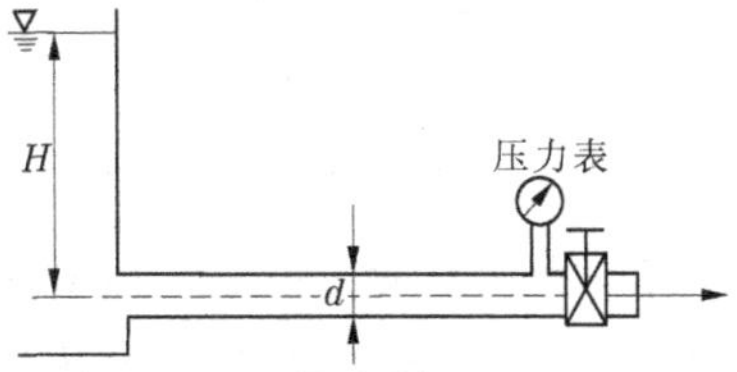

图 2-50

(4)某泵站的吸水管路如图 2-51 所示。已知管径 $d=150$ mm,流量 $Q=40$ L/s,水头损失(包括进口)为 1.0 m。若限制水泵进口前 A—A 断面的真空度不超过 7 m 水柱,试确定水泵的最大安装高程 h_s。

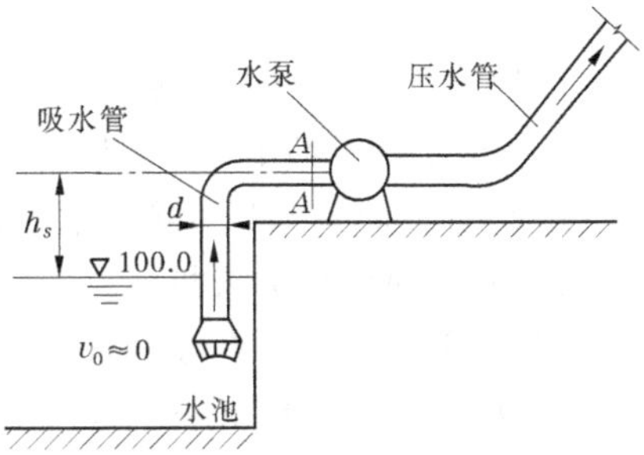

图 2-51

(5)图 2-52 为一水平安装的文德里流量计。已知管道 1—1 断面压强水头 $\dfrac{p_1}{\gamma}=1.1$ m,管径 $d_1=100$ mm,喉道 2—2 断面压强水头 $\dfrac{p_2}{\gamma}=0.4$ m,管径 $d_2=50$ mm,水头损失 $h_w=0.3\dfrac{v_1^2}{2g}$。试求:①通过管道的流量 Q;②该文德里流量计的流量系数 μ。

(6)水流经过变直径弯管从 A 管流入 B 管,管轴线位于同一水平面内,流量 $Q=150$ L/s,弯管转角 $\alpha=45°$,如图 2-53 所示,已知 A 管直径 $d_A=250$ mm,A—A 断面形心点相对压强 $P_A=150$ kN/m^2。B 管直径 $d_B=200$ mm,若不计水头损失,试求水流对弯管的作用力。

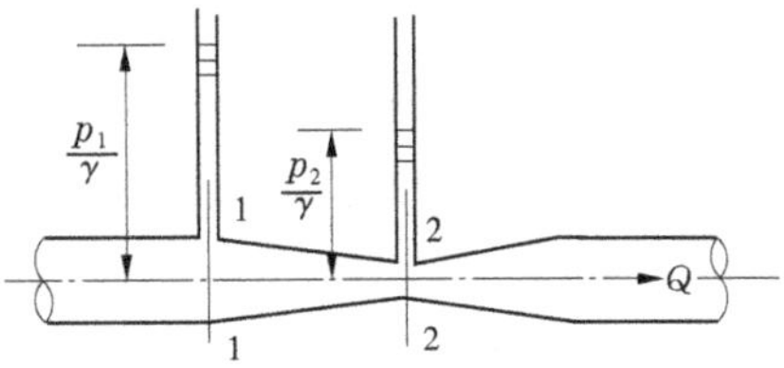

图 2-52

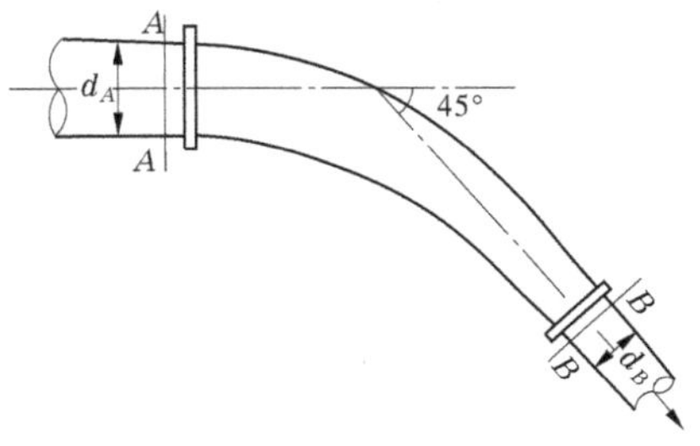

图 2-53

(7)某压力输水管路的渐变段由镇墩固定,管道水平放置,管径由 $d_1=1.5$ m 渐缩到

$d_2=1.0$ m,如图 2-54 所示。若 1—1 断面形心点相对压强 $P_1=392$ kN/m^2,通过的流量 $Q=1.8$ m^3/s,不计水头损失,试确定镇墩所受的轴向推力。如果考虑水头损失,其轴向推力是否改变。

(8)在图 2-55 中,$m=1.0$,若渠道中均匀流的速度 $v=0.95$ m/s,此时的水温为 10 ℃,则此均匀流为何种水流型态?

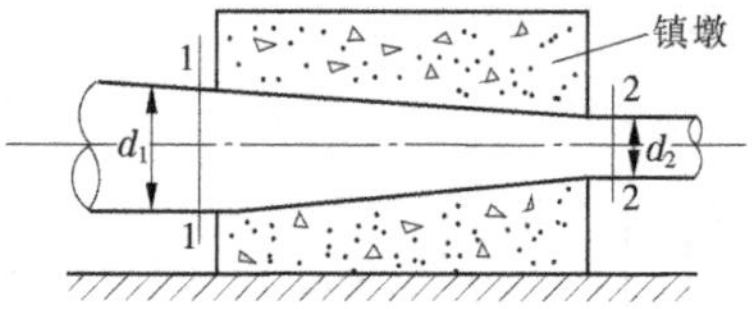

图 2-54

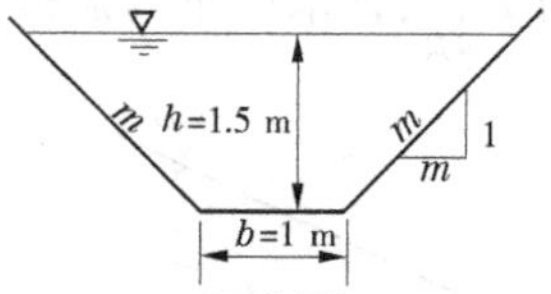

图 2-55

(9)有一个输水管,直径为 $d=0.15$ m,管中通过的流量 $Q=8.2$ L/s,水温为 10 ℃,试判别该水流的流态,并求流态发生转变时的流量(相应的速度为下临界流速)。

(10)有一水平放置的新的铸铁管,管径 $d=25$ cm,管长 $l=200$ m,水温为 10 ℃,通过流量为 450 L/s,试求:①管中流速;②沿程阻力系数;③水力坡度。

(11)有一矩形断面渠道,底宽 $b=6$ m,渠道用浆砌块石做成,当通过流量为 $Q=15$ m^3/s, 渠道中相应的水深 $h=3$ m,求 1 km 长渠道中的沿程水头损失。

(12)有一混凝土压力输水管,管径为 1.0 m,管长 $l=500$ m,当通过流量为 $Q=1.5$ m^3/s,求管中的沿程水头损失。

(13)图 2-56 为一水塔的输水管路,已知铸铁管的管长 $l=250$ m,管径 $d=100$ mm,管路的进口为直角进口,有一个弯头和一个闸阀,弯头的局部水头损失系数 $\zeta_{弯}=0.8$。当闸门全开时,管路的出口流速 $v=1.6$ m/s。求水塔的高度。

(14)某水库的混凝土放水涵管,进口为直角进口,管径 $d=1.5$ m,管长 $l=50$ m,上下游水面差 $z=8$ m,如图 2-57 所示。当管道出口的河道中流速仅为管中流速的 0.2 倍时,求管中通过的流量 Q。

图 2-56

图 2-57

项目3 水工有压管道水力分析计算

案例一 一横穿河道的钢筋混凝土倒虹吸管。已知管中流量 $Q=3\ m^3/s$,倒虹吸管全长 l 为 50 m,上下游水位差 z 为 3 m;中间经过两个弯管,其局部水头损失系数均为 0.20;进口局部阻力系数为 0.5,出口局部阻力系数为 1.0,上下游渠中流速 v_1 及 v_2 均为 1.5 m/s,管壁粗糙系数 $n=0.014$。试确定倒虹吸管直径。

案例二 有一用水塔采用分支管网向生活区供水。各管段长度及节点所需分出流量已知。管路采用硬聚氯乙烯(UPVC)管,管路端点自由水头选为 $H_z=6.0$ m。试求管网中各管段的管径及水塔高度。

水利工程中的有压引水隧洞、水电站的压力钢管、灌溉工程中的虹吸管和倒虹吸管、抽水机的吸水管和压水管、城市给排水工程中的自来水管以及石油工程中的输油管等,都是在压力作用下流动的,是常见的有压管道。有压管道的断面尺寸设计及水力计算如何进行,是本项目的主要任务。本项目根据实际工程实际问题,确定了4项任务,具体讲述如下。

任务1 概 述

1 管流的定义、特点

充满整个管道的水流,称为管流。其特点是:没有自由液面,过水断面的压强一般都不等于大气压强(相对压强一般不为零),它是靠压力作用流动的,因此管流又称为有压流。输送有压流的管道称为压力管道。管流的过水断面一般为圆形断面。

有些管道,水只占断面的一部分,具有自由液面,因而就不能当作管流,而必须当明渠水流来研究。

2 管流的分类

管流根据不同的分类标准和方法,可分为不同类型,具体如下。

(1)根据管道中任意点的水力运动要素是否随时间发生变化,分为有压恒定管流和有压非恒定管流。本项目主要研究的是有压恒定管流的水力计算。

(2)根据管道中水流的局部水头损失、流速水头两项之和与沿程水头损失的比值不同,将管流可分为长管和短管。

长管——当管道中水流的沿程水头损失较大,而局部水头损失及流速水头两项之和与沿程水头损失的比值小于5%,以致局部水头损失及流速水头可以忽略不计。

短管——当管道中局部水头损失与流速水头两项之和与沿程水头损失的比值大于5%，则在管流计算中局部水头损失与流速水头不能忽略。

由工程经验可知，一般的给水管路可视为长管。而水利工程中的虹吸管、倒虹吸管、坝内泄水管、抽水机的吸水管等，可按短管计算。

必须注意：长管和短管不是按管道的长短来区分的，如果没有忽略局部水头损失和流速水头的充分依据时，应按短管计算，以免造成被动。

(3)根据管道的下游水位是否淹没管口，管流可分为自由出流与淹没出流。

自由出流是指管道出口水流直接流入大气，出口水流不受下游水位影响，如图3-1(a)所示；淹没出流是指管道出口在下游水面以下，被水淹没，如图3-1(b)所示。

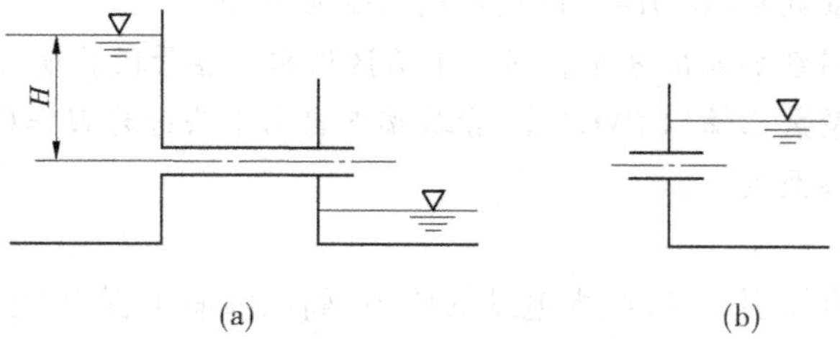

图3-1

(4)根据管道的布置情况，压力管道又可分为简单管路和复杂管路。

简单管路是指一根管径和糙率不变、没有分支，而且流量在管路的全长上保持不变的管路，如图3-1(a)所示。

复杂管路是指由两根以上的管道所组成的管路。主要有各种不同直径组成的串联管道、并联管道、树状和环状管网，如图3-2所示。

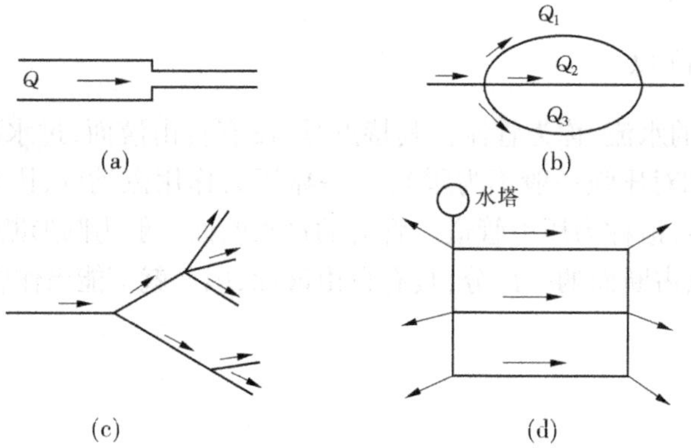

图3-2

3　管流的计算类型

(1)管道输水能力的计算，即给定水头、管线布置和断面尺寸的情况下，确定输送的流量。

(2)当管线布置、管道尺寸和流量一定时，要求确定管路的水头损失，即输送一定流量所必需的水头。

(3)当管线布置、作用水头及输送的流量已知时，计算管道的断面尺寸(对圆形断面的管道则是计算所需要的直径)。

(4)给定流量、作用水头和断面尺寸，要求确定沿管道各断面的压强。

任务2 简单短管的水力计算

简单短管的计算可分为自由出流与淹没出流两种情况。

1 自由出流基本公式

管道出口水流流入大气，水流四周都受大气压强的作用，称为自由出流，如图3-3所示。以通过管道出口断面中心点的水平面为基准面，对1—1断面和2—2断面列能量方程如下。

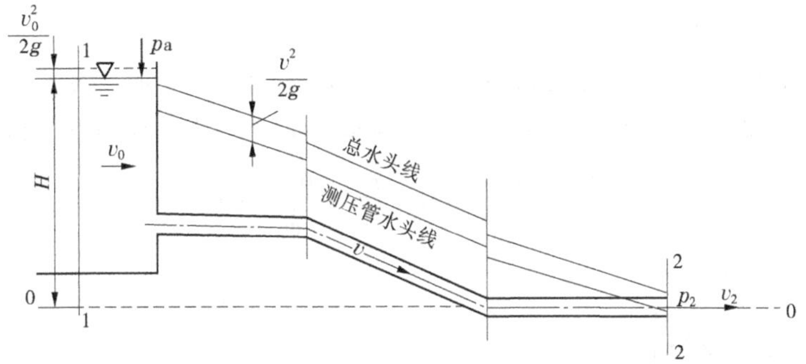

图3-3

$$H+\frac{p_1}{\gamma}+\frac{\alpha_1 v_0^2}{2g}=0+\frac{p_2}{\gamma}+\frac{\alpha_2 v_2^2}{2g}+h_{w1-2}$$

上式中 $p_1=p_2=p_a$，令 $\alpha_1=\alpha_2=1.0$，$v_2=v$，$H_0=H+\frac{v_0^2}{2g}$

$$h_{w1-2}=(\lambda\frac{l}{d}+\sum\zeta)\frac{v^2}{2g}$$

则整理得

$$H_0=(1+\lambda\frac{l}{d}+\sum\zeta)\frac{v^2}{2g} \tag{3-1}$$

式中 v_0——上游水池中的流速，称为行近流速；

H——管道出口断面中心与上游水池水面的高差，称为管道的作用水头；

H_0——包括行近流速水头在内的总水头。

式(3-1)说明，管道的总水头将全部消耗于管道的水头损失和保持出口的动能。上式可用于已知流量 Q、管径 d 和管道布置等，求管道的作用水头 H。

将式(3-1)整理并代入 $Q=Av$ 得管中流量

$$Q = Av = \frac{1}{\sqrt{1 + \lambda \frac{l}{d} + \sum \zeta}} A \sqrt{2gH_0}$$

令 $\mu_c = \dfrac{1}{\sqrt{1 + \lambda \frac{l}{d} + \sum \zeta}}$，则

$$Q = \mu_c A \sqrt{2gH_0} \tag{3-2}$$

式中 A ——管道的过水断面面积；

μ_c ——短管自由出流的流量系数。

式(3-2)即为短管自由出流的流量公式。

因一般管道的上游行近流速水头 $\dfrac{\alpha_1 v_0^2}{2g}$ 很小，可忽略不计。则有

$$Q = \mu_c A \sqrt{2gH} \tag{3-3}$$

2 淹没出流基本公式

管道出口如果淹没在下游水面以下，称淹没出流，如图3-4所示。取上游水池1—1断面和下游水池2—2断面，并以下游水池的水面为基准面，水面点为代表点，列能量方程式：

$$z_1 + \frac{p_1}{\gamma} + \frac{\alpha_1 v_1^2}{2g} = 0 + \frac{p_2}{\gamma} + \frac{\alpha_2 v_2^2}{2g} + h_{w1-2}$$

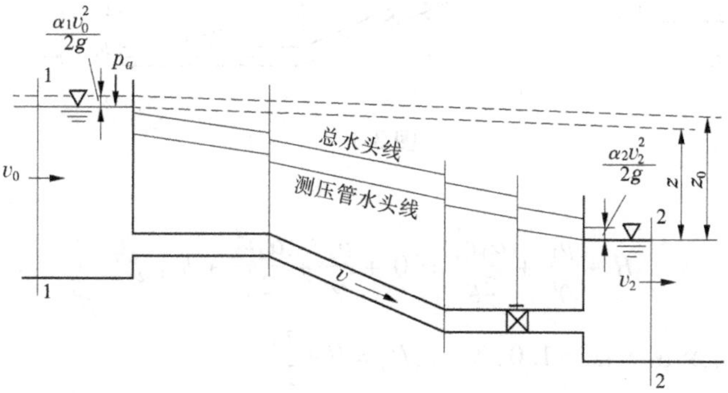

图3-4

其中，$p_1 = p_2 = p_a$，$\alpha_1 = \alpha_2 = 1.0$，$v_1 = v_0$，$z_0 = z + \dfrac{\alpha_1 v_0^2}{2g}$，并设2—2断面较大，$\dfrac{\alpha_2 v_2^2}{2g} \approx 0$，$h_{w1-2} = (\lambda \dfrac{l}{d} + \sum \zeta) \dfrac{v^2}{2g}$，管中流速为 v，整理可得：

$$z_0 = (\lambda \frac{l}{d} + \sum \zeta) \frac{v^2}{2g} \tag{3-4}$$

式(3-4)说明，短管在淹没出流时，它的上下游水位差，全部消耗于沿程水头损失和局部水头损失。用式(3-4)计算上下游水位差时较方便。

整理上式代入 $Q = Av$ 得管中流量

$$Q = Av = \frac{1}{\sqrt{\lambda \frac{l}{d} + \sum \zeta}} A \sqrt{2gz_0}$$

令 $\mu_c = \frac{1}{\sqrt{\lambda \frac{l}{d} + \sum \zeta}}$，称其为短管淹没出流的流量系数。

整理得：

$$Q = \mu_c A \sqrt{2gz_0} \tag{3-5}$$

当行近流速水头很小，可忽略不计时，式(3-5)可写成

$$Q = \mu_c A \sqrt{2gz} \tag{3-6}$$

比较式(3-3)和式(3-6)可知短管自由出流和淹没出流的主要区别是：淹没出流时有效水头是上下游水位差 z，自由出流时有效水头是出口中心以上的水头 H。

注意：同一管路两种出流情况下流量系数 μ_c 的计算公式形式上虽然不同，但数值是相等的。因为淹没出流时，μ_c 计算公式的分母上虽然较自由出流时少了一项1.0，但淹没出流时的 $\sum \zeta$ 中比自由出流的 $\sum \zeta$ 中多一个出口局部阻力系数 ζ_0（出口流入水池时一般情况下 $\zeta_0 = 1.0$）。故当其他条件相同时，两者的实际值是相等的。

【例3-1】 图3-5为某水库的泄洪隧洞，已知洞长 $l = 300$ m，洞径 $d = 2$ m，隧洞的沿程阻力系数 $\lambda = 0.03$，转角 $\alpha = 30°$，水库水位为42.50 m，隧洞出口中心高程25.00 m。试确定：

(1)下游水位为22.00 m时隧洞的泄洪流量。

(2)当上游水位不变，而下游水位上升至30.00 m时，求隧洞的泄洪流量。

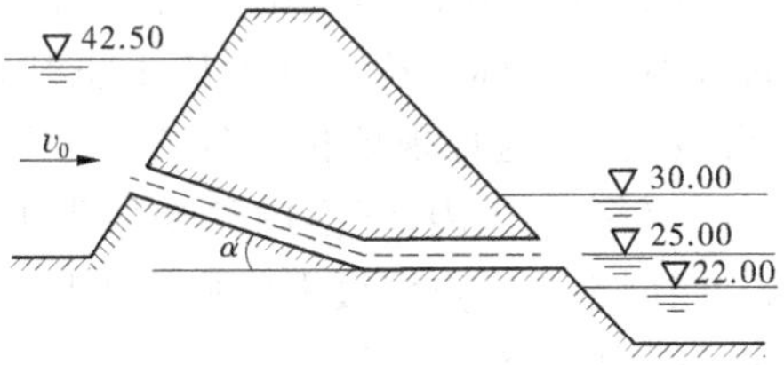

图3-5 （单位：m）

解：(1)下游水位为22.00 m时，低于管的出口，则为自由出流。由于水库中行近流速很小，由式(3-3)计算流量：

$$Q = \mu_c A \sqrt{2gH}$$

查表2-2可得，进口局部阻力系数 $\zeta_{进口} = 0.5$，弯管局部阻力系数 $\zeta_{弯} = 0.2$。自由出流的流量系数为

$$\mu_c = \frac{1}{\sqrt{1 + \lambda \frac{l}{d} + \sum \zeta}} = \frac{1}{\sqrt{1 + 0.03 \times \frac{300}{2} + 0.5 + 0.2}} = 0.402$$

$$H = 42.50 - 25.00 = 17.50(\text{m})$$

则隧洞的流量为

$$Q = \mu_c A \sqrt{2gH} = 0.402 \times \frac{3.14 \times 2^2}{4} \times \sqrt{2 \times 9.8 \times 17.50} = 23.38(\text{m}^3/\text{s})$$

(2)当上游水位不变,由于下游水位上升至 30.00 m,高于管的出口高程(25.00 m),则此时管流变为淹没出流,且上游行近流速水头忽略不计,则流量计算公式为

$$Q = \mu_c A\sqrt{2gz}$$

$$z = 42.50 - 30.00 = 12.50(\text{m})$$

自由出流与淹没出流的流量系数相等,即 $\mu_c = 0.402$,则隧洞的泄流量为

$$Q = \mu_c A\sqrt{2gz} = 0.402 \times \frac{3.14 \times 2^2}{4} \times \sqrt{2 \times 9.8 \times 12.50} = 19.76(\text{m}^3/\text{s})$$

3 管流压强沿程变化

3.1 气穴与气蚀

在标准大气压作用下,将水加热到 100 ℃,水就会沸腾,从液体内部溢出大量水蒸气,形成汽化。这说明温度是形成汽化的原因,但形成汽化的原因不仅仅是温度,还有压强。例如,在高原上烧水,由于高原气压低,水温还没有达到 100 ℃水就沸腾。由此可见,形成汽化取决于温度和压强两个因素。在给定温度下,水开始汽化的临界压强称为水的汽化压强。水在不同温度下的汽化压强见表 3-1。

表 3-1 不同温度下水的汽化压强

温度(℃)	0	5	10	20	30	40	50	60	70	80	90	100
汽化压强(mH_2O)	0.06	0.09	0.12	0.24	0.43	0.75	1.24	2.03	3.18	4.83	7.15	10.33

当水流某处的动水压强降低到相应水温的汽化压强时,水开始汽化,同时没有被水溶解的许多人们肉眼看不到的微小空气(称气核),在低压下也开始不断膨胀逸出。水蒸气和空气在这些低压区聚集,形成气泡,这种现象称为气穴(空穴)。气泡产生后随着水流向前移动,进入下游的高压区。在高压区内,气泡内外受压失去平衡,外压使气泡骤然溃灭。气泡溃灭过程时间极短,四周水流质点以极大的速度去填充气泡空间,以致这些水流质点的动量几乎在无穷小的时间内突变为零,因此产生了极大的冲击力冲击水力机械或管壁等固体表面。低压区的气泡不断流来、溃灭,冲击力不断产生,就像锤击一样,不停敲打着固体边界,并伴随发出声响,久而久之,便引起材料疲劳破坏而产生剥蚀,轻则形成麻面、蜂窝,重则造成贯穿的孔洞。这种由于气泡骤然溃灭对固体表面不断冲击作用引起的剥蚀称为气蚀。

气穴和气蚀形成后,水轮机和水泵的效率会逐渐降低,破坏严重时,会使水力机械的寿命和水工建筑物的强度大大降低,以致无法正常运转。因此,防止气蚀是设计和运用水力机械及水工建筑物要考虑的重要问题。根据气蚀产生的原因,目前工程上要避免或减轻气蚀,主要采取以下几个方面的措施:

(1)尽可能将边界轮廓设计成流线型;

(2)建筑物施工时,尽可能降低建筑物表面的粗糙程度,局部突起必须做成具有一定坡度的平面;

(3)对低压区进行人工通气,以减轻负压作用和缓冲气穴溃灭时的冲击作用;

(4)对于难以完全避免气穴的部位,选用高强度等级混凝土、环氧树脂加填料或合成塑胶等抗气蚀能力较强的材料进行护面,可减轻气蚀危害,延长建筑物使用寿命;

(5)避免在水流中出现过低的低压区。

3.2 总水头线和测压管水头线的绘制

绘制总水头线及测压管水头线,可直观了解位能、压能、动能及总能量沿程的变化情况,有利于掌握管道压强沿程变化情况及影响管道使用的不利因素,并及时处理。如管道中出现过大的真空,则易产生空化和气蚀,从而降低管道的输水能力,甚至危及管道安全;当管中出现过大压强时,则可能使管道破裂,而产生较大的损失。因此,设计管道系统时,应控制管道中的最大压强、最大真空值以及各断面的压强,以保证管道系统的正常工作,满足用户的要求。

3.2.1 总水头线的绘制

由能量方程可知,如果没有能量的输入和输出,则总机械能将沿程减小,因而总水头线的绘制方法为:从上游开始,逐步扣除水头损失。一般存在局部水头损失的管段,由于局部水头损失发生的长度比较短,则可假设其集中于一个断面上,即在断面变化处按一定比例铅垂扣除水头损失。注意,在该断面上有两个总水头值,一个是局部损失前的,一个是局部损失后的。只有沿程水头损失的管段,可在管段末端扣除沿程水头损失,用直线连接两断面间的总水头,而得总水头线,如图3-6所示。

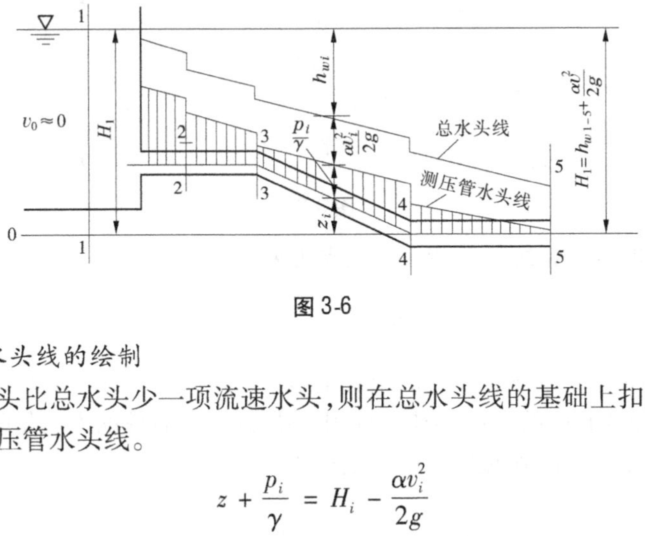

图 3-6

3.2.2 测压管水头线的绘制

因测压管水头比总水头少一项流速水头,则在总水头线的基础上扣除各断面相应的流速水头即得测压管水头线。

$$z + \frac{p_i}{\gamma} = H_i - \frac{\alpha v_i^2}{2g} \tag{3-7}$$

3.2.3 绘制总水头线和测压管水头线时应注意的问题

(1)等直径管段的流速沿程不变,沿程水头损失沿管长均匀分布,总水头线为向下游倾斜的直线。因测压管水头线与总水头线平行,故可做距离总水头线为流速水头的平行线,得到测压管水头线。

(2)在绘制总水头线时,要注意管道进、出口的边界条件,当上游行近流速水头约等于零时,总水头线的起点在上游液面;当上游行近流速水头不为零时,总水头线高出上游液面。

(3)当管道为自由出流时,测压管水头线的终点应画在管道出口断面的中心点上,如图3-7(a)所示;淹没出流,当下游流速水头约为零时,测压管水头线的终点应与下游水面相连,如图 3-7(b)所示;当下游流速不为零时,测压管水头线终点低于下游水面,如图 3-7(c)所示。

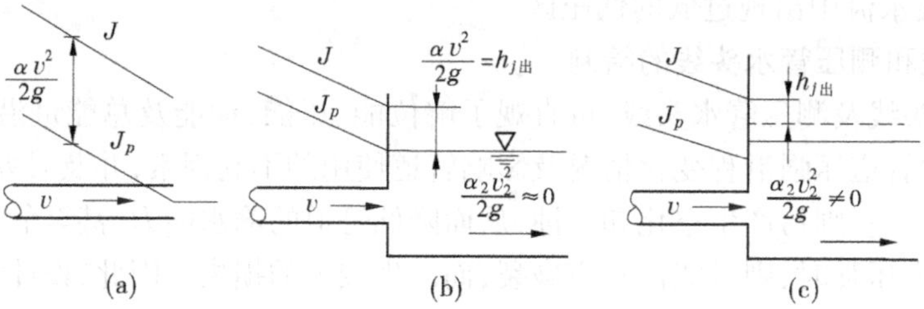

图 3-7

3.2.4 调整管道布置避免产生负压

各断面测压管水头线与该断面中心的距离即为该断面中心点的压强水头。如测压管水头线在某断面中心点的上方,则该断面中心点的压强为正;测压管水头线在某断面中心点的下方,则该断面中心点的压强为负值。当管内存在较大的负压时,其水流处于不稳定状态,且有可能产生空蚀破坏,因此应采用必要措施以改变管内的受压情况。如图 3-8 所示的阴影部分,其测压管水头低于管轴线,为真空区。

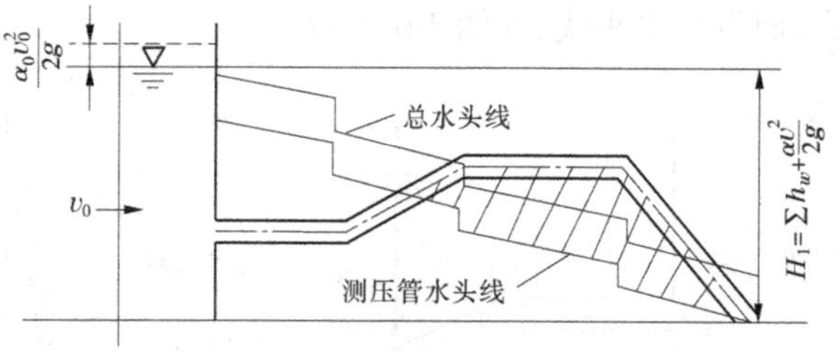

图 3-8

从图 3-8 可知,管道系统任意断面压强水头为

$$\frac{p_i}{\gamma} = H_0 - h_{w0-i} - \frac{v_i^2}{2g} - z_i \tag{3-8}$$

可见,在管道系统工作水头一定的条件下,影响压强水头的因素为式中的后三项,可以通过改变这三项或其中的一项,来控制管中的压强。较有效的方法是降低管线的高度,以提高管道中压强的大小,避免管道中产生负压。

4 管径的确定

不管是长管还是短管,均存在管径确定问题。影响管道直径的因素较多,一般考虑以下几个方面:

(1)管道的输水流量 Q 、管道的布置情况已知时,要求选定所需的管径 d 及相应的水头 H 。

在这种情况下,一般是从技术和经济条件综合考虑选定管道直径:

①考虑管道使用的技术要求。流量一定的条件下,管径的大小与流速有关。若管内的流速过大,管道中容易产生较大的水击压强,使管道遭到破坏;流速过小,又容易产生泥

沙沉积。一般情况下，水电站引水管中流速不宜超过5～6 m/s；给水管道中的流速不应大于2.5～3.0 m/s，不应小于0.25 m/s。

②考虑管道的经济效益。若采用的管径较小，则管道的造价低，安装也较为容易，但流速增大，水头损失增大，输水耗费的电能也增加；反之，若采用较大的管径，则管内流速小，水头损失减小，运行费用也减小，但管道的造价增高，安装较为困难。重要的管道，应选择几个方案进行技术经济比较，使管道投资与运行费用的总和最小，这样的流速称为经济流速，其相应的管径称为经济管径。

一般 $d=100\sim200$ mm 的给水管道，经济流速为0.6～1.0 m/s；$d=200\sim400$ mm 的给水管道，经济流速为1.0～1.4 m/s。水泵吸水管经济流速为0.8～1.25 m/s，水泵压水管经济流速为1.5～2.5 m/s，水电站的压力隧洞的经济流速为2.5～3.5 m/s；钢筋混凝土管经济流速为2～4 m/s，压力钢管经济流速为3.0～4.0 m/s，甚至5.0～6.0 m/s。经济流速涉及的因素较多，比较复杂，选用时应因地制宜进行选择。

根据技术要求及经济条件选定管道的流速后，管道直径即可由下式求得

$$d=\sqrt{\frac{4Q}{\pi v}} \tag{3-9}$$

利用上式计算出的管径，当采用工业钢管时，则要选用标准管径。当使用标准管径后，注意管中的实际流速也发生了相应的变化，在计算水头损失时，一定要用标准管径相应的流速。

(2)当管道的流量、布置、管材及作用水头等已知时，对于短管的直径确定，可采用试算法。

①对于短管的自由出流：

由式(3-3) $Q=\mu_c A\sqrt{2gH}$ 和 $\mu_c=\dfrac{1}{\sqrt{1+\lambda\dfrac{l}{d}+\sum\zeta}}$、$A=\dfrac{1}{4}\pi d^2$ 联立求解可得

$$d=\sqrt{\frac{4Q}{\pi\sqrt{2gH}}}\sqrt[4]{1+\lambda\frac{l}{d}+\sum\zeta} \tag{3-10}$$

②对于短管的淹没出流：

同样方法，利用式(3-6) $Q=\mu_c A\sqrt{2gz}$ 可推得淹没出流时的直径计算迭代公式：

$$d=\sqrt{\frac{4Q}{\pi\sqrt{2gz}}}\sqrt[4]{\lambda\frac{l}{d}+\sum\zeta} \tag{3-11}$$

任务3 简单长管的水力计算

由前可知，长管中的局部水头损失、流速水头两项之和与沿程水头损失的比值小于5%，局部水头损失及流速水头可忽略不计，因而可使管道计算大为简化，而且对计算精度影响不大。一般情况下，给水管路、抽水机的压水管、输油管道等均可按长管计算。

1 简单长管水力计算的基本公式

根据长管的定义，长管水力计算时，局部水头损失和流速水头忽略不计，能量方程式

可简化为

$$H = h_f$$

1.1 由谢才公式计算沿程水头损失

水利工程中的有压管道,水流一般属于紊流的水力粗糙区,其水头损失可直接由谢才公式计算。

$Q = Av, v = C\sqrt{RJ}, J = \frac{h_f}{l} = \frac{H}{l}$,联立求解有

$$H = \frac{Q^2}{A^2C^2R}l$$

令 $K = AC\sqrt{R}$,即得

$$H = \frac{Q^2}{K^2}l \tag{3-12}$$

或

$$Q = K\sqrt{\frac{H}{l}} \tag{3-13}$$

式中 K——流量模数。

由上式可以看出,当水力坡降 $J=1$ 时,$Q=K$,故 K 具有与流量相同的量纲,在水力学中 K 称为流量模数,或特性流量。它综合反映管道断面形状、尺寸及边壁粗糙对输水能力的影响。水力坡度 J 相同时,输水能力与流量模数成正比。对于粗糙系数 n 为定值的圆管,K 值为管径的函数。不同直径及糙率的圆管,当谢才系数采用 $C = \frac{1}{n}R^{\frac{1}{6}}$ 计算时,其流量模数 K 值如表 3-2 所示。

对于一般给水管道,一般流速不太大,可能属于紊流的粗糙区或过渡区。当 $v < 1.2$ m/s 时,可以近似认为管流属于过渡区,h_f 约与流速 v 的 1.8 次方成正比。计算水头损失时,可在式(3-12)中乘以修正系数 k,即

$$H = k\frac{Q^2}{K^2}l \tag{3-14}$$

对于钢管或铸铁管,修正系数 k 可查表 3-3。

1.2 按相关规范计算沿程水头损失

按《灌溉与排水工程设计规范》(GB 50288—99)计算管道沿程水头损失

$$h_f = f\frac{Q^m}{D^b}L \tag{3-15}$$

式中 Q——流量,m^3/h;

f——管材摩阻系数;

L——管长,m;

D——管道直径,mm;

m——流量指数;

b——管径指数。

各种管材的 f、m、b 值,可按表 3-4 取用。

表3-2 给水管道的流量模数 $K = AC\sqrt{R}$ 数值（按 $C = \frac{1}{n}R^{1/6}$）

直径 d (mm)	K (L/s)		
	清洁管(n=0.011)	正常管(n=0.012 5)	污秽管(n=0.014 3)
50	9.624	8.460	7.403
75	28.37	24.94	21.83
100	61.11	53.72	47.01
125	110.80	97.40	85.23
150	180.20	158.40	138.60
175	271.80	238.90	209.00
200	388.00	341.10	298.50
225	531.20	467.00	408.60
250	703.50	618.50	541.20
300	1.144×10^3	1.006×10^3	880.00
350	1.726×10^3	1.517×10^3	1.327×10^3
400	2.464×10^3	2.166×10^3	1.895×10^3
450	3.373×10^3	2.965×10^3	2.594×10^3
500	4.467×10^3	3.927×10^3	3.436×10^3
600	7.264×10^3	6.386×10^3	5.587×10^3
700	10.96×10^3	9.632×10^3	8.428×10^3
750	13.17×10^3	11.58×10^3	10.13×10^3
800	15.64×10^3	13.57×10^3	12.03×10^3
900	21.42×10^3	18.83×10^3	16.47×10^3
1 000	28.36×10^3	24.93×10^3	21.82×10^3
1 200	46.12×10^3	40.55×10^3	35.48×10^3
1 400	69.57×10^3	61.16×10^3	53.52×10^3
1 600	99.33×10^3	87.32×10^3	76.41×10^3
1 800	136.00×10^3	119.50×10^3	104.60×10^3
2 000	180.10×10^3	158.30×10^3	138.50×10^3

表3-3 钢管及铸铁管修正系数 k 值

v(m/s)	k	v(m/s)	k	v(m/s)	k	v(m/s)	k
0.20	1.41	0.45	1.175	0.70	1.085	1.00	1.03
0.25	1.33	0.50	1.15	0.75	1.07	1.10	1.015
0.30	1.28	0.55	1.13	0.80	1.06	1.20	1.00
0.35	1.24	0.60	1.115	0.85	1.05		
0.40	1.20	0.65	1.10	0.90	1.04		

注：表中修正系数数值可以进行内插。

表 3-4　f、m、b 取值

管材类别		f	m	b
混凝土管、钢筋混凝土管	$n=0.013$	1.312×10^6	2.00	5.33
	$n=0.014$	1.516×10^6	2.00	5.33
	$n=0.015$	1.749×10^6	2.00	5.33
当地材料管		$7.76n^2\times10^9$	2.00	5.33
旧钢管、旧铸铁管		6.25×10^5	1.90	5.10
石棉水泥管		1.455×10^5	1.85	4.89
硬塑料管		0.948×10^5	1.77	4.77
铝管、铝合金管		0.861×10^5	1.74	4.74

注:1. 地埋薄壁塑料管的 f 值,宜用表列硬塑料管 f 值的 1.05 倍。

2. n 为糙率,水泥沙土管 $n=0.014\ 3$。

2　计算实例

【例 3-2】　由水塔供水的简单管道 AB 长 $l=1\ 600$ m,直径 $d=200$ mm,材料为钢管,水塔水面及管道末端 B 点的高程如图 3-9 所示。求管道的供水流量。

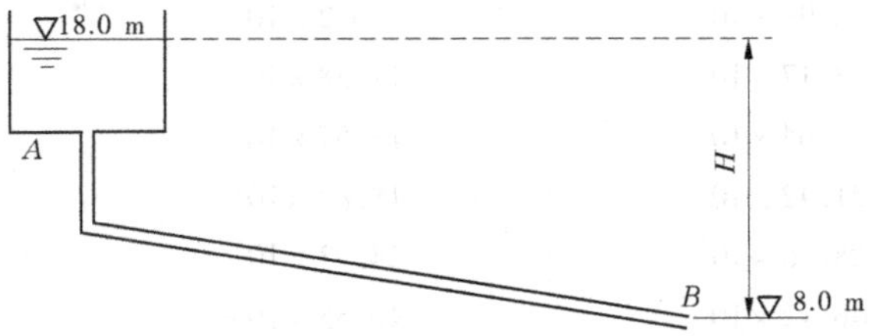

图 3-9

解:水塔供水的水头为

$$H = 18.0 - 8.0 = 10.0(\text{m})$$

由表 3-2 查得管径 $d=200$ mm 的流量模数 $K=341.10$ L/s,则管中通过的流量为

$$Q = K\sqrt{\frac{H}{l}} = 341.10\times\sqrt{\frac{10.0}{1\ 600}} = 26.97(\text{L/s}) = 0.026\ 97\ \text{m}^3/\text{s}$$

验算流速是否符合假设条件:

$$v = \frac{Q}{A} = \frac{4Q}{\pi d^2} = \frac{4\times0.026\ 97}{3.14\times0.2^2} = 0.859(\text{m/s})$$

因为 $v<1.2$ m/s,属紊流过渡区,需要修正。由表 3-3 内插得 $v=0.859$ m/s 时的修正系数 $k=1.048$。

$$Q = K\sqrt{\frac{H}{kl}} = 341.10\times\sqrt{\frac{10.0}{1.048\times1\ 600}} = 26.34(\text{L/s}) = 0.026\ 34\ \text{m}^3/\text{s}$$

已知管道尺寸、材料、管线布置和输水能力,计算作用水头(确定水塔高度),可利用

《灌溉与排水工程设计规范》(GB 50288—99)中管道水头损失的计算方法。

【例3-3】 某给水管道选用硬聚氯乙烯(UPVC)管,管长 $l = 500$ m,管中通过流量 $Q = 60$ L/s,选用经济流速为 $v = 1.2$ m/s。试确定管径和作用水头。

解:(1)首先计算管径:

$$D = \sqrt{\frac{4Q}{\pi v}} = \sqrt{\frac{4 \times 0.06}{3.14 \times 1.2}} = 0.252(\text{m})$$

则选用 250 mm 管径。

(2)计算沿程水头损失:

$$h_f = f\frac{Q^m}{D^b}L$$

查表 3-4 得 $f = 0.948 \times 10^5$,$m = 1.77$,$b = 4.77$,$Q = 60$ L/s $= 216$ m^3/h,则有

$$h_f = f\frac{Q^m}{D^b}l = 0.948 \times 10^5 \times \frac{216^{1.77}}{250^{4.77}} \times 500 = 2.34(\text{m})$$

则该管道的直径选用 250 mm,管道的作用水头为 2.34 m。

【例3-4】 由一条长为 3 300 m 的钢管向水文站供水,作用水头 $H = 20$ m,需要通过的流量 $Q = 32$ L/s,试确定管道的直径 d。

解:按一般自来水管计算。考虑到管道在使用中,水里含有的杂质会逐渐沉积,致使新管子变得有些污垢,故应按正常管考虑,取 $n = 0.012\ 5$。

第一种方法:

先求流量模数 K 值,因为 $H = \frac{Q^2}{K^2}l$,则

$$K = Q\sqrt{\frac{l}{H}} = 32 \times \sqrt{\frac{3\ 300}{20}} = 411.0(\text{L/s})$$

查表 3-2,当 $K = 411.0$ L/s 时,所对应的管道直径在以下两组数据之间:$d = 200$ mm,$K = 341.1$ L/s;$d = 225$ mm,$K = 467.0$ L/s。

为了保证对水文站的供水,应采用标准管 $d = 225$ mm 的管子。此时管中的流速为

$$v = \frac{Q}{A} = \frac{4Q}{\pi d^2} = \frac{4 \times 0.032}{3.14 \times 0.225^2} = 0.805(\text{m/s})$$

由于 $v < 1.2$ m/s,管中水流处于紊流过渡区,需要修正。查表 3-3,取 $k = 1.059$。

按公式 $H = k\frac{Q^2}{K^2}l$ 得修正后的流量模数 K 为

$$K = Q\sqrt{k\frac{l}{H}} = 32 \times \sqrt{1.059 \times \frac{3\ 300}{20}} = 423.00(\text{m/s})$$

此时流量模数仍在管径 200 mm 与 225 mm 的流量模数之间,故采用管径为 225 mm 的管道可以保证供水。

第二种方法:

根据式(3-15) $h_f = f\frac{Q^m}{D^b}L$ 并查表 3-4 可知:取 $n = 0.012\ 5$ 时,得

$$h_f = f\frac{Q^m}{D^b}L = 7.76n^2 \times 10^9 \frac{Q^{2.00}}{D^{5.33}}L = 1.2125 \times 10^6 \frac{Q^{2.00}}{D^{5.33}}L$$

$$Q = 32\ \text{L/s} = 115.2\ \text{m}^3/\text{h}$$

$$D = \left(1.2125 \times 10^6 \frac{Q^{2.00}}{h_f}L\right)^{\frac{1}{5.33}} = \left(1.2125 \times 10^6 \times \frac{115.2^{2.00}}{20} \times 3300\right)^{\frac{1}{5.33}} = 214(\text{mm})$$

则选用管径为 225 mm。

任务 4　管流水力计算实例

1　虹吸管的水力计算

虹吸管是这样一种压力管道,它在布置上有一段管道高出其进口水面,如图 3-10 所示。由于虹吸管的局部水头损失和流速水头相应较大,一般按短管计算。我国黄河沿岸,利用虹吸管引黄河水进行灌溉的例子较多。

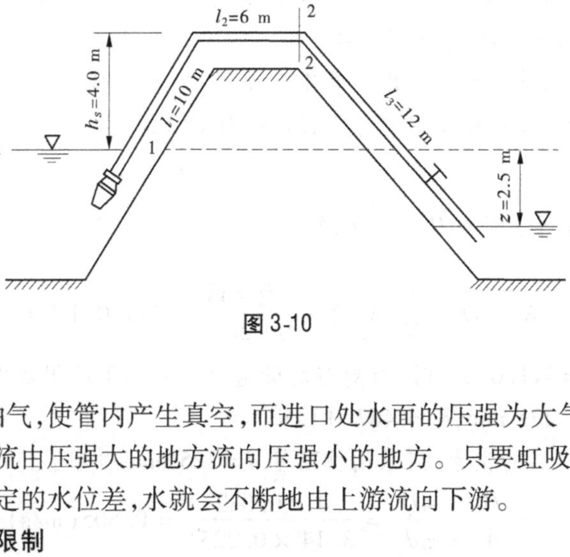

图 3-10

1.1　工作原理

先对管内进行抽气,使管内产生真空,而进口处水面的压强为大气压强,因此管内外形成压强差,迫使水流由压强大的地方流向压强小的地方。只要虹吸管内的真空压强不被破坏,而且保持一定的水位差,水就会不断地由上游流向下游。

1.2　管内真空值的限制

水流能通过虹吸管,是因为上下游水面与虹吸管顶部存在压差,而虹吸管内真空值的高低就决定了这个压差的大小。但必须注意的是,当负压达到一定程度时,水会产生汽化现象,破坏水流的连续性,致使不能正常输水。因此,为保证虹吸管的正常工作,根据液体汽化压强的概念,管内真空度一般限制在 6 ~ 8 m 水柱高以内,以保证管内水流不被汽化。

1.3　虹吸管的计算

虹吸管的计算主要有以下几个方面:

(1)计算虹吸管的泄流量;

(2)由虹吸管内允许真空高度值,确定管顶最大安装高度 h_s;

(3)已知安装高度,校核吸水管中最大真空高度是否超过允许值。

【例 3-5】　用一根直径 d = 0.4 m 的铸铁虹吸管,将上游明渠中的水输送到下游明渠中,如图3-10所示。已知上下游渠道的水位差为2.5 m,虹吸管各段长分别为 $l_1=10$ m,$l_2=6$ m,$l_3=12$ m。虹吸管进口处为无底阀滤网,其局部阻力系数为 $\zeta_1=2.5$。其他局部阻力系数:两个折角弯头 $\zeta_2=\zeta_3=0.55$,阀门 $\zeta_4=0.2$,出口 $\zeta_5=1.0$。虹吸管顶端中心线距上游水面的安装高度 $h_s=4.0$ m,允许真空高度采用 $h_v=7.0$ m。试确定虹吸管输水流量,并校核管中最大真空值是否超过允许值。

解:(1)确定输水流量。

先确定管路阻力系数 λ,查表取得铸铁管糙率系数 $n=0.013$,水力半径 $R=d/4=0.10$ m。

$$C=\frac{1}{n}R^{\frac{1}{6}}=\frac{1}{0.013}\times 0.10^{\frac{1}{6}}=52.41\ (\mathrm{m^{1/2}/s})$$

$$\lambda=\frac{8g}{C^2}=\frac{8\times 9.8}{52.41^2}=0.028\,5$$

$$\mu_c=\frac{1}{\sqrt{\lambda\frac{l}{d}+\sum\zeta}}=\frac{1}{\sqrt{0.028\,5\times\frac{10+6+12}{0.4}+2.5+2\times 0.55+0.2+1.0}}=0.384$$

$$Q=\mu_c A\sqrt{2gH}=0.384\times\frac{3.14}{4}\times 0.4^2\times\sqrt{2\times 9.8\times 2.5}=0.338(\mathrm{m^3/s})$$

(2)校核虹吸管中最大真空度。

虹吸管的最大真空度应发生在管顶端最高段内。由于管中流速水头沿程不变,而总水头由于能量损失的原因沿程逐渐减小,且在第一弯头处还有局部能量损失,则管中压强从进口一直到第二段弯头前一直是降低的;下游第三管段,由于管路坡度一般大于水力坡降,即断面中心高程的下降大于沿程水头损失,所以,部分位能转化为压能,使第三段内压强沿程增加。因此,最大真空度应发生在2—2断面。

$$v=\frac{Q}{A}=\frac{0.338}{\frac{3.14}{4}\times 0.4^2}=2.69(\mathrm{m/s})$$

以上游水面为基准面,取 $\alpha_1=1.0$,建立1—1断面与2—2断面的能量方程,即得

$$z_1+\frac{p_1}{\gamma}+\frac{v_1^2}{2g}=z_2+\frac{p_2}{\gamma}+\frac{v_2^2}{2g}+h_w$$

其中:$z_1=0$,$\frac{v_1^2}{2g}\approx 0$,$p_1=0$,$z_2=h_s$,$h_w=h_f+\sum h_j=(\lambda\frac{l_1}{d}+\sum\zeta)\frac{v_2^2}{2g}$

整理得安装高度

$$h_s=h_{真}-(1+\lambda\frac{l}{d}+\sum\zeta)\frac{v_2^2}{2g}\tag{3-16}$$

则真空高度

$$h_{真}=h_s+(1+\lambda\frac{l}{d}+\sum\zeta)\frac{v_2^2}{2g}=5.92\ \mathrm{m}$$

实际真空高度5.92 m小于允许真空高度7.0 m,没有超过允许值。

2　倒虹吸管的水力计算

当某一条渠道与其他渠道或公路、河道相交叉时，常在公路或河道的下面设置一段管道，这段管道叫倒虹吸管。倒虹吸管在布置上中间部分的管段位置低于两头管道的进、出口，水力计算内容主要有：

(1)流量计算。倒虹吸一般为简单短管的淹没出流，与上述的虹吸管流量计算方法相同，本书不再举例。

(2)在已知流量、管线布置、管材和上下游水位差时，确定倒虹吸管的管径。

(3)在已定流量、管线布置、管材和管道中允许流速情况下，确定倒虹吸管的管径和上下游水位差。

【案例一及解析】　一横穿河道的钢筋混凝土倒虹吸管，如图3-11所示。已知管中流量Q为3 m^3/s，倒虹吸管全长l为50 m，上下游水位差z为3 m；中间经过两个转弯，其局部水头损失系数均为0.20；进口局部阻力系数为0.5，出口局部阻力系数为1.0，上下游渠中流速v_1及v_2均为1.5 m/s，管壁粗糙系数$n=0.014$。试确定倒虹吸管直径。

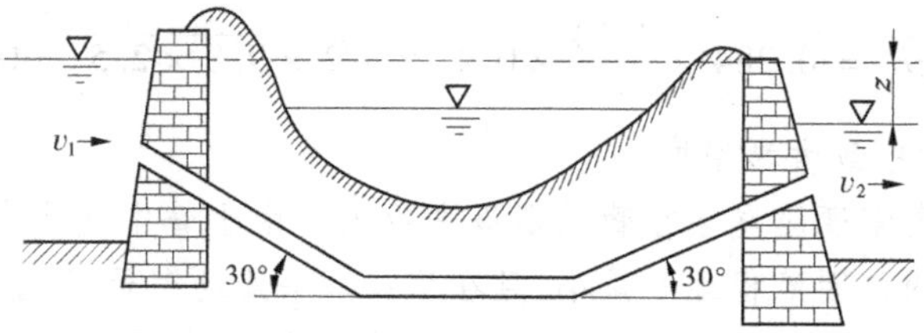

图3-11

解：倒虹吸管一般作短管计算。管道出口淹没在水下，而且上下游渠道中水流流速相同，流速水头消去。故应按短管的淹没出流公式(3-11)计算

$$d = \sqrt{\frac{4Q}{\pi\sqrt{2gz}}}\sqrt[4]{\lambda\frac{l}{d}+\sum\zeta}$$

当沿程阻力系数用谢才系数计算时：$\lambda=\frac{8g}{C^2}, C=\frac{1}{n}R^{\frac{1}{6}}, R=\frac{d}{4}$，则可推得$\lambda=\frac{2^{\frac{11}{3}}gn^2}{d^{\frac{1}{3}}}$，代入直径计算公式得

$$d = \sqrt{\frac{4Q}{\pi\sqrt{2gz}}}\sqrt[4]{\frac{2^{\frac{11}{3}}gn^2l}{d^{\frac{4}{3}}}+\sum\zeta}$$

代入数值：

$$d = \sqrt{\frac{4\times3}{3.14\times\sqrt{2\times9.8\times3}}}\times\sqrt[4]{\frac{2^{\frac{11}{3}}\times9.8\times0.014^2\times50}{d^{\frac{4}{3}}}+0.5+2\times0.2+1.0}$$

得

$$d=0.706\sqrt[4]{\frac{1.22}{d^{\frac{4}{3}}}+1.9}$$

列表试算，如表3-5所示。

表3-5　迭代试算表

代入次数	1	2	3	4	5
代入值	∞	0.829	0.963	0.943	0.946
计算值	0.829	0.963	0.943	0.946	0.945

从表3-5计算结果可以看出,第四次计算的结果,与第五次结果近似相同,则最终选取管径 d 为0.95 m。

如果选用标准管径,则选择直径为1.0 m。

【例3-6】 一横穿公路的钢筋混凝土倒虹吸管,如图3-12所示。已知管中流量 Q 为 $2\ m^3/s$,倒虹吸管全长 l 为30 m,中间经过两个弯管,每个弯管的局部水头损失系数 $\zeta_弯$ 为0.21;进口局部阻力系数为0.5,出口局部阻力系数为1.0,管壁粗糙系数 $n=0.014$,若上下游渠中流速 v_1 及 v_2 不计,试确定倒虹吸管上、下游水位差。

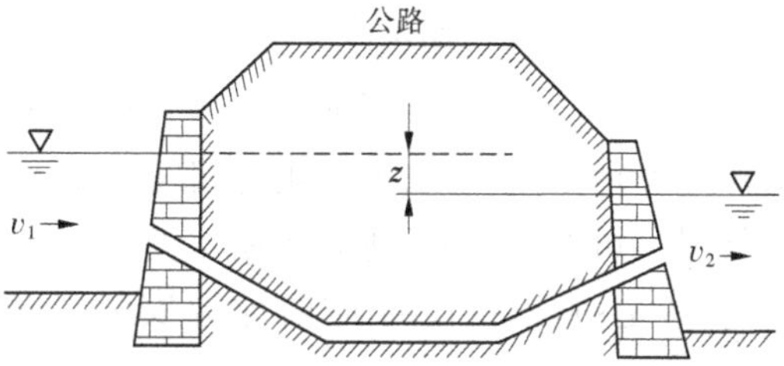

图3-12

解:首先选定倒虹吸管的允许流速为2 m/s,则管径为

$$d=\sqrt{\frac{4Q}{\pi v}}=\sqrt{\frac{4\times 2}{3.14\times 2}}=1.13(\mathrm{m})$$

为便于施工,采用直径 $d=1.1$ m,则

$$v=\frac{4Q}{\pi d^2}=\frac{4\times 2}{3.14\times 1.1^2}=2.11(\mathrm{m/s})$$

$$C=\frac{1}{n}R^{\frac{1}{6}}=\frac{1}{n}\left(\frac{d}{4}\right)^{\frac{1}{6}}=\frac{1}{0.014}\times\left(\frac{1.1}{4}\right)^{\frac{1}{6}}=57.6(\mathrm{m^{1/2}/s})$$

$$\lambda=\frac{8g}{C^2}=\frac{8\times 9.8}{57.6^2}=0.023\ 6$$

根据短管淹没出流 $z=h_w$,此倒虹吸管的上下游水位差为

$$z=\left(\lambda\frac{l}{d}+\sum\zeta\right)\frac{v^2}{2g}=\left(0.023\ 6\times\frac{30}{1.1}+0.5+2\times 0.21+1.0\right)\times\frac{2.11^2}{19.6}=0.58(\mathrm{m})$$

3　水泵装置水力计算

水泵装置是一种增加水流能量的水力机械,在生活实际中被广泛应用。水泵装置由吸水管、水泵和压水管三部分组成,其水力计算包括吸水管和压水管的水力计算以及水泵机械配用功率等计算内容。水泵装置如图3-13所示。

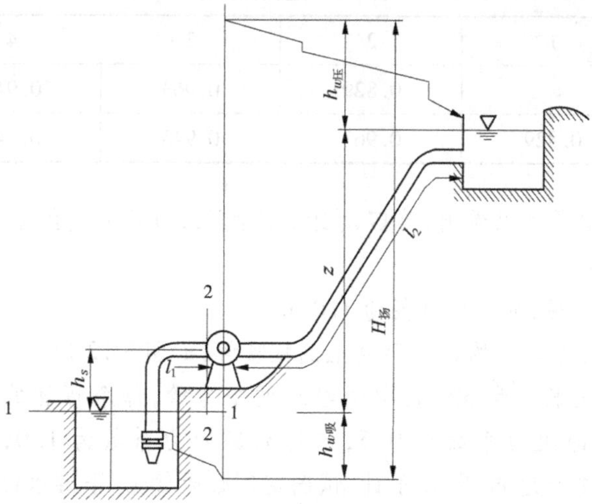

图 3-13

水泵的工作原理：开动水泵前，先由真空泵使水泵吸水管内形成真空，水源的水在大气压强的作用下，从吸水管进入泵壳；启动水泵后由电机带动的水泵给水流输入能量（真空泵停止工作），水流获得能量，再经压水管，进入下游水池。

水泵水力计算的主要任务是：管道直径的确定、水泵安装高度的确定、水泵扬程的确定和配套功率的确定。

3.1　管道直径确定

吸水管和压水管的直径确定，一般根据允许流速来确定。

3.2　水泵的安装高度或最大允许真空高度确定

水泵的最大允许安装高度 h_s 主要取决于水泵的最大允许真空高度 h_v。如图 3-13 所示，以水源水面为基准面，列 1—1 和 2—2 两个断面的能量方程。可推导得水泵的安装高度计算公式与式(3-16)相同，即

$$h_s = h_{真} - \left(1 + \lambda \frac{l}{d} + \sum \zeta\right) \frac{v_2^2}{2g}$$

3.3　水泵扬程计算

水泵的扬程就是从进水前池水位将水提升到出水池水位高度所必须的机械能。也就是出水池水位与进水池水位的水位差，再加上吸水管和压水管的总水头损失。

$$H_{扬程} = z + h_{w吸} + h_{w压} \tag{3-17}$$

$$h_{w吸} = \left(\lambda_{吸} \frac{l_{吸}}{d_{吸}} + \sum \zeta_{吸}\right) \frac{v_{吸}^2}{2g}$$

$$h_{w压} = \left(\lambda_{压} \frac{l_{压}}{d_{压}} + \sum \zeta_{压}\right) \frac{v^2}{2g}$$

式中　z——进水池和出水池之间的水位差；

$H_{扬程}$—— 抽水机的扬程；

$h_{w吸}$ ——吸水管的总水头损失；

$h_{w压}$—— 压水管的总水头损失。

3.4　带动水泵的动力机械功率

水流经过水泵获得了外加的能量，是因为带动水泵的动力机械对水流做了功，动力机械的功率应等于单位时间内对水体所做的功，即

$$N = \frac{\gamma Q H_{扬程}}{\eta_{泵} \eta_{动}} \tag{3-18}$$

式中　$\eta_{泵}$—— 水泵机械效率；

$\eta_{动}$—— 动力机械效率。

【例 3-7】　有一抽水站如图 3-13 所示，水泵的抽水量为 $Q = 28\ m^3/h$，吸水管的管长 $l_{吸} = 5$ m，压水管的长度 $l_{压} = 18$ m，沿程阻力系数 $\lambda_{吸} = \lambda_{压} = 0.046$。局部阻力系数：进口 $\zeta_{网} = 8.5$，90°弯头 $\zeta_{弯} = 0.36$，其他弯头 $\zeta = 0.26$，出口 $\zeta_{出口} = 1.0$，水泵的抽水高度 $z = 18$ m，水泵进口断面的最大允许真空度 $h_v = 6$ m。试确定以下各项：

(1)管道的直径；

(2)水泵的安装高度；

(3)水泵的扬程；

(4)水泵的电机功率(水泵的效率为 $\eta_{泵} = 0.8$，电机的效率 $\eta_{动} = 0.90$)。

解：(1)水泵管道直径的确定。

根据吸水管允许流速 $v_{吸} = 1.2 \sim 2$ m/s，压水管允许流速 $v_{压} = 1.5 \sim 2.5$ m/s。

选取 $v_{吸} = 2.0$ m/s，$v_{压} = 2.5$ m/s，则相应的管径为

$$d_{吸} = \sqrt{\frac{4Q}{\pi v}} = \sqrt{\frac{4 \times 28}{3.14 \times 2.0 \times 3\ 600}} = 0.070(\text{m}) = 70\ \text{mm}$$

$$d_{压} = \sqrt{\frac{4Q}{\pi v}} = \sqrt{\frac{4 \times 28}{3.14 \times 2.5 \times 3\ 600}} = 0.063(\text{m}) = 63\ \text{mm}$$

由以上计算结果查表 3-2 选用与它接近并大于它的直径得 $d_{吸} = d_{压} = 75$ mm。

因此，吸水管和压水管的流速均为

$$v = \frac{Q}{A} = \frac{4Q}{\pi d^2} = \frac{4 \times 28}{3.14 \times 0.075^2 \times 3\ 600} = 1.76(\text{m/s})$$

(2)水泵的安装高度确定。

由式(3-16)得

$$h_s = h_{真} - (1 + \lambda \frac{l}{d} + \sum \zeta) \frac{v_2^2}{2g}$$

$$= 6 - (1 + 0.046 \times \frac{5}{0.075} + 8.5 + 0.36) \times \frac{1.76^2}{19.6} = 3.96(\text{m})$$

安装高度说明：安装高度最大不超过 3.96 m，否则将因水泵真空受到破坏，而产生不能抽上水或抽水量非常小的现象。

(3)水泵的扬程。

吸水管水头损失：

$$h_{w吸} = (\lambda_{吸}\frac{l_{吸}}{d_{吸}} + \zeta_{网} + \zeta_{弯})\frac{v_{吸}^2}{2g} = (0.046 \times \frac{5}{0.075} + 8.5 + 0.36) \times \frac{1.76^2}{19.6} = 1.88(\mathrm{m})$$

压水管水头损失：

$$h_{w压} = (\lambda_{压}\frac{l_{压}}{d_{压}} + \zeta + \zeta_{出口})\frac{v_{压}^2}{2g} = (0.046 \times \frac{18}{0.075} + 2 \times 0.26 + 1.0) \times \frac{1.76^2}{19.6} = 1.98(\mathrm{m})$$

所以，水泵的扬程为

$$H = z + h_{w吸} + h_{w压} = 18 + 1.88 + 1.98 = 21.86(\mathrm{m})$$

(4)水泵的电动机功率 N。

$$N = \frac{\gamma QH}{\eta_{泵}\,\eta_{动}} = \frac{9.8 \times \frac{28}{3\ 600} \times 21.86}{0.8 \times 0.9} = 2.31(\mathrm{kW})$$

任务5　树状管网水力分析与计算

为了给更多的用户供水，在给水工程中往往将许多管路组合成管网。管网按其布置可分为树状管网及环状两种。

树状管路中，从水源到用户的管线，如树枝状，从一点引出，逐级分流，如图3-14所示。这种管路的特点是造价较低，但供水可靠性较差，一旦管路有一处发生故障，则在该管段下游的各级管段都要受到影响，另外，树状管路由于逐级分流，流量较小，流速较低，甚至停滞，水质容易变坏。

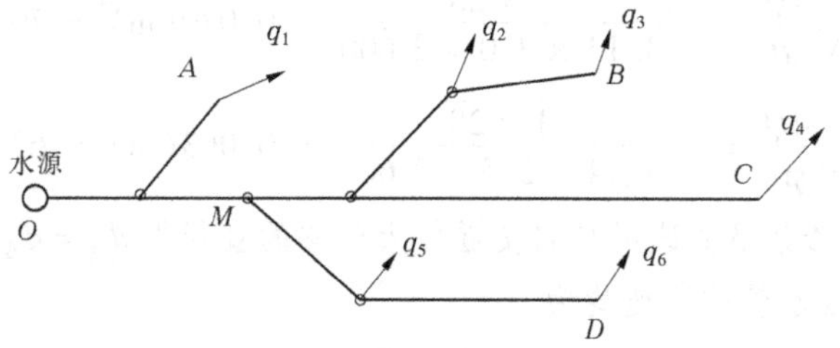

图3-14

树状管路的流量逐级推算，即从最末端开始逐级推算上一级管段的流量，节点流量必须满足连续性方程，节点无论有多少分支，节点水头只有一个。

已知管段流量，树状管路的水力计算可分为：

(1)在一定水头差的条件下确定各级管段的管径。

(2)在新建给水系统的设计中，已知管路沿线地形、各管段长度 l 及通过的流量 Q 和端点要求的自由水头 H_z，要求确定管路的各段直径 d 及水泵的扬程或水塔的高度 H_t。

①首先按经济流速在已知流量情况下计算并选择标准直径。

②利用式(3-14)或《灌溉与排水工程设计规范》(GB 50288—99)中的经验公式(3-15)，计算各级管段的沿程水头损失。

③计算干线中从水塔到管网控制点的总水头损失。管网的控制点是指在管网中水塔

至该点的水头损失、地形标高和末端要求的自由水头三项之和最大值的点。应通过计算确定。

④对于水泵扬程或水塔高度 H_t 可按下式计算

$$H_t = \sum h_{fi} + H_z + z_0 - z_t \tag{3-19}$$

式中　H_z ——控制点要求的压力水管工作压力；

z_0 ——控制点地面高程；

z_t ——泵站或水塔处的地面高程；

$\sum h_{fi}$——从水塔到管网控制点的总水头损失。

注意：管道或管网的局部水头损失可按沿程水头损失的5%～10%计算。

【案例二及解析】　有一用水塔采用分支管网向生活区供水，管网布置如图3-15所示。各管段长度及节点所需分出流量已知。管道采用硬聚氯乙烯(UPVC)管，管路端点自由水头选为 H_z =6.0 m，各端点地面高程如图所示。试求管网中各管段的管径及水塔高度。

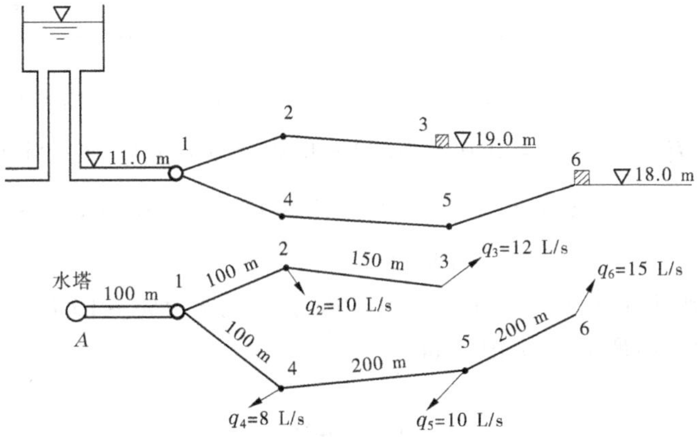

图3-15

解：从图3-15可以看出，计算分叉管路有两条，即A123和A1456。根据连续性条件，确定所有管段的流量，见表3-6。下面举例说明列表的计算过程。

(1)确定各管段的直径。选用给水管路经济流速 $v_{经}$ = 1.5 m/s，以5－6管为例，流量 $Q = q_6$ = 15 L/s = 54 m^3/h，则管径为

$$d = \sqrt{\frac{4Q}{\pi v}} = \sqrt{\frac{4 \times 0.015}{3.14 \times 1.5}} = 0.113(\mathrm{m})$$

则取管道直径为125 mm。

(2)计算各管段水头损失。根据单位长度水头损失计算公式(3-15)得

$$h_f = f\frac{Q^m}{D^b}L$$

查表3-4，$f = 0.948 \times 10^5$，$m = 1.77$，$b = 4.77$，代入上式有

$$h_f = 0.948 \times 10^5 \times \frac{Q^{1.77}}{D^{4.77}}L$$

$$h_{f5-6} = 0.948 \times 10^5 \times \frac{54^{1.77}}{125^{4.77}} \times 200 = 2.20(\mathrm{m})$$

其余管段如表 3-6 计算。

表 3-6 各管段沿程水头损失计算表

管段	管长 (m)	流量		管径 d (mm)	流速 v (m/s)	水头损失 h_f (m)
		L/s	m^3/h			
5 - 6	200	15	54	125	1.22	2.20
4 - 5	200	25	90	150	1.42	2.27
1 - 4	100	33	118.8	175	1.37	0.89
A - 1	100	55	198	225	1.38	0.66
2 - 3	150	12	43.2	100	1.53	3.22
1 - 2	100	22	79.2	150	1.25	0.91

(3)确定水塔高度。分别计算分支管路 $A123$ 和 $A1456$ 所需要的水塔水头值,即

$$H_{A123} = \sum h_{fi} + H_z + z_0 - z_t = 0.66 + 3.22 + 0.91 + 6.0 + 19.0 - 11.0 = 18.79(\mathrm{m})$$

$$H_{A1456} = \sum h_{fi} + H_z + z_0 - z_t = 2.20 + 2.27 + 0.89 + 0.66 + 6.0 + 18.0 - 11.0 = 19.02(\mathrm{m})$$

由以上计算可以看出,最不利管路为 $A1456$ 分支,考虑 5% ~ 10% 的局部水头损失为 0.3 ~ 0.6 m,则水塔高度选择为 19.5 m。

小　结

一、基本概念

长管:当管道中水流的沿程水头损失较大,而局部水头损失及流速水头两项之和与沿程水头损失的比值小于5%,以致局部水头损失及流速水头可以忽略不计。

短管:当管道中局部水头损失与流速水头两项之和与沿程水头损失的比值大于5%,则在管流计算中局部水头损失与流速水头不能忽略。

自由出流:管道出口水流直接流入大气,出口水流不受下游水位影响。

淹没出流:管道出口在下游水面以下,被水淹没。

二、简单短管基本公式

自由出流 $Q = \mu_c A\sqrt{2gH_0}$,淹没出流 $Q = \mu_c A\sqrt{2gz_0}$。

三、简单长管基本公式

$$H = \frac{Q^2}{K^2}l$$

四、总水头线和测压管水头线的绘制

利用总水头线和测压管水头线、位置水头线判别管道中的负压区，需注意管道进、出口条件。

技能训练题

一、名词解释

(1)管流的定义、特点是什么？

(2)什么是长管和短管？

(3)什么是管道的自由出流与淹没出流？

(4)什么是虹吸管的安装高度？

(5)什么是抽水机的扬程？

二、问答题

(1)长管与短管计算中主要区别是什么？

(2)短管自由出流与淹没出流的主要区别是什么？为什么说同一管道，在自由出流与淹没出流时流量系数的值相同？

(3)管道直径确定方法有几种？各自的确定方法是什么？

(4)虹吸管与离心式抽水机水泵的安装高度为什么要受到限制？

(5)抽水机的扬程由哪几方面组成？各自如何确定？

(6)总水头线与测压管水头线如何绘制？

(7)抽水机的扬程是如何确定的？

三、绘图题

试定性绘出图3-16中各管道的总水头线和测压管水头线。

四、案例分析及计算

(1)坝下埋设一预制混凝土引水管(见图3-17)，直径D为1 m，长100 m，进口处有一道平板闸门来控制流量，引水管出口底部高程为62.5 m。当上游水位为70.0 m，下游水位为60.5 m，闸门全开时能引多少流量？

(2)一倒虹吸管(见图3-18)，采用500 mm直径的铸铁管，长l为125 m，进出口水位差为5 m。根据地形，两转角各为60°和50°，上下游渠道流速相等。问：能通过多大流量？

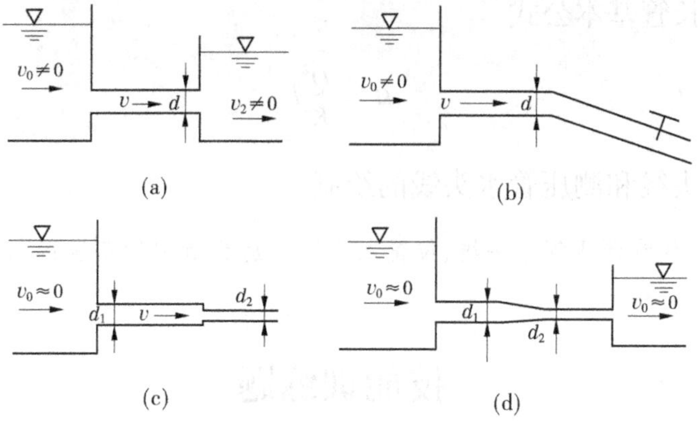

图 3-16

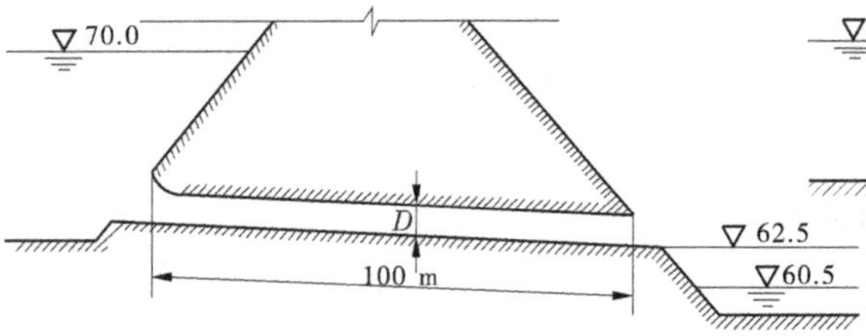

图 3-17

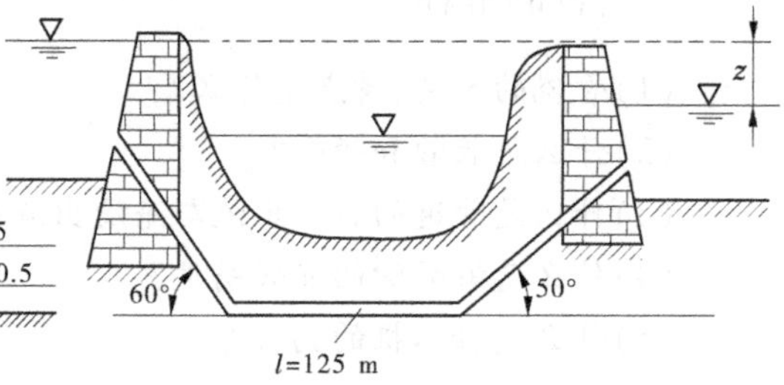

图 3-18

(3)一路堤下设有钢筋混凝土泄水管(见图 3-19)。管长 $l=50$ m,进口局部阻力系数 $\zeta_{进口}=0.91$,上下游水位差 $z=20$ m。若要求管道流量 $Q=15$ m^3/s,水管糙率 $n=0.013$,试确定所需要的管道直径。

(4)用虹吸管从蓄水池引水灌溉。虹吸管采用直径为 0.4 m 的钢管,管道进口处安装一莲蓬头,有两个 40°转角;上下游水位差 z 为 4.0 m;上游水面至管顶高度为 1.8 m;管段长度 $l_1=8$ m,$l_2=4$ m,$l_3=12$ m(见图 3-20)。要求计算:①通过虹吸管的流量为多少?②虹吸管中压强小的地方在哪里?其最大真空值是多少?

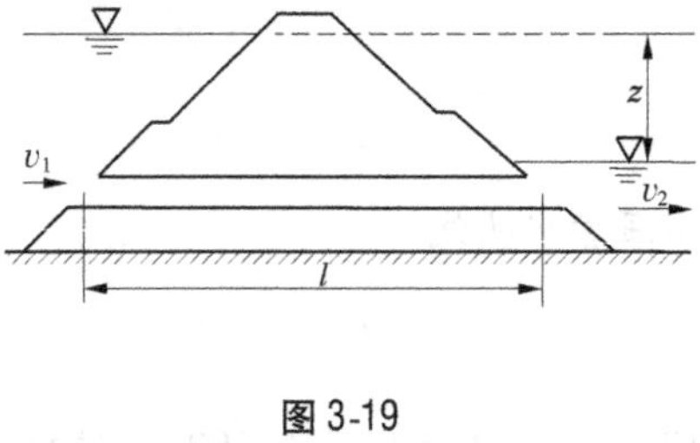

图 3-19

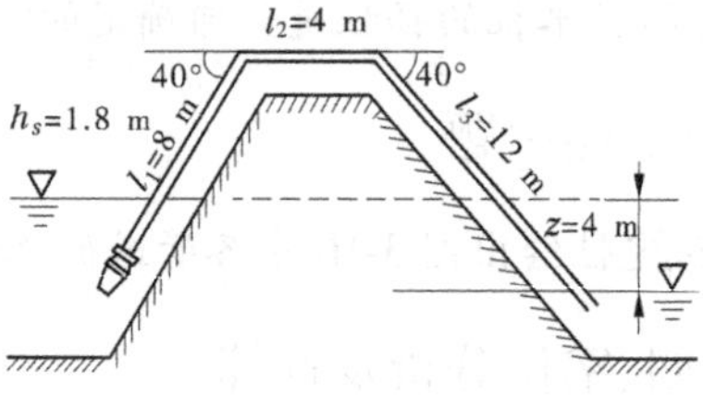

图 3-20

(5)用离心式水泵将湖水抽到水池(见图 3-21),流量为 $Q=0.2$ m^3/s,湖面高程 z_1 为 85.0 m,水池水面高程 z_3 为 105.0 m,吸水管长 l_1 为 10 m,水泵的允许真空值为 4.5 m,吸水管底阀局部水头损失系数 $\zeta_1=2.5$,90°弯头局部阻力系数 $\zeta_2=0.3$,水泵入口前的渐变收缩段局部阻力系数 $\zeta_3=0.1$,吸水管沿程阻力系数 $\lambda=0.022$,压力管道采用铸铁管。其

直径 $d_2=500$ mm，长度 $l_2=1\ 000$ m，$n=0.013$。试确定：①吸水管的直径 d_1；②水泵的安装高度；③抽水机的扬程。

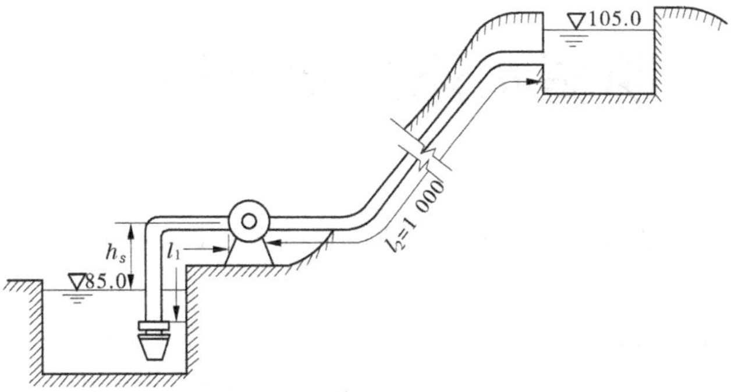

图3-21 （单位：m）

(6)有一输水管路，自山上水源引水向用户供水，采用铸铁管（$n=0.012\ 5$），已知管长 $l=150$ m，作用水头 $H=12$ m，供水流量 $Q=120\ m^3/h$，为了充分利用水头，试确定水管的直径。

(7)有一分支管网布置如图3-22所示。已知水塔地面高程为16.0 m，4点出口地面高程为20 m，6点出口地面高程为22 m，4点和6点自由水头都为8 m。各管段长度分别为：$l_{01}=200$ m，$l_{12}=100$ m，$l_{23}=300$ m，$l_{34}=80$ m，$l_{56}=150$ m，$l_{15}=80$ m。全部采用硬聚氯乙烯（UPVC）管。试设计各管段直径及水塔高度。

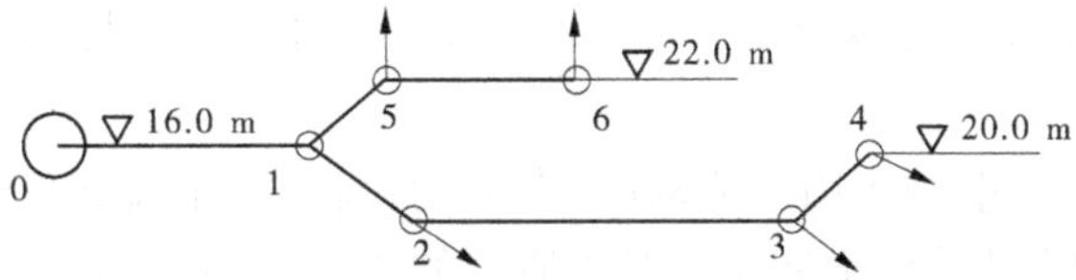

图3-22

项目4 明渠水流分析计算

案例一 一梯形断面渠道，已知 $Q=0.8\ m^3/s$，$i=1/1\ 000$，$n=0.015$，$m=1.0$，$b=0.8\ m$，求正常水深 h_0。

案例二 一排水渠道，连接内湖与排水闸。渠道全长为3 386 m，渠道断面为梯形，边坡系数 $m=2.0$，底宽 $b=45$ m，糙率 $n=0.025$，底坡 $i=1/3\ 000$，当过闸流量 $Q=500\ m^3/s$，闸前水深为8.95 m时，试推算并绘制此排水渠道的水面曲线。

任务1 概 述

1 明渠水流

凡天然河道、人工渠道等具有自由面的水流，都叫明渠水流。水利工程中的引水或泄水的隧洞和涵管内的水流未充满整个断面时，也属于明渠水流。由于明渠水流的液面和大气相接触，表面的相对压强为零，所以是无压流。综上所述，明渠水流就是具有自由水面的无压流。

明渠中的水流是在重力作用下流动的，在流动过程中，水流必然要克服阻力而消耗能量产生水头损失，所以明渠水流是在一对矛盾着的重力和阻力的共同作用下运动的。

从项目2可知道，阻力的大小与水流边界条件有很大关系。明渠水流的边界是渠槽，所以，要研究水流运动，就必须对明渠的槽身形状、型式以及明渠的底坡等有所了解。

2 渠槽的型式

天然河道的断面形状往往是不规则的，常见的断面形状是具有主槽和边滩的型式，如图4-1(a)、(b)所示。人工渠道的横断面形状是各式各样的，常见的有矩形、梯形、圆形、复式断面、U形及弧底梯形断面，分别对应图4-1(c)～(g)等。

(1)土渠的横断面一般多做成梯形。如水深以 h 表示，底宽以 b 表示，边坡系数以 m 表示，则梯形断面水力要素的计算公式如下：

梯形过水断面面积：

$$A=(b+mh)h \tag{4-1}$$

式中，m 为边坡系数，$m=\cot\theta$，表示渠道边坡的倾斜程度（θ 为边坡与水平线之间的夹角）。通常渠道边坡上注成1∶m，其中1表示斜坡的铅直距离，m 表示斜坡的水平距离。m 越大，边坡越缓；m 越小，边坡越陡；$m=0$，断面为矩形。m 的大小是根据土壤性质和施工要求决定的。

梯形过水断面的湿周：

$$\chi = b + 2h\sqrt{1 + m^2} \tag{4-2}$$

梯形过水断面的水力半径：

$$R = \frac{A}{\chi} = \frac{(b + mh)h}{b + 2h\sqrt{1 + m^2}} \tag{4-3}$$

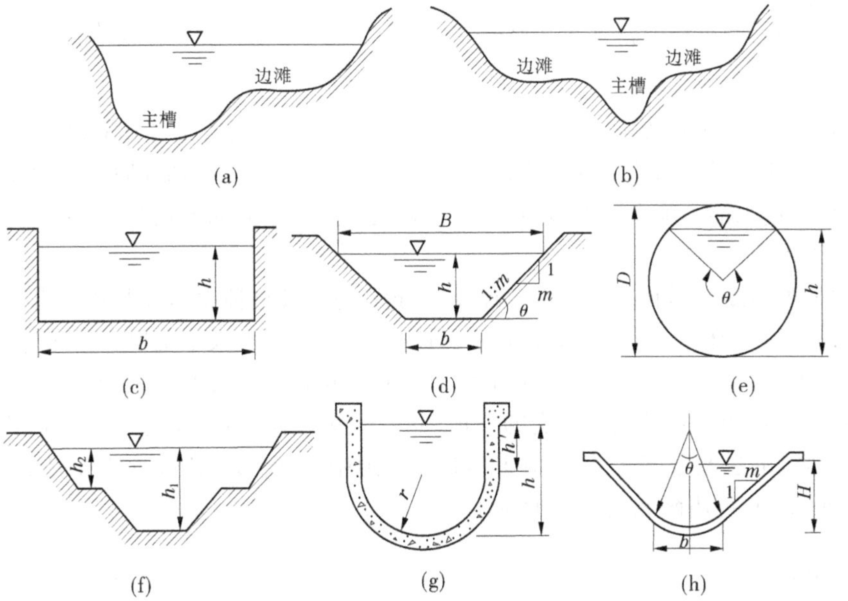

图 4-1　渠道断面形式

(2)矩形断面水力要素为

$$A = bh \tag{4-4}$$

$$\chi = b + 2h \tag{4-5}$$

$$R = \frac{A}{\chi} = \frac{bh}{b + 2h} \tag{4-6}$$

(3)工程中常用的 U 形断面，水力要素为

$$A = \left(\frac{\theta}{2} + 2m - 2\sqrt{1 + m^2}\right)K_r^2H^2 + 2\left(\sqrt{1 + m^2} - m\right)K_rH^2 + mH^2 \tag{4-7}$$

$$\chi = 2\left(\frac{\theta}{2} + m - \sqrt{1 + m^2}\right)K_rH + 2H\sqrt{1 + m^2} \tag{4-8}$$

$$K_r = \frac{r}{H} \tag{4-9}$$

$$b = \frac{2r}{\sqrt{1 + m^2}} \tag{4-10}$$

式中　b——弧形底的弦长，m；

r——渠底圆弧半径，m；

H——断面水深，m；

θ——渠底圆弧的圆心角，rad；

m——渠道上部直线段的边坡系数，$m = \cot\frac{\theta}{2}$。

在平原河道上，过水断面呈宽浅型，设河宽为 B，水深为 h，断面可看作矩形，则过水断面 $A = Bh$、湿周 $\chi = B + 2h$、水力半径 $R = \frac{A}{\chi} = \frac{Bh}{B+2h} = \frac{h}{1+2\frac{h}{B}}$。

一般认为，当宽深比 $\frac{B}{h}$ 大于 100 时，$2h$ 可略去不计，近似地用水深代替水力半径，即 $R \approx h$。

水力半径的大小直接影响着渠道的过水能力。在其他水力条件相同时，水力半径大则湿周小，说明周界对水流的约束小，过水能力就大；水力半径小则湿周大，说明周界对水流的约束大，过水能力就小。所以，水力半径是反映过水断面的形状及尺寸对水流运动影响的一个因素。

根据渠道横断面形状与尺寸沿流程改变与否，分为棱柱体渠道和非棱柱体渠道两类。断面形状和尺寸沿程保持不变的渠道，叫做棱柱体渠道，一般人工渠道多属此类。在棱柱体渠道中，水流的过水断面面积 A 仅与水深 h 有关，可用函数关系表示为 $A = f(h)$。

横断面形状和尺寸沿流程改变的渠道，叫做非棱柱体渠道（如连接梯形断面渠道和矩形断面渡槽的过渡段属此类）。在非棱柱体渠道中，水流过水断面面积 A 是随着水深 h 和流程 l 而变的，可用函数关系表示为 $A = f(h,l)$。

3 渠道的底坡

渠道的底面，一般沿程微向下游倾斜。渠道底面与纵剖面的交线称渠底线。渠底线沿流动方向每单位长度的下降量，称为渠底坡度（简称底坡或渠道比降），通常以 i 表示，它等于渠底线与水平线夹角 θ 的正弦，即

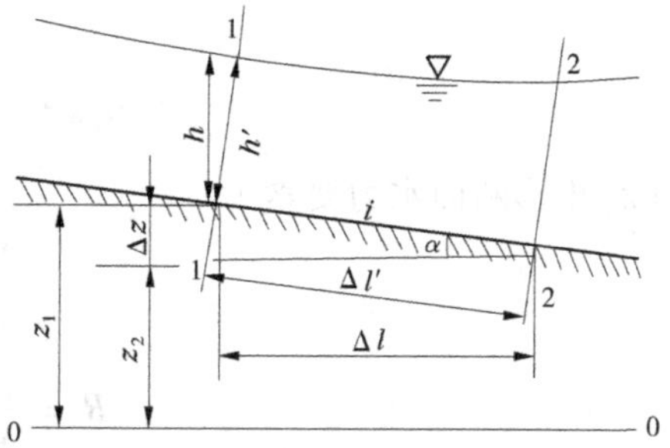

图 4-2

$$i = \sin\theta = \frac{z_1 - z_2}{\Delta l}$$

式中 z_1、z_2——1—1 断面、2—2 断面渠底的高程；

Δl——两断面间渠底线的长度。

在底坡微小的情况下（$i \leqslant 0.10, \theta < 6°$），水平距离 $\Delta l'$ 与渠底线距离 Δl 相差不大，则渠底坡度 $i \approx \tan\theta = \frac{z_1 - z_2}{\Delta l'}$。

需指出：渠道过水断面的水深，应是垂直于流向的水深 h'，但为了量测和计算方便，通常采用铅直水深 h 代替，因为当 θ 角较小（$\theta < 6°$）时，$h \approx h'$，由此而引起的误差是极小的。但当 θ 角较大时，则另当别论。

渠道的底坡有顺坡、平坡及逆坡三种。渠底向下游倾斜的为顺坡（$i > 0$）；渠底向上游倾斜的为逆坡（$i < 0$）；渠底水平的为平坡（$i = 0$）。一般人工渠道上的底坡大多是顺坡，逆坡及平坡仅在局部渠段上使用，见图 4-3。

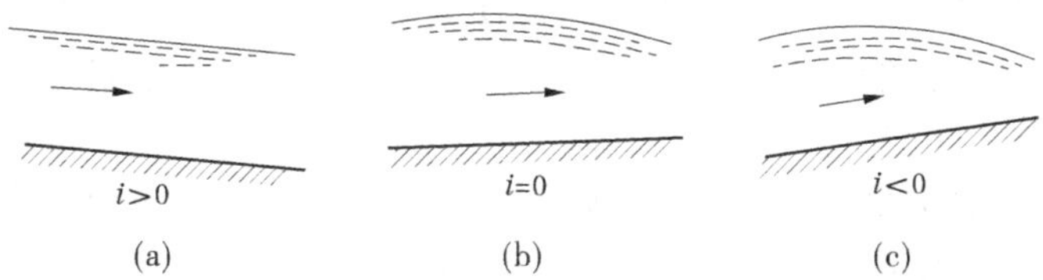

图 4-3

任务2 明渠均匀流

1 明渠均匀流的基本特征

水深、断面平均流速和流速分布都沿程不变的明渠水流，称为明渠均匀流。明渠均匀流的实质，相当于物理学中的匀速直线运动。从力学观点讲，即作用在水流方向上的各种力应该平衡。

如图 4-4 所示，假定在产生均匀流动的明渠中取出流段 $ABCD$，流段的重量为 G，流段中水流与明渠周壁间的摩阻力为 F_f，流段两端总压力各为 P_1 及 P_2，那么，沿流动方向作用于流段上各力的代数和应等于零，即

$$P_1 - P_2 - F_f + G\sin\theta = 0$$

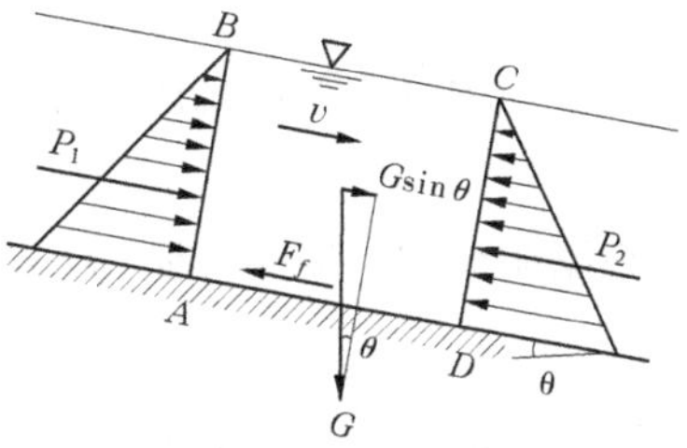

图 4-4

因所讨论的是均匀流，过水断面上的压强按静水压强规律分布，且流段两端断面水深及过水断面面积相等，故 $P_1 = P_2$，因而

$$G\sin\theta = F_f \tag{4-11}$$

上式表明，明渠均匀流的力学本质是重力沿流向的分力与阻力相平衡。水流具备这一条件时则保持均匀流流动状态。若重力沿流向的分力与阻力不平衡，则会产生变速流动。当重力沿流向的分力大于阻力时，水流将发生加速运动；当重力沿流向的分力小于阻力时，水流将会发生减速运动。

对明渠均匀流中所取的 1—1 断面、2—2 断面列能量方程为

$$z_1 + \frac{p_1}{\gamma} + \frac{\alpha_1 v_1^2}{2g} = z_2 + \frac{p_2}{\gamma} + \frac{\alpha_2 v_2^2}{2g} + h_w$$

因为是均匀流，故 $p_1 = p_2$，$v_1 = v_2$，同时 $h_w = JL$，于是

$$J = J_p = i \tag{4-12}$$

则明渠均匀流最重要的基本特征为：三线（渠底线、水面线、总水头线）平行或三坡（渠底坡、测压管坡度、水力坡度）相等。

2 明渠均匀流的产生条件

（1）水流必须为恒定流。

（2）渠道应是底坡沿程不变的、长直的棱柱体渠道。如为非棱柱体渠道，则过水断面、

流速将沿程改变,阻力亦沿程改变,这样就不能使重力沿流向的分力与阻力平衡。如果底坡沿程改变,则重力沿流向的分力将发生变化,也使重力沿流向的分力与阻力不能平衡。

(3)渠道必须为顺坡。在顺坡上,重力沿流向的分力与阻力的方向相反,当二者相等时即可平衡。平坡及逆坡上不可能发生明渠均匀流。在平坡上,重力沿流向的分力为零,但阻力不等于零,所以两者不能平衡;在逆坡上,重力沿流向的分力与阻力方向相同,当然两者是不可能平衡的。因而,明渠均匀流只有在顺坡上才有可能发生,而在平坡及逆坡上是不可能发生的。

(4)渠道中不应有任何改变水流阻力的因素。例如渠槽表面粗糙程度要均一,没有闸、坝等水工建筑物等。

以上四个条件中任一个不能满足时,都将产生明渠非均匀流动。严格地说,绝对的明渠均匀流是没有的。但在实际工程中,某一段河渠水流,只要与上述条件相差不大,即可将这段水流近似地看成是明渠均匀流。长直的顺坡棱柱体人工渠道中的水流,就可看做是明渠均匀流。

3　明渠均匀流基本公式

依据均匀流的平均流速的计算公式——谢才公式,即

$$v = \sqrt{RJ} \quad 或 \quad Q = AC\sqrt{RJ}$$

根据明渠均匀流的特征, $J = J_p = i$ 代入可得

$$Q = AC\sqrt{Ri} \tag{4-13}$$

上式中的谢才系数 C 若用曼宁公式 $C = \frac{1}{n}R^{\frac{1}{6}}$ 计算,则该式又可写做

$$Q = \frac{A}{n}R^{\frac{2}{3}}i^{\frac{1}{2}} \tag{4-14}$$

如令 $K = AC\sqrt{R}$,则式(4-13)又可写做

$$Q = K\sqrt{i} \tag{4-15}$$

式中　K——流量模数,它综合反映了明渠断面形状、大小和渠壁粗糙程度对过水能力的影响,在底坡相同的情况下,过水能力与流量模数成正比。

通常把明渠均匀流水深称为正常水深,以 h_0 表示。相应于正常水深 h_0 的过水断面的湿周、水力半径、谢才系数、流量模数也相应地用 χ_0 、R_0 、C_0 、K_0 表示。

4　渠道水力计算

4.1　渠道水力计算中的几个问题

4.1.1　渠道糙率选择

明渠的糙率 n 值反映槽壁粗糙程度对水流的影响。边界表面越粗糙, n 值愈大;边界表面愈光滑,则 n 值愈小。在计算阶段,可参考《水力计算手册》所列数值,见表 4-1 ~ 表 4-3。

表 4-1 土渠糙率

渠道流量(m^3/s)	渠槽特征	灌溉渠道	泄(退)水渠道
>20	平整顺直,养护良好	0.020 0	0.022 5
	平整顺直,养护一般	0.022 5	0.025 0
	渠床多石,杂草丛生,养护较差	0.025 0	0.027 5
1~20	平整顺直,养护良好	0.022 5	0.025 0
	平整顺直,养护一般	0.025 0	0.027 5
	渠床多石,杂草丛生,养护较差	0.027 5	0.033 0
<1	渠床弯曲,养护一般	0.025 0	0.027 5
	支渠以下的固定渠道	0.027 5	0.030 0
	渠床多石,杂草丛生,养护较差	0.030 0	0.035 0

表 4-2 防渗衬砌渠道糙率

防渗衬砌结构类别及特征		糙率
黏土、黏砂混合土、膨润混合土	平整顺直,养护良好	0.022 5
	平整顺直,养护一般	0.025 0
	平整顺直,养护较差	0.027 5
灰土、三合土、四合土	平整,表面光滑	0.015 0~0.017 0
	平整,表面较粗糙	0.018 0~0.020 0
水泥土	平整,表面光滑	0.014 0~0.016 0
	平整,表面较粗糙	0.016 0~0.018 0
砌石	浆砌石料、石板	0.015 0~0.023 0
	浆砌块石	0.020 0~0.025 0
	干砌块石	0.025 0~0.033 0
	浆砌卵石	0.023 0~0.027 5
	干砌卵石,砌工良好	0.025 0~0.032 5
	干砌卵石,砌工一般	0.027 5~0.037 5
	干砌卵石,砌工粗糙	0.032 5~0.042 5
沥青混凝土	机械现场浇筑,表面光滑	0.012 0~0.014 0
	机械现场浇筑,表面粗糙	0.015 0~0.017 0
	预制板砌筑	0.016 0~0.018 0

续表 4-2

防渗衬砌结构类别及特征		糙率
混凝土	抹光的水泥砂浆面	0.012 0 ~ 0.013 0
	金属模板浇筑,平整顺直,表面光滑	0.012 0 ~ 0.014 0
	刨光木模板浇筑,表面一般	0.015 0
	表面粗糙,缝口不齐	0.017 0
	修正及养护较差	0.018 0
	预制板砌筑	0.016 0 ~ 0.018 0
	预制渠槽	0.012 0 ~ 0.016 0
	平整的喷浆面	0.015 0 ~ 0.016 0
	不整的喷浆面	0.017 0 ~ 0.018 0
	波状断面的喷浆面	0.018 0 ~ 0.025 0

表 4-3 石渠糙率

渠槽表面特征	糙率	渠槽表面特征	糙率
经过良好整修	0.025 0	经过中等整修,有凸出部分	0.033 0
经过中等整修,无凸出部分	0.030 0	未经整修,有凸出部分	0.035 0 ~ 0.045 0

对于天然河道的 n 值,其影响因素很多,如河道断面的不规则性、河槽弯曲的程度、河道的含沙量及河道的障碍程度等。因此,正确选取 n 值较为困难。在无实测资料情况下,表 4-4 的河槽糙率值可供选用。

4.1.2 综合糙率问题和复式断面的水力计算

4.1.2.1 综合糙率问题

傍山修建引水渠时,为了节省土石方量,渠道底面与侧边一面往往由不同的材料组成(见图 4-5),因此形成湿周上糙率不一致的渠槽。这种渠槽的水力计算,仍可用前述的明渠均匀流公式进行计算。但是,一定要将各部分湿周上的不同糙率,折合成一个综合的糙率,可按下列公式计算

$$n_{max}/n_{min} > 1.5 \sim 2.0 \text{ 时} \quad n = \left(\frac{\chi_1 n_1^{\frac{3}{2}} + \chi_2 n_2^{\frac{3}{2}} + \cdots}{\chi_1 + \chi_2 + \cdots}\right)^{\frac{2}{3}} \tag{4-16}$$

$$n_{max}/n_{min} < 1.5 \sim 2.0 \text{ 时} \quad n = \frac{\chi_1 n_1 + \chi_2 n_2 + \cdots}{\chi_1 + \chi_2 + \cdots} \tag{4-17}$$

4.1.2.2 复式断面计算

当明渠为复式断面时(见图 4-6),由于渠槽各部分粗糙程度不同、水深不等,断面上各部分的流速就相差甚大。如将各部分水流当成统一的总流来计算,必然会得出错误的结果。正确的计算方法是,将复式断面分成几个部分,分别计算各个部分的断面面积 ΔA_i

表4-4 天然河道糙率

河槽类型及情况	最小值	正常值	最大值
第一类:小河(汛期最大水面宽度约30 m)			
(一)平原河流			
(1)清洁、顺直、无沙滩、无潭	0.025	0.030	0.033
(2)同上,多石多草	0.030	0.035	0.040
(3)清洁弯曲少许淤滩及潭坑		0.040	0.045
(4)同上,但有草石	0.033	0.045	0.050
(5)同上,水深较浅,河底坡度多变,平面上回流区较多	0.040	0.048	0.055
(6)同(4),并多石	0.045	0.050	0.060
(7)多滞流河段,多草,有深潭	0.050	0.070	0.080
(8)多丛草河段,多深潭,或林木滩地上的过洪	0.075	0.100	0.150
(二)山区河流(河槽无草树,河段较陡,岸坡树丛过洪时淹没)			
(1)河底:砾石、卵石间有孤石	0.030	0.040	0.050
(2)河底:卵石和大孤石	0.040	0.050	0.070
第二类:大河(汛期水面宽度大于30 m)			
(一)断面比较规整,无孤石或丛木	0.025		0.060
(二)断面不规整,床面粗糙	0.035		0.100
第三类:洪水时期滩地漫流			
(一)草地,无丛木			
(1)短草	0.025	0.030	0.035
(2)长草	0.030	0.035	0.050
(二)耕种面积			
(1)未熟禾稼	0.020	0.030	0.040
(2)已熟成行禾稼	0.025	0.035	0.045
(3)已熟密植禾稼	0.030	0.040	0.050
(三)矮丛木			
(1)稀疏,多杂草	0.035	0.050	0.070
(2)不密,夏季情况	0.040	0.060	0.080
(3)茂密,夏季情况	0.070	0.100	0.160
(四)树木			
(1)平整田地,干树无枝	0.030	0.040	0.050
(2)同上,干树多新枝	0.050	0.060	0.080
(3)密林,树下少植物,洪水位在枝下	0.080	0.100	0.120
(4)同上,洪水位淹没树枝	0.100	0.120	0.160

和断面平均流速 v_i，再分别算出通过各个部分断面的流量，最后将这些流量相加，便等于通过复式断面的全部流量，即

$$Q = \sum v_i A_i = \sum A_i C_i \sqrt{R_i i} = \left(\sum A_i C_i \sqrt{R_i}\right)\sqrt{i} = \sqrt{i}\sum K_i \qquad (4\text{-}18)$$

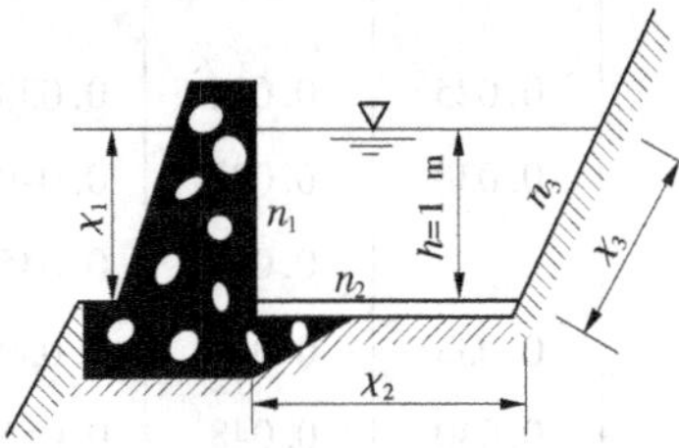

图 4-5

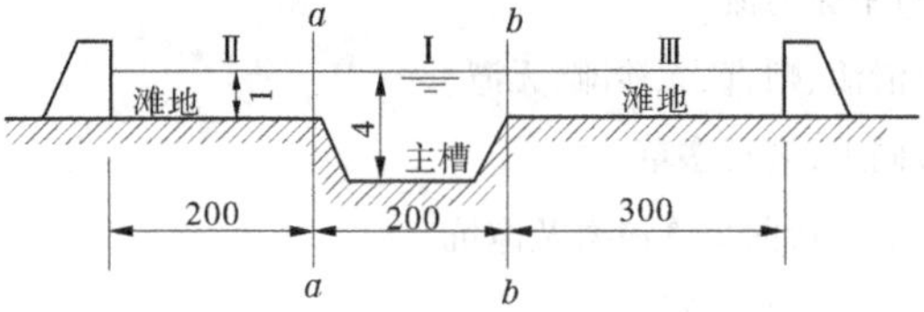

图 4-6 （单位：m）

4.1.3 渠道中的允许流速

引水渠道的流速，直接关系着渠道的正常运用，因此应该特别引起重视。当流速过小时，渠水中挟带的泥沙将淤在渠内，而当流速过大时，又会冲刷渠道，从而影响到渠道的过水能力及渠床的稳定，给管理上造成极大的不便。因此，设计中必须使渠道断面平均流速的大小控制在既不使渠道冲刷，又不使渠道淤积的允许范围内，这样的流速称为允许流速或不冲不淤流速，即设计渠道的流速应满足下式

$$v_{不淤} < v < v_{不冲}$$

依据《水力计算手册》，各类渠道的允许不冲流速可参照表 4-5 ~ 表 4-8。

表 4-5 黏性土渠道的允许不冲流速 （单位：m/s）

土质	允许不冲流速	土质	允许不冲流速
轻壤土	0.6 ~ 0.8	重壤土	0.70 ~ 0.95
中壤土	0.65 ~ 0.85	黏土	0.75 ~ 1.00

注：表中所列允许不冲流速数值为水力半径 $R=1.0$ m 时的情况，当 $R\neq1.0$ m 时，表中数值应乘以 R^{α}。指数 α 值可以按下列情况采用：①疏松的壤土、黏土，$\alpha=\frac{1}{3}\sim\frac{1}{4}$；②中等密实的和密实的壤土、黏土，$\alpha=\frac{1}{4}\sim\frac{1}{5}$。

表 4-6 非黏性土渠道允许不冲流速 （单位：m/s）

土质	粒径（mm）	水深（m） 0.4	1.0	2.0	≥3.0
淤泥	0.005 ~ 0.050	0.12 ~ 0.17	0.15 ~ 0.21	0.17 ~ 0.24	0.19 ~ 0.26
细砂	0.050 ~ 0.250	0.17 ~ 0.27	0.21 ~ 0.32	0.24 ~ 0.37	0.26 ~ 0.40
中砂	0.250 ~ 1.000	0.27 ~ 0.47	0.32 ~ 0.57	0.37 ~ 0.65	0.40 ~ 0.70
粗砂	1.000 ~ 2.500	0.47 ~ 0.53	0.57 ~ 0.65	0.65 ~ 0.75	0.70 ~ 0.80
细砾石	2.500 ~ 5.000	0.53 ~ 0.65	0.65 ~ 0.80	0.75 ~ 0.90	0.80 ~ 0.95
中砾石	5.000 ~ 10.00	0.65 ~ 0.80	0.80 ~ 1.00	0.90 ~ 1.10	0.95 ~ 1.20
大砾石	10.00 ~ 15.00	0.80 ~ 0.95	1.00 ~ 1.20	1.10 ~ 1.30	1.20 ~ 1.40
小卵石	15.00 ~ 25.00	0.95 ~ 1.20	1.20 ~ 1.40	1.30 ~ 1.60	1.40 ~ 1.80
中卵石	25.00 ~ 40.00	1.20 ~ 1.50	1.40 ~ 1.80	1.60 ~ 2.10	1.80 ~ 2.20
大卵石	40.00 ~ 75.00	1.50 ~ 2.00	1.80 ~ 2.40	2.10 ~ 2.80	2.20 ~ 3.00

续表 4-6　　(单位:m/s)

土质	粒径(mm)	水深(m) 0.4	1.0	2.0	≥3.0
小漂石	75.00 ~ 100.0	2.00 ~ 2.30	2.40 ~ 2.80	2.80 ~ 3.20	3.00 ~ 3.40
中漂石	100.0 ~ 150.0	2.30 ~ 2.80	2.80 ~ 3.40	3.20 ~ 3.90	3.40 ~ 4.20
大漂石	150.0 ~ 200.0	2.80 ~ 3.20	3.40 ~ 3.90	3.90 ~ 4.50	4.20 ~ 4.90
顽石	> 200.0	> 3.20	> 3.90	> 4.50	> 4.90

注:表中所列允许不冲流速值为水力半径 $R = 1.0$ m 的情况。当 $R \neq 1.0$ m 时,表中所列值应乘以 R^{α},指数 α 值可采用 $\alpha = 1/3 \sim 1/5$。

表 4-7　石渠的允许不冲流速　　(单位:m/s)

岩性	水深(m) 0.4	1.0	2.0	3.0
砾石、泥灰岩、页岩	2.0	2.5	3.0	3.5
石灰岩、致密的砾石、砂岩、白云石灰岩	3.0	3.5	4.0	4.5
白云砂岩、致密的石灰岩、硅质石灰岩、大理石	4.0	5.0	5.5	6.0
花岗岩、辉绿岩、玄武岩、安山岩、石英岩、斑岩	15.0	18.0	20.0	22.0

表 4-8　防渗衬砌渠道的允许不冲流速　　(单位:m/s)

防渗衬砌结构类型			允许不冲流速	防渗衬砌结构类型		允许不冲流速
土料	黏土、黏砂混合土		0.75 ~ 1.00	膜料(土料保护层)	砂壤土、轻壤土	<0.45
	灰土、三合土、四合土		<1.00		中壤土	<0.60
水泥土	现场填筑		<2.50		重壤土	<0.65
	预制铺砌		<2.00		黏土	<0.70
砌石	干砌卵石(挂淤)		2.50 ~ 4.00		砂砾料	<0.90
	浆砌卵石		3.00 ~ 5.00	沥青混凝土	现场浇筑	<3.00
	浆砌块石	单层	2.50 ~ 4.00		预制铺砌	<2.00
		双层	3.50 ~ 5.00	混凝土	现场浇筑	<8.00
	浆砌料石		4.00 ~ 6.00		预制铺砌	<5.00
	浆砌石板		<2.50		喷射法施工	<10.0

允许不淤流速 $v_{不淤}$ 与水流中泥沙悬移质的粒径、含沙量和水力半径等因素有关,在清水渠中,为防止滋生杂草,渠中最小流速一般不小于 0.5 m/s。

4.1.4　水力最佳断面和实用经济断面

4.1.4.1　水力最佳断面

进行渠道水力计算的过程中,在流量、底坡及糙率已知的情况下,希望得到最小的过水断面面积,以减少土石方开挖量。或者,在一定的过水断面面积、底坡及糙率的情况下,使渠道所通过的流量最大。水力学中把满足以上条件的断面,叫做水力最佳断面。

土渠断面一般做成梯形。根据湿周最小、过水能力最大的道理,用数学方法可以推导出计算梯形水力最佳断面的宽深比 β_m 的公式

$$\beta_m = \frac{b}{h} = 2(\sqrt{1+m^2} - m) \tag{4-19}$$

相应的水力半径

$$R_m = \frac{h_m}{2} \tag{4-20}$$

进行水力最佳断面的计算时，可先计算出 β_m，再用明渠均匀流的基本公式计算出 b_m、h_m。

【例4-1】 某梯形断面黏土（中壤土）渠，边坡系数 $m = 1.25$，渠道糙率 $n = 0.025$，底坡 $i = 0.0004$，流量 $Q = 2.2\ m^3/s$，不淤流速 $v_{不淤} = 0.5\ m/s$。试设计渠道的水力最佳断面，并校核渠中流速。

解：(1)水力最佳断面设计。

$$\beta_m = \frac{b}{h} = 2(\sqrt{1+m^2} - m) = 2\times(\sqrt{1+1.25^2} - 1.25) = 0.702$$

则面积 $A_m = (b_m + mh_m)h_m = (\beta_m + m)h_m^2 = 1.952h_m^2$

水力半径 $R_m = \frac{h_m}{2}$

谢才系数 $C_m = \frac{1}{n}R_m^{\frac{1}{6}} = \frac{1}{0.025}(\frac{h_m}{2})^{\frac{1}{6}} = 35.636h_m^{\frac{1}{6}}$

将上面各式代入明渠均匀流公式 $Q = AC\sqrt{Ri}$ 可得

$$2.2 = 1.952h_m^2 \times 35.636h_m^{\frac{1}{6}} \times \sqrt{\frac{h_m}{2}\times 0.0004}$$

整理后得 $h_m^{\frac{8}{3}} = 2.2363$

解得 $h_m = 1.35\ m$

则 $b_m = \beta_m h_m = 0.702\times 1.35 = 0.95(m)$

(2)校核渠道流速。

由表4-5查得中壤土渠在 $R = 1.0$ 时，不冲流速为 $0.65 \sim 0.85\ m/s$，而水力半径 $R_m = \frac{h_m}{2} = \frac{1.35}{2} = 0.675(m)$，取 $\alpha = \frac{1}{4}$，则不冲允许流速

$$v_{不冲} = (0.65 \sim 0.85)\times 0.675^{\frac{1}{4}} = 0.59 \sim 0.77(m/s)$$

渠道不淤允许流速 $v_{不淤} = 0.5\ m/s$。

渠道断面平均流速

$$v = \frac{Q}{A} = \frac{Q}{(b_m + mh_m)h_m} = \frac{2.2}{(0.95 + 1.25\times 1.35)\times 1.35} = 0.62(m/s)$$

$v_{不淤} < v < v_{不冲}$，所设计断面满足允许流速的要求。

按水力最佳断面设计的渠道断面往往是窄深的。这种断面在施工和运用方面，都不够理想，这就使水力最佳断面的应用有局限性。因为挖土越深，土方单价越高，而且开挖深度常受地质条件的影响（如可能遇到地下水及岩层）造成施工困难，增加造价。此外，渠道采用窄深式断面不便于行船和转弯。所以，大型渠道常设计成较宽浅的，其土方量虽

较水力最佳断面大,但总造价却低。因此,水力最佳断面虽有工程量小、占地少等优点,但并不一定是渠道的经济断面。只有当渠道造价基本取决于土石方量(小型渠道基本如此)时,水力最佳断面才是经济断面。

4.1.4.2 实用经济断面

实用经济断面是一种宽深比 β 大于 β_m 值以满足工程需要的断面。虽然它比水力最佳断面宽浅很多,但其过水断面面积 A 仍然十分接近水力最佳断面 A_m 。

实用经济断面的设计方法(以右下标" e "表示实用经济断面的水力要素):

(1)求出水力最佳断面的正常水深 h_m 。

(2)选取 $\alpha = 1.00 \sim 1.04$ ($\alpha = \dfrac{A_e}{A_m}$,称偏离系数),如 $\alpha = 1.01$ 。

(3)根据 h_m 和土质依据表4-9选取 m ,如 $h_m = 1.60$ m ,土质为轻壤土,则 $m = 1.25$。

表4-9 边坡系数 m

渠道土质	灌溉渠道正常水深 h_m (m)		
	<1.00	1.00~2.00	2.00~3.00
黏土、重壤土	1.00	1.00	1.25
轻壤土	1.00	1.25	1.50
砂壤土	1.50	1.50	1.75
砂土	1.75	2.00	2.25

(4)再由 $\alpha = 1.01$、$m = 1.25$ 查表4-10得 $\dfrac{h_e}{h_m} = 0.822$,$\beta_e = 1.673$ 。

表4-10 实用经济断面宽深比 β_e

α	1.00	1.01	1.02	1.03	1.04
h_e/h_m	1.000	0.822	0.760	0.718	0.683
m	β_e				
0.00	2.000	2.922	3.530	3.996	4.462
0.25	1.561	2.459	2.946	3.368	3.790
0.50	1.236	2.097	2.564	2.968	3.373
0.75	1.000	1.868	2.339	2.746	3.154
1.00	0.828	1.734	2.226	2.652	3.078
1.25	0.704	1.673	2.110	2.654	3.109
1.50	0.608	1.653	2.221	2.712	3.202
1.75	0.528	1.658	2.271	2.802	3.332
2.00	0.480	1.710	2.377	2.955	3.533
2.25	0.420	1.744	2.463	3.058	3.707

则实用经济断面的正常水深

$$h_e = 0.822h_m = 0.822 \times 1.6 = 1.32(\mathrm{m})$$

实用经济断面的底宽

$$b_e = \beta_e h_e = 1.673 \times 1.32 = 2.20(\mathrm{m})$$

4.1.5 渠道的底坡和超高确定

4.1.5.1 渠道底坡的确定

渠道底坡的选取直接影响到渠道断面的大小(关系到工程量的大小)和渠道的冲刷、淤积(关系到渠道的稳定性)。根据明渠均匀流基本公式可得

$$i = \frac{Q^2}{A^2C^2R} \tag{4-21}$$

底坡的选择必须使相应的流速满足渠道的允许流速要求,原则上清水渠的底坡应缓一些,以防止冲刷,一般干渠底坡小于1/5 000;浑水渠底坡应陡一些,以防止淤积,一般干渠底坡为1/2 000~1/5 000。

4.1.5.2 渠道超高的确定

渠道的超高是指为了保证行水安全,渠道顶部需高出水面的高度。渠道的设计高度应等于过水断面的水深 h 再加上渠道的超高 a 。a 值的选取可参照表4-11,或查《水力计算手册》。

表4-11 渠道的超高值

渠道的类别、流量	干支渠(10~2 m^3/s)	干支渠(<2 m^3/s)	斗渠	农渠
堤顶超高(m)	0.6~0.4	0.35	0.25	0.15

4.2 渠道水力计算的类型

明渠均匀流的水力计算问题可分为两大类:一类是按要求设计新渠道,如确定底宽 b 、水深 h 、底坡 i 、边坡系数 m 或渠顶超高 a ;另一类是对已建好的渠道进行计算,如校核流速 v 、流量 Q 或求糙率 n 。本书以最基本的梯形断面为例讨论渠道的水力计算方法。

4.2.1 新渠道的水力计算

新渠道的水力计算主要任务是计算渠道的断面尺寸。这类问题在工程上遇到的较多,在规划设计新渠道时,设计流量由工程要求(如灌溉、排涝、发电等)而定,底坡一般是由渠道大小结合地形条件确定,边坡系数 m 及糙率 n 则由土质及渠壁材料与施工、管理运用等条件而定。也就是已知 Q 、m 、n ,求渠道的水深 h 及底宽 b 。此问题有两个未知数(b 及 h),但只有一个方程式(明渠均匀流基本公式),由代数知,它可得出很多组答案。工程上一般是根据工程实际的要求,先确定其中的一个而求出另一个(给定 b 求 h 或给定 h 求 b);也可给出一个适宜的宽深比(渠道底宽与水深之比 $\beta = \frac{b}{h}$),然后求出 b 及 h。

若已知 Q 、m 、n 、i ,给定 b 求正常水深 h_0 ,因由 $Q = AC\sqrt{Ri}$ 中直接解出水深时需解高次方程,较麻烦,因此通常采用试算法或迭代法解决。具体计算方法见案例一。

4.2.2 已建成渠道的水力计算

(1)计算渠底坡度。已知渠道过水断面尺寸、糙率以及所要通过的流量，计算渠底坡 i 。根据明渠均匀流公式可知

$$i = \frac{Q^2}{A^2C^2R}$$

(2)校核渠道的过水能力。当渠道断面型式、尺寸、糙率、底坡等都已确定的情况下，计算其过水能力。实际是利用明渠均匀流公式 $Q = AC\sqrt{Ri}$ 计算流量。步骤如下：先根据水深 h 、底宽 b 及边坡系数 m 计算出过水断面面积 A 、湿周 χ 、水力半径 R 。再根据糙率 n 及水力半径 R 计算出 C 。最后，用明渠均匀流公式计算出流量。

(3)计算渠槽的糙率。这类问题是已知断面尺寸、底坡及实测出的流量，利用明渠均匀流公式反求糙率，即

$$n = \frac{A}{Q}R^{\frac{2}{3}}i^{\frac{1}{2}} \tag{4-22}$$

【例4-2】 灌溉工程，总干渠全长70 km，糙率 =0.025，断面为矩形，底宽为8 m，底坡 $i = \frac{1}{8\ 000}$，设计流量 $Q = 20\ m^3/s$。试校核当水深为3.90 m时，能否满足通过设计流量的要求。

解：因渠道较长，断面规则，比降及糙率固定，故可发生明渠均匀流，按明渠均匀流基本公式 $Q = AC\sqrt{Ri}$ 来计算。

$$A = bh = 8 \times 3.90 = 31.2(m^2)$$

$$\chi = b + 2h = 8 + 2 \times 3.90 = 15.8(m)$$

$$R = \frac{A}{\chi} = \frac{31.2}{15.8} = 1.97(m)$$

$$C = \frac{1}{n}R^{\frac{1}{6}} = \frac{1}{0.025} \times 1.97^{\frac{1}{6}} = 44.79(m^{\frac{1}{2}}/s)$$

则 $$Q = AC\sqrt{Ri} = 31.2 \times 44.79 \times \sqrt{1.97 \times \frac{1}{8\ 000}} = 21.93(m^3/s)$$

计算结果表明水深为3.90 m时，可满足设计流量的要求。

【案例一及解析】 一梯形断面渠道，已知 $Q = 0.8\ m^3/s$，$i = 1/1\ 000$，$n = 0.015$，$m = 1.0$，$b = 0.8$ m，求正常水深 h_0 。

解：1. 试算法

(1)由 $Q = AC\sqrt{Ri} = K_0\sqrt{i}$ 得

$$K_0 = \frac{Q}{\sqrt{i}} = \frac{0.8}{\sqrt{\frac{1}{1\ 000}}} = 25.3(m^3/s)$$

(2)按 $K = AC\sqrt{R}$，假设几个水深，求出相应的 K 值。

如设水深 $h = 1.0$ m，则

$$A = (b + mh)h = (0.8 + 1.0 \times 1.0) \times 1.0 = 1.8(m^2)$$

$$\chi = b + 2h\sqrt{1+m^2} = 0.8 + 2 \times 1.0 \times \sqrt{1+1.0^2} = 3.63(\text{m})$$

$$R = \frac{A}{\chi} = \frac{1.8}{3.63} = 0.496(\text{m})$$

$$C = \frac{1}{n}R^{\frac{1}{6}} = \frac{1}{0.015} \times 0.496^{\frac{1}{6}} = 59.31(\text{m}^{1/2}/\text{s})$$

$$K = AC\sqrt{R} = 1.8 \times 59.31 \times \sqrt{0.496} = 75.19(\text{m}^3/\text{s})$$

算出的 K 与 K_0 不同，应另外假设 h 进行计算，计算结果如表 4-12 所示。

表 4-12　正常水深试算表

假设水深 h（m）	面积 A（m^2）	湿周 χ（m）	水力半径 R（m）	谢才系数 C（$\text{m}^{1/2}/\text{s}$）	流量模数 K（m^3/s）
1.0	1.8	3.63	0.496	59.31	75.19
0.5	0.65	2.21	0.294	54.36	19.16
0.6	0.84	2.50	0.336	55.59	27.07
0.55	0.74	2.36	0.314	54.96	22.79
0.57	0.78	2.41	0.324	55.25	24.53

绘制 $K \sim h_0$ 关系曲线如图 4-7 所示，由该曲线上查出 $K_0 = 25.3$ 对应的 $h_0 = 0.58$ m，即为正常水深 h_0。

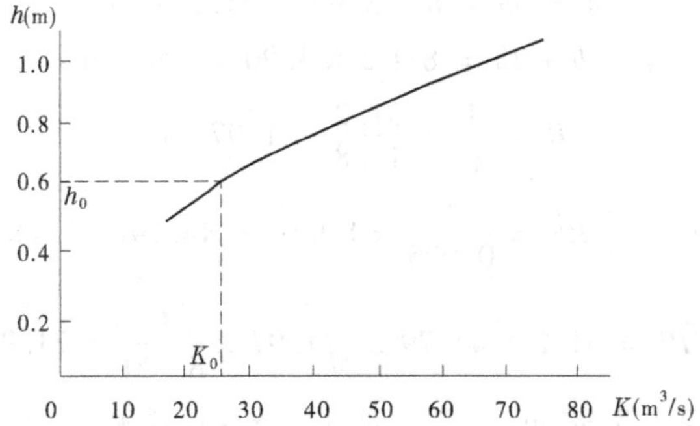

图 4-7

2. 图解法

为避免试算，可采用图解法（图见附录 Ⅰ），步骤如下：

（1）求 K_0（$K_0 = \frac{Q}{\sqrt{i}}$）；

（2）求 $\frac{b^{2.67}}{nK_0}$；

（3）根据边坡系数 m 及 $\frac{b^{2.67}}{nK_0}$ 值查附录 Ⅰ 得到水深 h 与底宽 b 的比值；

（4）计算出正常水深 h_0。

对已知 Q、m、n、i，给定 h 求 b 的情况，查附录Ⅱ可得底宽 b。

3. 迭代法

将梯形断面面积、湿周计算式 $A=(b+mh)h$、$\chi=b+2h\sqrt{1+m^2}$ 代入均匀流公式 $Q=\frac{A}{n}R^{\frac{2}{3}}i^{\frac{1}{2}}$，可得

$$\frac{Qn}{\sqrt{i}}=\frac{[(b+mh_0)h_0]^{\frac{5}{3}}}{(b+2h_0\sqrt{1+m^2})^{\frac{2}{3}}}$$

则正常水深 $h_0=\left(\frac{Qn}{\sqrt{i}}\right)^{\frac{3}{5}}\frac{(b+2h_0\sqrt{1+m^2})^{\frac{2}{5}}}{b+mh}$ (4-23)

式(4-23)称为正常水深计算的迭代式。本例中：

$$\left(\frac{Qn}{\sqrt{i}}\right)^{\frac{3}{5}}=\left(\frac{0.8\times0.015}{\sqrt{\frac{1}{1\ 000}}}\right)^{\frac{3}{5}}=0.559$$

则迭代式成为

$$h_0=0.559\times\frac{(0.8+2h_0\sqrt{1+1^2})^{\frac{2}{5}}}{0.8+1\times h_0} \tag{4-24}$$

第一次迭代，可令含有未知数的项为0，则

$$h_{01}=0.559\times\frac{0.8^{\frac{2}{5}}}{0.8}=0.639(\mathrm{m})$$

将此计算结果代入式(4-24)等号右边，得

$$h_{02}=0.559\times\frac{(0.8+2\times0.639\times\sqrt{2})^{\frac{2}{5}}}{0.8+0.639}=0.570(\mathrm{m})$$

重复上述过程得

$$h_{03}=0.559\times\frac{(0.8+2\times0.570\times\sqrt{2})^{\frac{2}{5}}}{0.8+0.570}=0.580(\mathrm{m})$$

$$h_{04}=0.559\times\frac{(0.8+2\times0.580\times\sqrt{2})^{\frac{2}{5}}}{0.8+0.580}=0.579(\mathrm{m})$$

$$h_{05}=0.559\times\frac{(0.8+2\times0.579\times\sqrt{2})^{\frac{2}{5}}}{0.8+0.579}=0.579(\mathrm{m})$$

直至计算出的结果与代入的数值相等为止，即为所求的正常水深 h_0。

对已知 Q、m、n、i，给定 h 求 b 这种情况，梯形过水断面底宽 b 的迭代式为

$$b=\left(\frac{Qn}{\sqrt{i}}\right)^{\frac{3}{5}}(b+2h_0\sqrt{1+m^2})^{\frac{2}{5}}\frac{1}{h_0}-mh_0 \tag{4-25}$$

【例4-3】 参考工程实例：山西省运城市夹马口灌区一混凝土U形断面渠道如图4-1(h)所示，设计流量 $Q=0.29\ \mathrm{m^3/s}$，$Q_{加大}=0.39\ \mathrm{m^3/s}$，底坡 $i=1/1\ 000$，渠道糙率 $n=0.015$。根据《灌溉与排水工程设计规范》(GB 50288—99)，工程规模为小型，工程级别为5级，要求确定其断面尺寸。

解:1. 设计流量下的最优解

U 形断面渠道设计主要是确定参数外倾角 θ、渠底半径 r、正常水深 h。正常工作条件下,渠道水力要素根据设计流量确定,其平均流速应满足渠道不冲不淤的要求。

(1)计算公式。

$$Q = AC\sqrt{Ri}$$

(2)试算。

①选 r。根据经验,山西省 U 形渠道渠底半径常取 0.30 ~ 0.45。

②选 K_r。按照经验,当渠顶以上挖深不超过 1.5 m,边坡系数小于 0.3,且渠线经过耕地时,参考《渠道防渗工程技术规范》(SL 18—2004)U 形渠道 K_r 值确定方法,见表 4-13,选定边坡系数 $m = 0.2$,K_r 取中间值 0.6,相应 $\theta = 157.4°$。

表 4-13　U 形渠道的 K_r 值

m	0	0.1	0.2	0.3	0.4
θ(°)	180	168.6	157.4	146.6	136.4
K_r	0.65 ~ 0.72	0.62 ~ 0.68	0.56 ~ 0.63	0.49 ~ 0.56	0.39 ~ 0.47

注:挖深大、土质好、土地价值高时取小值。

③估算正常水深数值。由 $K_r = \frac{r}{H} = 0.6$,当 r 在 0.3 ~ 0.45 内取不同值时,相应水深如表 4-14 所示。

表 4-14　K_r 试算过程

H	r	K_r
0.666 667	0.4	0.6
0.583 333	0.35	0.6
0.5	0.3	0.6
0.75	0.45	0.6

④将各试算组(H、r)值代入 U 形断面渠道试算公式中进行试算,见表 4-15。

最终试算出设计流量 $Q = 0.29$ m^3/s 时最优解 $r = 0.35$、$H = 0.58$、$\theta = 157.4°$($m = 0.2$)。此时渠道中水流流速 $v = 0.8$ m/s。按表 4-8 查得不冲流速 $v' = 8$ m/s,不淤流速 $v'' = 0.5$ m/s,满足不冲不淤流速要求。

2. 计算加大流量条件下的 H

(1)不改变原设计断面参数条件下,仅改变 H 来试算加大流量。使流量和流速满足加大流量渠道要求(见表 4-15 序号 5、6、7)。

(2)经试算,当 $H = 0.69$、$r = 0.35$、$\theta = 157.4°$($m = 2$)时,流量 $Q = 0.39$。可得正常水深为 0.69 m。

3. 超高选取

U 形渠道衬砌超高参照《山西省渠道防渗工程技术手册》,按表 4-16 选定。

表4-15　U形断面渠道水力计算

序号	i（坡度）	n	输入项	θ（弧度，rad）	m	输入项	输入项	输出项	b（m）	A（m^2）	χ（湿周，m）	输出项	R（水力半径，m）	C（谢才系数）	v（流速，m/s）
			θ（°）			H（m）	r（m）	K_r				Q（m^3/s）			
1	0.001	0.015	157.4	2.747	0.200	0.500	0.300	0.600	0.588	0.272	1.352	0.197	0.201	51.031	0.723 798
2	0.001	0.015	157.4	2.747	0.200	0.670	0.400	0.597	0.784	0.487	1.809	0.427	0.269	53.561	0.878 328
3	0.001	0.015	157.4	2.747	0.200	0.580	0.350	0.603	0.686	0.367	1.570	0.294	0.234	52.333	0.800 551
4	0.001	0.015	157.4	2.747	0.200	0.800	0.450	0.563	0.883	0.664	2.130	0.644	0.312	54.901	0.969 588
5	0.001	0.015	157.4	2.747	0.200	0.609	0.350	0.574	0.686	0.391	1.630	0.319	0.240	52.555	0.814 193
6	0.001	0.015	157.4	2.747	0.200	0.650	0.350	0.538	0.686	0.425	1.713	0.354	0.248	52.842	0.832 157
7	0.001	0.015	157.4	2.747	0.200	0.690	0.350	0.507	0.686	0.459	1.795	0.389	0.255	53.105	0.848 821

表 4-16 U 形渠道衬砌超高值

加大流量(m^3/s)	<0.5	0.5~1.0	1.0~10	10~30
衬砌超高(m)	0.1~0.15	0.15~0.2	0.2~0.35	0.35~0.5

选超高值 0.15 m，计算得渠高 =0.69+0.15=0.84(m)，取渠高 0.85 m。

即 U 形渠道断面参数如下：

$$h=0.85\ \text{m}、r=0.35\ \text{m}、\theta=157.4°(m=2)$$

说明：在本案例计算过程中 m 选择了 0.2，也可根据经验选择 $m=0.3$ 进行另一组试算。

任务 3 河渠水面曲线分析计算

1 概述

明渠均匀流是发生在断面形状、尺寸、底坡和糙率不变的长直渠道中的水流。其特征是流速、水深沿程不变，水面线是平行于渠底线的一条直线。然而在工程实际中，为了控制水流，满足输水要求，往往需要在渠道上修建各种水工建筑物，这就使渠道中的水流不能始终都保持均匀流动，而发生明渠非均匀流动。明渠非均匀流的特征是流速和水深沿程变化，其水面不是直线而是曲线（称为水面曲线），水力坡度、水面坡度与渠底坡度互不相等，即

$$J \neq J_p \neq i$$

明渠非均匀流的水面曲线一般有两类：一类是水深沿流程增加的壅水曲线；另一类是水深沿流程减小的降水曲线。

明渠非均匀流动，可分为渐变流动和急变流动两种。急变流发生在建筑物上、下游附近，距离较短，可以看做是局部现象。非均匀急变流动问题，目前多采用试验方法解决。对于整段的明渠非均匀渐变流动问题，可以从理论上进行分析研究。

本部分主要任务是研究非均匀渐变流水面曲线的变化规律和计算方法，以解决水利工程中提出的问题。例如，在河道上建坝后，需要计算壅水曲线以确定水库的淹没范围；在渠道上修建陡坡后，需要计算陡坡上的降水曲线以确定陡坡边墙的高度等。

2 明渠非均匀流的一些基本概念

2.1 明渠水流的三种流态

在明渠水流中存在着三种不同的水流状态——缓流、急流及临界流，可以通过一个简单的水流现象来阐明。若在静水中沿铅垂方向丢下一个石块，此时水的表面将产生一个微小的波动，这个波动以石子着落点为中心，以一定的速度 v_w（微波传播的相对速度）向四周传播，假若水流没有摩阻力存在，则这种扰动将不变波形和波速而传播到无限远处。但实际上由于水流存在着摩阻力，波在传播过程中将逐渐衰退乃至消失。若把石子投入流动着的明渠水流中，当水流断面平均流速 v 小于微波传播的相对速度 v_w 时，波将以绝

对速度 $v'_w = v - v_w$ 向上游传播，而同时又以绝对速度 $v'_w = v + v_w$ 向下游传播，具有这种特征的水流称为缓流。当断面平均流速 v 等于或大于微波传播的相对速度时，波只能是以绝对速度 $v'_w = v + v_w$ 向下游传播，而对上游水流不发生任何影响。我们把明渠水流速度 v 等于、大于微波相对速度 v_w 的水流分别称为临界流、急流。图4-8(a)、(b)、(c)、(d)分别表示微波在静水、缓流、临界流、急流中传播的情况。

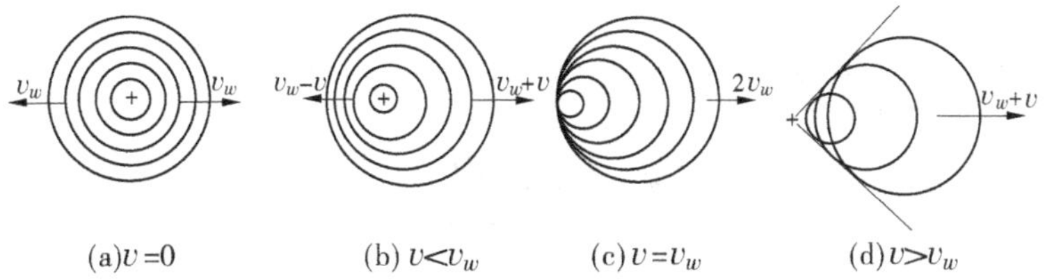

图4-8 三种流态

根据明渠水流的断面平均流速 v 与微波相对速度 v_w 的关系，可得出如下判别关系：

当 $v < v_w$ 时，水流为缓流；

当 $v = v_w$ 时，水流为临界流；

当 $v > v_w$ 时，水流为急流。

上述分析表明，为了判别明渠水流的流态，需确定微波传播的相对速度 v_w 值。从波的理论可推证，微波在明渠中传播的相对速度 v_w 为

$$v_w = \sqrt{g\bar{h}} \tag{4-26}$$

式中 $\bar{h}$——渠道断面平均水深，为断面面积与水面宽度的比值，即 $\bar{h} = \dfrac{A}{B}$。

2.2 弗汝德数 Fr

断面平均流速 v 与相对波速 $v_w = \sqrt{g\bar{h}}$ 的比值称为弗汝德数 Fr。

$$Fr = \frac{v}{\sqrt{g\bar{h}}} \tag{4-27}$$

因弗汝德数反映的是水流断面平均流速 v 和相对波速 v_w 的比值，所以可以用弗汝德数来判别水流流态。

$v = v_w$　　$Fr = 1$ 时，水流为临界流；

$v < v_w$　　$Fr < 1$ 时，水流为缓流；

$v > v_w$　　$Fr > 1$ 时，水流为急流。

弗汝德数在水力学中是一个极重要的判别数，为了加深对该数的理解，我们研究一下它的物理意义。我们把它的表达式改写为下式

$$Fr = \frac{v}{\sqrt{g\bar{h}}} = \sqrt{\frac{2\dfrac{v^2}{2g}}{\bar{h}}} \tag{4-28}$$

由上式可看出，弗汝德数反映了过水断面上水流的单位动能与单位势能之间的比例关系，随着两者比例关系的不同(比值变化)，则水流流态就不同。当断面水流中单位势

能恰好等于 2 倍单位动能的时候，$Fr = 1$，水流是临界流；当断面水流中单位势能大于 2 倍单位动能时，$Fr < 1$，则水流是缓流，反之，$Fr > 1$ 则是急流。

2.3　断面单位能量(断面比能)

断面单位能量(断面比能)就是基准面取在过水断面最低点处该断面单位重量的液体所具有的位能 h 和动能 $\frac{v^2}{2g}$ 的总和。其中，h 为断面最大水深(见图 4-9)，v 为该过水断面的平均流速，将 $v = \frac{Q}{A}$ 代入断面单位能量关系式中，则得

$$E_s = h + \frac{\alpha Q^2}{2gA^2} \tag{4-29}$$

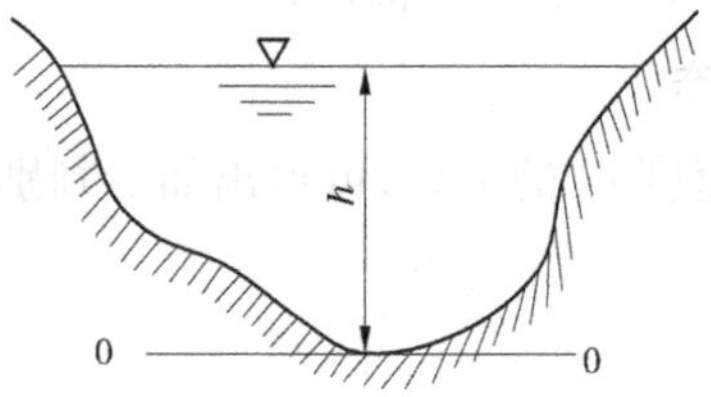

图 4-9

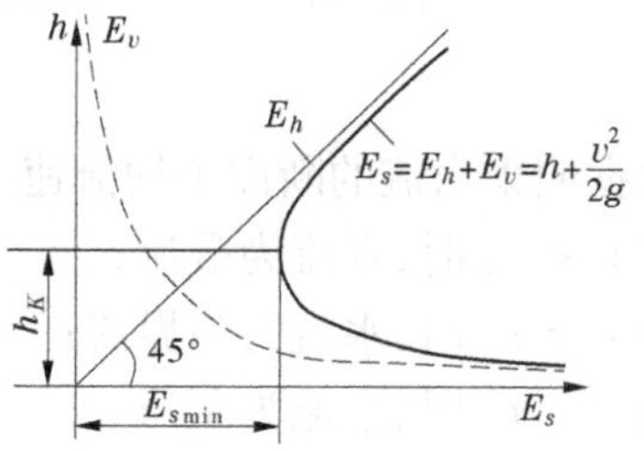

图 4-10

由上式可知，当渠道流量不变，且渠槽断面形状与尺寸一定时，断面单位能量 E_s 是水深 h 的函数，如图 4-10 所示，这条曲线称为断面单位能量曲线。从断面单位能量曲线 E_s 可以看出，水深由零变至无穷大时，断面单位能量 E_s 由无穷大经过有限值再变到无穷大，所以必然有某个水深 h 所对应的 E_s 值最小。这个水深以 h_K 表示，叫临界水深。临界水深将断面单位能量曲线分为上下两支，上支断面单位能量 E_s 随水深 h 的增加而增大，即 $\frac{dE_s}{dh} > 0$，下支断面单位能量 E_s 随水深 h 的增加而减小，$\frac{dE_s}{dh} < 0$。

2.4　临界水深

临界水深是一个很重要的水深，它能反映水流所处的状态和特征。因此，对这个水深要作进一步的分析。由上述可知，临界水深是渠道流量、断面形状和尺寸一定时，断面单位能量最小时的水深。所以，可用求极值的方法确定它，即利用式(4-27)对水深取导数，令其一阶导数等于零，得出确定临界水深的关系式

$$\frac{dE_s}{dh} = 1 - \frac{\alpha Q^2}{gA^3}\frac{dA}{dh} \tag{4-30}$$

由图 4-11 可知 $dA = Bdh$（B 为水面宽度），所以，$\frac{dA}{dh} = B$，代入上式可得

$$\frac{dE_s}{dh} = 1 - \frac{\alpha Q^2}{gA^3}B \tag{4-31}$$

当 $\frac{dE_s}{dh} = 0$ 时的水深，即为临界水深 h_K，通常把与 h_K 相应的各水力要素也加角码

“K”。于是得出

$$1 - \frac{\alpha Q^2}{gA^3}B_K = 0 \tag{4-32}$$

$$\frac{\alpha Q^2}{g} = \frac{A_K^3}{B_K} \tag{4-33}$$

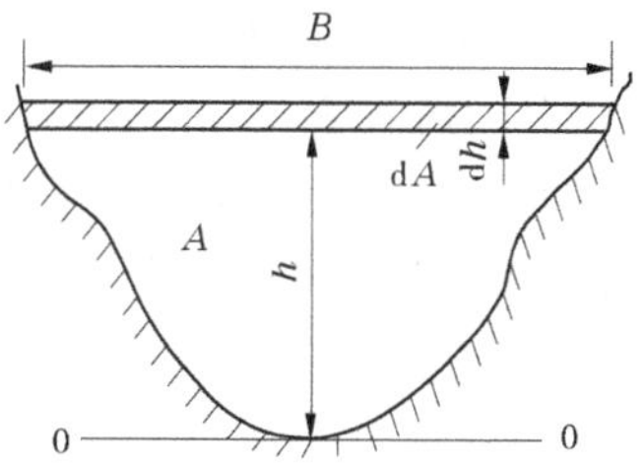

图 4-11

式(4-33)称为临界流方程,当给定流量、断面形式和尺寸时,即可求出 h_K。

应注意:临界水深 h_K 仅与流量及断面形式、尺寸有关,而与明渠糙率及底坡大小无关。

对于矩形渠槽,$A = Bh$,令 $q = \frac{Q}{B}$,代入式(4-33)整理得

$$h_K = \sqrt[3]{\frac{\alpha q^2}{g}} \tag{4-34}$$

式中 q——单位宽度渠槽上通过的流量,$m^3/(s \cdot m)$;

α——流速分布不均匀系数,可采用 1.00~1.10。

对梯形和其他形状的断面,其临界水深可以用式(4-33)试算得出,也可以用计算图(附录Ⅲ)计算。

因为临界水深是断面比能曲线上断面比能最小值对应的水深,此时

$$\frac{dE_s}{dh} = 1 - \frac{\alpha Q^2}{gA^3}\frac{dA}{dh} = 1 - \frac{\alpha v^2}{g\frac{A}{B}} = 1 - Fr^2 = 0 \tag{4-35}$$

即当水深 $h = h_K$ 时,$Fr = 1$,水流为临界流;当 $h > h_K$ 时,在流量、断面形状、尺寸一定时,$v < v_K < v_w$,即 $Fr < 1$,水流为缓流;同样,当 $h < h_K$ 时,$Fr > 1$,水流为急流。

2.5 临界坡度、陡坡和缓坡

在渠槽形式和流量一定的情况下,临界水深是可计算出来的,它与渠底比降无关,而渠槽的正常水深却随底坡 i 的不同而变化着,使正常水深等于临界水深时的那个底坡叫临界底坡,以 i_K 表示。

在顺坡渠道($i > 0$)上,实际底坡 i 与临界底坡 i_K 相比较,有下列三种情况:

$i < i_K$,叫缓坡,在缓坡上发生均匀流时,$h_0 > h_K$;

$i > i_K$,叫陡坡,在陡坡上发生均匀流时,$h_0 < h_K$;

$i = i_K$,叫临界坡,在临界坡上发生均匀流时,$h_0 = h_K$。

根据临界坡度的定义,临界坡度 i_K 可由联立求解下列两式得出:

$$\begin{cases} Q = A_K C_K \sqrt{R_K i_K} = K_K \sqrt{i_K} & ① \\ \dfrac{\alpha Q^2}{g} = \dfrac{A_K^3}{B_K} & ② \end{cases}$$

①、②两式联立求解得

$$i_K = \frac{g\chi_K}{\alpha C_K^2 B_K} \tag{4-36}$$

式中，A_K、B_K、C_K、R_K、χ_K、K_K 等为临界水深相应的各水力要素。

由上式可看出，临界坡度是随流量与断面形状、尺寸及糙率而变化的。因此，实际渠道的底坡在通过某流量时是缓坡，但在通过其他流量时则不一定是缓坡，因其衡量的标准(临界底坡)不一样了。这是应该特别加以注意的。

为了便于记忆，将流态判别方法及其标准归纳见表4-17。

表4-17 流态判别方法归纳

判别方法		流态		
		缓流	临界流	急流
均匀流或非均匀流	v_w	$v < v_w$	$v = v_w$	$v > v_w$
	Fr	$Fr < 1$	$Fr = 1$	$Fr > 1$
	h_K	$h > h_K$	$h = h_K$	$h < h_K$
均匀流	h_K	$h_0 > h_K$	$h_0 = h_K$	$h_0 < h_K$
	i_K	$i < i_K$	$i = i_K$	$i > i_K$

【例4-4】 有一矩形断面渠道，底宽 $b=4$ m，$Q=22$ m³/s，水深 $h=2.4$ m。①用各种方法判别渠中水流流态；②若渠中水流为均匀流，试判别渠道底坡是缓坡还是陡坡。

解： 1. 判别水流流态

(1)用"v_w"判别。

渠中水流流速为

$$v = \frac{Q}{A} = \frac{22}{2.4 \times 4} = 2.29(\text{m/s})$$

相对波速

$$v_w = \sqrt{gh} = \sqrt{9.8 \times 2.4} = 4.85(\text{m/s})$$

$v < v_w$，因此渠中水流为缓流。

(2)用"Fr"判别。

$$Fr = \frac{v}{\sqrt{gh}} = \frac{2.29}{4.85} = 0.472 < 1$$

水流为缓流

(3)用"h_K"判别。

$$h_K = \sqrt[3]{\frac{\alpha q^2}{g}} = \sqrt[3]{\frac{\left(\frac{22}{4}\right)^2}{9.8}} = 1.46(\text{m})$$

$h = 2.4\ \text{m} > h_K = 1.46\ \text{m}$，因此水流为缓流。

2. 渠道底坡判别

因渠中水流为均匀流时，正常水深 $h_0 = 2.4\ \text{m} > h_K = 1.46\ \text{m}$，故渠道底坡为缓坡。

任务4 水跌和水跃

水跌和水跃是不同流态的明渠水流在相互衔接过程中发生的局部水力现象。下面分别研究这两种水力现象的特点及有关问题。

1 水跌

当明渠水流状态从缓流过渡到急流，即水深从大于临界水深减至小于临界水深时，水面有连续而急剧的降落。这种降落现象叫做水跌，如图4-12(a)所示。

图4-12(b)为一缓坡($i < i_K$)棱柱体渠槽的纵剖面图，C—C 处有一跌坎，由于过坎后水流为自由跌落，因而阻力小，重力作用显著，引起在跌坎上游附近水面急剧下降，并以临界流的状态通过突变的断面 C—C 处，由缓流变为急流，形成水跌现象。

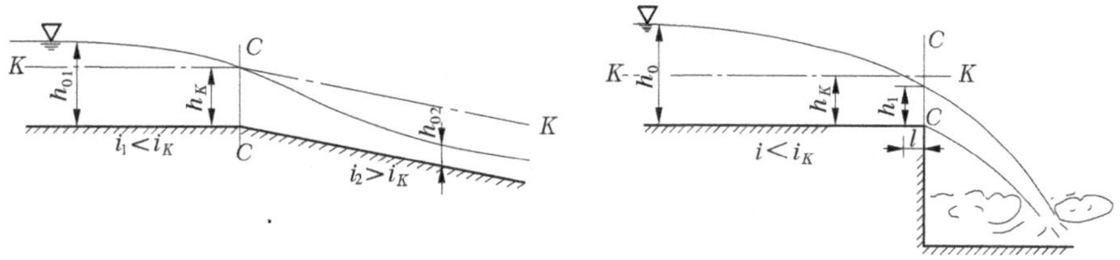

(a) (b)

图4-12

试验证明，突变断面 C—C 处的水深不是临界水深，临界水深发生在跌坎偏上游处。这是由于跌坎断面处水流是急变流，因此作用在跌坎断面上的水压力小于按直线分布的压力，因而跌坎处实际流速较大，其水深较计算的临界水深小。但工程实践中常认为跌坎处水深为临界水深，由此而引起的误差是允许的。

概括地说，水流从缓流过渡为急流时发生水跌现象，水面线是一个连续而急剧的降落曲线，并且必然经过临界水深，而临界水深就在水流条件突然改变的断面上。

2 水跃

2.1 水跃现象

当明渠水流从急流过渡到缓流，即水深从小于临界水深加至大于临界水深时，是以自由水面突然升高的形式完成的，这种水面急剧升高的现象叫做水跃。

水跃可分为两部分：一部分是急流冲入缓流所激起的表面旋流，翻腾滚动，饱掺空气，不透明，通常称为表面水(旋)滚区；另一部分是水滚区下的主流区，流速由快变慢，水深由小变大。须注意，水滚区与主流区并不是截然分开的，相反，在两者的交界面上流速变化很大，紊动混掺极强，两者之间有着不断的质量交换。在此突变过程中，水流内部发生剧烈的摩擦和撞击作用，消耗了巨大的动能。由于水跃的消能效果较好，常作为泄水建筑物下游水流衔接的一种有效消能方式。

2.2　水跃方程——共轭水深的计算

工程中常常遇到平底（$i=0$）明渠中发生水跃的情况。如底坡虽不为零但较缓，亦可按 $i=0$ 的情况计算。图 4-13 为一平底棱柱体明渠。在紧靠水跃区的前后取渐变流断面 1—1 和断面 2—2。跃前断面 1—1 的水深 h' 叫跃前水深，跃后断面 2—2 的水深 h'' 叫跃后水深。由于跃前水深和跃后水深存在着一一对应的关系，所以称它们为共轭水深。通常把跃前水深叫做第一共轭水深，跃后水深叫做第二共轭水深。跃后水深与跃前水深之差叫水跃高度。跃前、跃后两断面间的水平距离 L_j，叫水跃长度。水跃的主要计算任务是求共轭水深，即已知 h'（或 h''）计算 h''（或 h'），以及计算水跃长度 L_j。h' 及 h'' 的关系式就是水跃方程式。

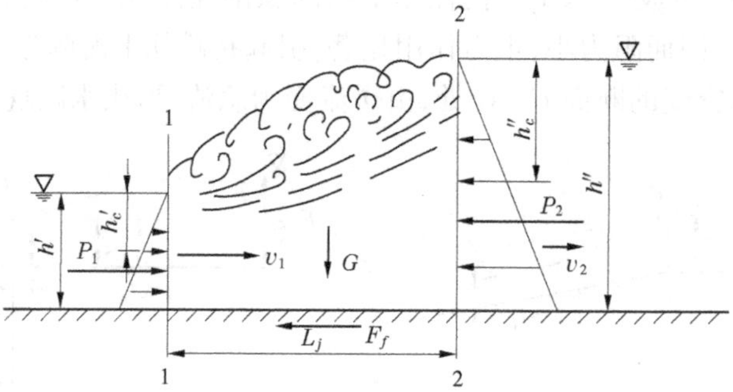

图 4-13

水跃区的水流极为混乱，无法应用能量方程式计算水跃中的能量损失，因而无法确定跃前水深和跃后水深的关系，所以用动量方程式来推求。

根据实际情况，考虑主要矛盾，合理地进行如下假定：

（1）水跃区较短，水流与槽身接触面上的摩阻力可忽略不计，即 $F_f=0$；

（2）跃前、跃后两过水断面符合渐变流条件，故 $P_1=\gamma h_{c1}A_1$，$P_2=\gamma h_{c2}A_2$。

从上述假定条件出发，以断面 1—1 及 2—2 所包围的水体为脱离体，写出投影于水流方向的动量方程式，整理后得到棱柱体平底明渠的水跃方程：

$$\frac{\alpha Q^2}{gA_1}+h_{c1}A_1=\frac{\alpha Q^2}{gA_2}+h_{c2}A_2 \tag{4-37}$$

当流量和渠道的断面形状、尺寸一定时，则上式的左右两边分别为跃前水深 h' 和跃后水深 h'' 的函数，该函数叫水跃函数，并用 $J(h)$ 表示，即

$$J(h)=\frac{Q^2}{gA}+h_cA \tag{4-38}$$

因此，水跃方程也可用水跃函数表达为：

$$J(h')=J(h'') \tag{4-39}$$

上式说明：在平底棱柱体明渠中，对于某一流量 Q，具有相同水跃函数 $J(h)$ 的两个水深，就是共轭水深。如以 h 为纵坐标，$J(h)$ 为横坐标，在流量及断面形式、尺寸一定的情况下，给定一系列 h 值，可算出相应的水跃函数值。点绘于直角坐标系上，用光滑曲线连接起来，便得出 $h\sim J(h)$ 关系曲线，也叫水跃函数曲线（见图 4-14）。

当已知 h' 求 h'' 时，可根据 h' 值绘水平线与曲线下支交于 b 点，通过 b 点绘铅垂线与

曲线上支交于 c 点，由 c 点绘水平线，在纵坐标上求得与 h' 相应的 h''（如图 4-14 中虚线箭头所示）。

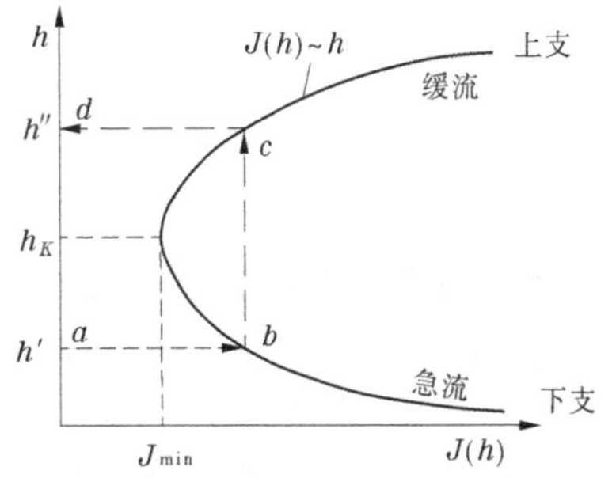

图 4-14

从 $h \sim J(h)$ 曲线的形状可知，h' 愈小，则 h'' 愈大；h' 愈大，则 h'' 愈小。当 $J(h)$ 为最小值时，相应的水深为临界水深 h_K。曲线的上部 $h'' > h_K$，水流属缓流。曲线的下部 $h' < h_K$，水流属急流。

泄水建筑物下游明渠的断面常为矩形。将 $A_1 = bh_1$、$A_2 = bh_2$、$h_{c1} = \dfrac{h'}{2}$、$h_{c2} = \dfrac{h''}{2}$、$Q = bq$ 代入水跃方程式(4-37)，整理得到矩形平底棱柱体渠道的水跃方程如下：

$$h' = \frac{h''}{2}\left(\sqrt{1 + \frac{8\alpha q^2}{gh''^3}} - 1\right) \tag{4-40}$$

$$h'' = \frac{h'}{2}\left(\sqrt{1 + \frac{8\alpha q^2}{gh'^3}} - 1\right) \tag{4-41}$$

$$h' = \frac{h''}{2}\left(\sqrt{1 + 8Fr_2^2} - 1\right) \tag{4-42}$$

$$h'' = \frac{h'}{2}\left(\sqrt{1 + 8Fr_1^2} - 1\right) \tag{4-43}$$

$$h' = \frac{h''}{2}\left(\sqrt{1 + \frac{8h_K^3}{h''^3}} - 1\right) \tag{4-44}$$

$$h'' = \frac{h'}{2}\left(\sqrt{1 + \frac{8h_K^3}{h'^3}} - 1\right) \tag{4-45}$$

【例 4-5】 矩形渠道中发生水跃，跃前水深 $h' = 0.7$ m，流量 $Q = 36$ m³/s，渠底宽 $b = 10$ m，试计算第二共轭水深 h''。

解： 单宽流量

$$q = \frac{Q}{b} = \frac{36}{10} = 3.6(\mathrm{m^3/s})$$

则第二共轭水深

$$h'' = \frac{h'}{2}\left(\sqrt{1 + \frac{8\alpha q^2}{gh'^3}} - 1\right) = \frac{0.7}{2} \times \left(\sqrt{1 + \frac{8 \times 3.6^2}{9.8 \times 0.7^3}} - 1\right) = 1.63(\mathrm{m})$$

2.3 水跃长度

因水跃的水流现象比较复杂，水跃长度的计算目前还无理论的方法，只能用经验公式计算。实际工程中最常用的公式有：

(1) 欧勒佛托斯基公式

$$L_j = 6.9(h'' - h') \tag{4-46}$$

(2) 切尔托乌索夫公式

$$L_j = 10.3h'(Fr_1 - 1)^{0.81} \tag{4-47}$$

(3)吴持恭公式

$$L_j = 10(h'' - h')Fr^{-0.32} \tag{4-48}$$

(4)陈椿庭公式

$$L_j = 9.4(Fr - 1)h' \tag{4-49}$$

2.4 水跃与下游水流衔接形式

实际工程中(如溢流坝坝趾处水流)一般均为急流(见图 4-15),坝趾处有一收缩水深 h_c,而下游水深 t 取决于下游河槽的水力特性,一般为缓流。从急流到缓流一定会以水跃的形式衔接。以 h'_c 为跃前水深代入水跃方程式中可计算出与其共轭的跃后水深 h''_c,此 h''_c 与实际的下游水深 t 相比,有以下三种可能:

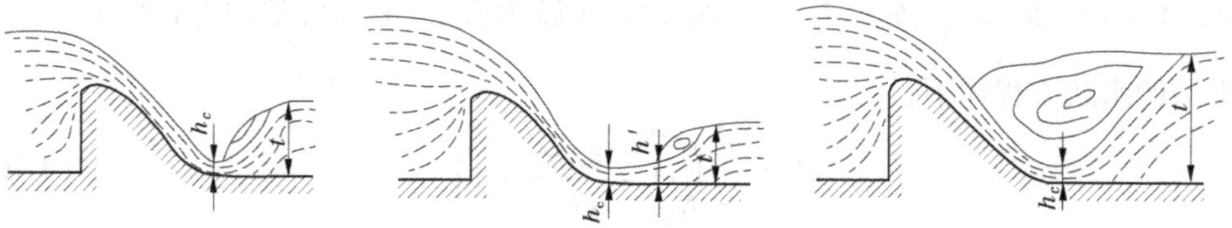

(a)$h''_c=t$　(b)$h''_c>t$　(c)$h''_c<t$

图 4-15

(1)当 $h''_c = t$ 时,水跃由收缩断面 h_c 处开始发生(见图 4-15(a))。这种水跃衔接,叫临界式水跃。

(2)当 $h''_c > t$ 时,从水跃函数曲线可知,较小的跃后水深对应着较大的跃前水深,此时的下游水深 t 要求一个大于 h_c 的跃前水深 h' 与之相应,这样从建筑物下泄的水流将继续以急流向下游流动,流动过程中由于摩阻力的作用,水深逐渐增大,至某一断面处,其水深恰与下游水深 t 所要求的跃前水深 h' 相等时,水跃就在该断面处发生(见图 4-15(b))。这种水跃叫远离式水跃。

(3)当 $h''_c < t$ 时,下游水深要求一个比 h_c 更小的跃前水深与之相应。因收缩断面水深 h_c 是建筑物下游的最小水深,所以不可能找到一个比 h_c 更小的水深。那么这个水跃应该在哪里发生呢?从远离水跃发生的位置可知,当下游水深逐渐加大时,它所要求的跃前水深便逐渐缩小,则水跃发生的位置离开建筑物的距离则越来越近,当下游水深增大到等于 h''_c 时,水跃便在收缩断面处发生,即为临界式水跃;如果下游水深再增大,水跃将继续向前移动,将收缩断面淹没而涌向建筑物(见图 4-15(c)),这种水跃是淹没式水跃。

可见,按水跃在建筑物下游发生的位置可分为远离式、临界式和淹没式水跃三种形式,由于远离式水跃和建筑物间有一流速较大的急流段,为防止冲刷,建筑物下游砌护工程量较大,故工程上不采用远离式水跃消能。临界式水跃由于不稳定,所以也不采用。一般工程上都采用具有一定淹没程度的淹没式水跃连接。

水跃形状取决于跃前急流断面的弗汝德数 Fr,大致有以下五种:

(1)波状水跃,发生于 $1.0 < Fr \leq 1.7$ 时。其水面形成起伏的波浪,浪高向下游衰减,这种水跃的消能率(通过水跃单位能量的消耗 ΔE 与跃前断面的单位能量 E_1 之比)很低。

(2)弱水跃,发生于 $1.7 < Fr \leqslant 2.5$ 时。其表面有一系列小旋涡,跃高较小,下游水面较平静,消能率低,一般小于20%。

(3)颤动水跃,发生于 $2.5 < Fr \leqslant 4.5$ 时。由于较高流速的底流间歇地向水面窜升,使水面产生大的波浪,并向下游传播,从而引起岸坡的冲刷,消能率可达20%~45%。

(4)稳定水跃,发生于 $4.5 < Fr \leqslant 9.0$ 时。水跃保持十分稳定的均衡状态,下游水面比较平静,消能率可达45%~70%。这是一种底流消能较为理想的水跃。

(5)强水跃,发生于 $Fr > 9.0$ 时。这种水跃流态汹涌,水面有波浪,消能率可达85%。

任务5 棱柱体渠道非均匀渐变流水面曲线分析与计算

1 明渠非均匀渐变流微分方程

1.1 明渠恒定非均匀渐变流基本方程

棱柱体渠道非均匀渐变流水面曲线分析与计算前,应对水面曲线的性质、形状有一个概括的认识,这对于正确地定量计算水面曲线有很大好处。

如图4-16所示,在底坡为 i 的明渠渐变流中,沿水流方向取两个相距 Δl 的断面1—1和2—2,以1—1和2—2断面的水面点为代表点,对基准面0—0列能量方程:

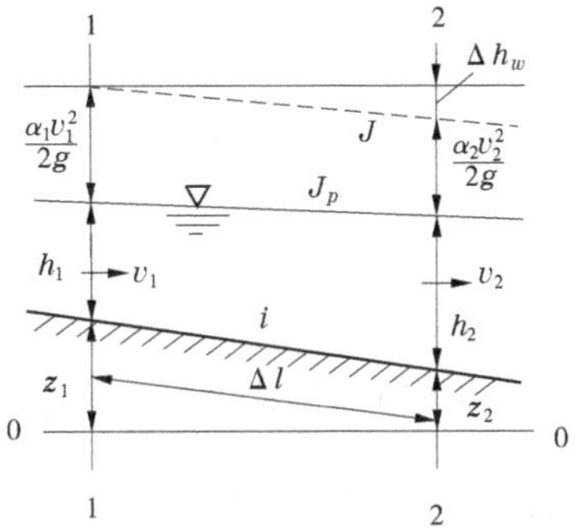

图4-16

$$\left(h_2 + \frac{\alpha_2 v_2^2}{2g}\right) - \left(h_1 + \frac{\alpha_1 v_1^2}{2g}\right) = (z_1 - z_2) - \Delta h_w$$

因 $h_2 + \frac{\alpha_2 v_2^2}{2g} = E_{s2}$,$h_1 + \frac{\alpha_1 v_1^2}{2g} = E_{s1}$,$z_1 - z_2 = i\Delta l$,$\Delta h_w = \bar{J}\Delta l$,则

$$E_{s2} - E_{s1} = i\Delta l - \bar{J}\Delta l$$

令 $E_{s2} - E_{s1} = \Delta E_s$,则

$$\frac{\Delta E_s}{\Delta l} = i - \bar{J} \text{ 或 } \Delta l = \frac{\Delta E_s}{i - \bar{J}} \tag{4-50}$$

写成微分形式

$$\frac{\mathrm{d}E_s}{\mathrm{d}l} = i - J \tag{4-51}$$

式(4-50)和式(4-51)均为明渠恒定非均匀渐变流基本方程式,它是计算棱柱体及非棱柱体渠道水面曲线的基本公式,也是推证水面曲线微分方程式的基础。

1.2 棱柱体渠道水面曲线微分方程

在棱柱体渠道中,当流量、断面形状和尺寸一定时,断面单位能量 E_s 是水深 h 的函数,即 $E_s = f(h)$。而水深又是流程 l 的函数,即 $h = \varphi(l)$。所以,断面单位能量是流程的复合函数。根据高等数学复合函数求导数的概念,可得下式

$$\frac{\mathrm{d}E_s}{\mathrm{d}l} = \frac{\mathrm{d}E_s}{\mathrm{d}h}\frac{\mathrm{d}h}{\mathrm{d}l}$$

所以

$$\frac{dh}{dl} = \frac{\frac{dE_s}{dl}}{\frac{dE_s}{dh}}$$

将 $\frac{dE_s}{dl} = i - J$ 以及 $\frac{dE_s}{dh} = 1 - Fr^2$ 代入可得

$$\frac{dh}{dl} = \frac{i - J}{1 - Fr^2} \tag{4-52}$$

根据谢才公式可知

$$Q = AC\sqrt{RJ} = K\sqrt{J}$$

$$J = \frac{Q^2}{K^2}$$

则

$$\frac{dh}{dl} = \frac{i - \frac{Q^2}{K^2}}{1 - Fr^2} \tag{4-53}$$

当明渠的断面形状、尺寸及流量没有发生变化时，$Q = K_0\sqrt{i}$，代入上式整理得

$$\frac{dh}{dl} = \frac{i - \frac{K_0^2}{K^2}i}{1 - Fr^2} = i\frac{1 - (\frac{K_0}{K})^2}{1 - Fr^2} \tag{4-54}$$

式(4-52)为棱柱体渠道恒定渐变流水面曲线的微分方程式，它表示了水深沿流程变化的规律。从式(4-54)可看出：水深沿程变化率 $\frac{dh}{dl}$ 的值，与渠底坡度 i 及 $\frac{K_0^2}{K^2}$ 和 Fr^2 的数值有关。由于 K 代表实际水流的流量模数，K_0 表示均匀流时的流量模数，所以 $\frac{K_0}{K}$ 就表示非均匀流与同一水流在同一渠道中作均匀流时的比较。因此，方程式的分子代表着水流的不均匀程度；分母中包含着弗汝德数 (Fr)，代表水流的缓急程度。这说明水面曲线与底坡 i、实际水深 h、正常水深 h_0、临界水深 h_K 的大小及对比关系有关。

2　水面曲线的分类

从水面曲线微分方程式中得知，在棱柱体明渠中，当流量、断面形状、尺寸一定时，水面曲线的性质、形状，会根据渠道底坡和正常水深、临界水深及其之间的关系等的不同而各异，即水面曲线的分类是与这些因素紧紧相连的。因此，必须根据不同底坡以及不同底坡上正常水深与临界水深间的相互关系来讨论水面曲线的分类问题。

大家知道，明渠底坡有顺坡、平坡及逆坡三种，顺坡又可分为缓坡、陡坡、临界坡三种，共有五种底坡。将各种底坡，以及在各种底坡上正常水深与临界水深的相互关系列出如下：

顺坡($i>0$)	缓坡	$0 < i < i_K$	$h_0 > h_K$
	陡坡	$i > i_K$	$h_0 < h_K$
	临界坡	$i = i_K$	$h_0 = h_K$

平坡($i = 0$),不会发生均匀流,无正常水深,但有临界水深。

逆坡($i < 0$),不会发生均匀流,无正常水深,但有临界水深。

在五种底坡的纵断面图上(见图4-17),画出与渠底线相距(铅直)为正常水深 h_0 的平行线 $N—N$,即为表示在渠内产生均匀流动时的水面线,叫正常水深线。同样可绘出临界水深线 $K—K$ 。在不同的底坡情况下, h_0 及 h_K 的相对位置不同,如陡坡时 $h_0 < h_K$, $N—N$ 线在 $K—K$ 线之下,缓坡时 $h_0 > h_K$, $N—N$ 线在 $K—K$ 线之上。但不管怎样,都可以将水流空间分为三个区。现规定: $N—N$ 线与 $K—K$ 线之上的流区叫 a 区; $N—N$ 线与 $K—K$ 线之间的叫 b 区; $N—N$ 线与 $K—K$ 线之下、底坡线以上的流区叫 c 区。

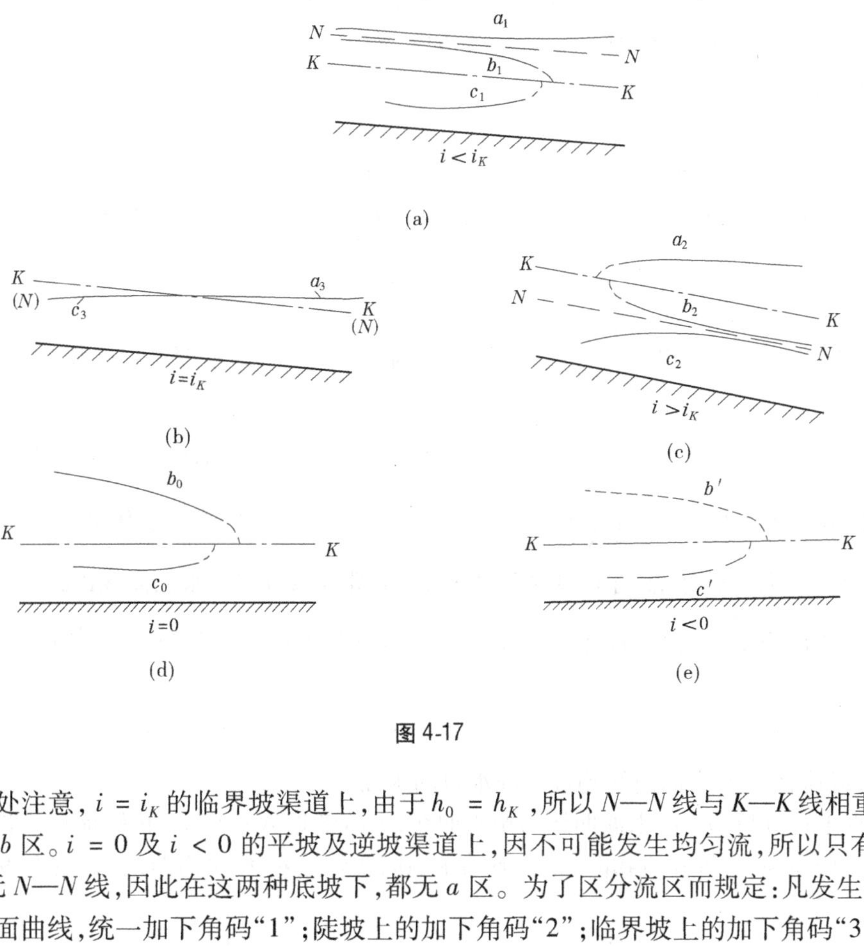

图4-17

此处注意, $i = i_K$ 的临界坡渠道上,由于 $h_0 = h_K$,所以 $N—N$ 线与 $K—K$ 线相重合,因而没有 b 区。$i = 0$ 及 $i < 0$ 的平坡及逆坡渠道上,因不可能发生均匀流,所以只有 $K—K$ 线,而无 $N—N$ 线,因此在这两种底坡下,都无 a 区。为了区分流区而规定:凡发生在缓坡上的水面曲线,统一加下角码"1";陡坡上的加下角码"2";临界坡上的加下角码"3";平坡上的加下角码"0";逆坡上的在右上角加角码"′"。这样,顺坡棱柱体渠道中的水面曲线共有八种,即 a_1、b_1、c_1、a_2、b_2、c_2、a_3、c_3;平坡两种,b_0、c_0;逆坡两种,b'、c'。共计十二种水面曲线。

如非均匀流水面线在 a 区范围内,则这条水面曲线叫 a 型水面曲线;在 b 区范围内,叫 b 型水面曲线;在 c 区内,叫 c 型水面曲线。

3 棱柱体渠道中十二种水面曲线的定性分析

如前所述，明渠中均匀流动是水流处于外力平衡时的等速流动。如由于某种原因使平衡遭到破坏，就将发生变速的非均匀流动。当水流作加速运动时，流速沿程增加，水深沿程减小，水面线为降水曲线。当水流作减速运动时，流速沿程减小，水深沿程增加，水面曲线为壅水曲线。

水面曲线的性质和形状与明渠底坡有关。下面按五种底坡分别讨论这一问题。

3.1 缓坡($i < i_K$)渠道上的水面曲线

缓坡渠道上，因 $h_0 > h_K$，所以 $N—N$ 线高于 $K—K$ 线，a 区和 b 区为缓流区，c 区为急流区，如图 4-18所示。

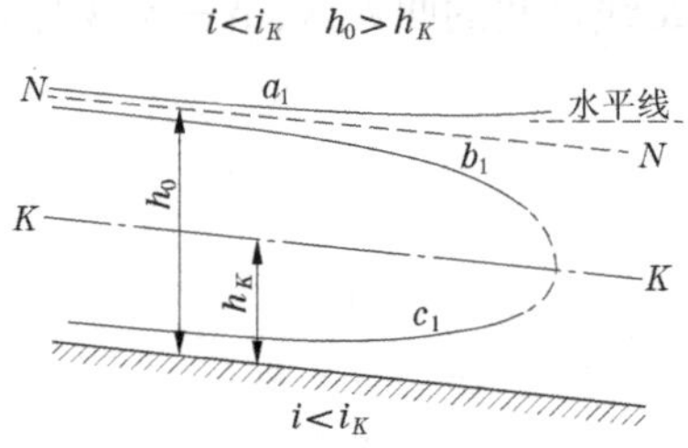

图 4-18

3.1.1 a_1 型水面曲线

缓坡渠道的 a 区，水深满足 $h > h_0 > h_K$。因为 $h > h_0$，则有 $K > K_0$，水面曲线微分方程中分子 $1 - \left(\frac{K_0}{K}\right)^2 > 0$；又因为 $h > h_K$，水流为缓流，$Fr < 1$，分母 $1 - Fr^2 > 0$。分子与分母同号，因而 $\frac{dh}{dl} > 0$，即水深沿程增加，水面曲线为壅水曲线。

a_1 型水面曲线的上游端，水深最小，当水深向上游逐渐减小且接近正常水深 h_0，即 $h \to h_0$ 时，$K \to K_0$，分子 $1 - \left(\frac{K_0}{K}\right)^2 \to 0$，而此时分母 $1 - Fr^2$ 仍然大于0，则 $\frac{dh}{dl} \to 0$，说明水深趋近于逆流程不变，故当上游端水深 h 接近正常水深 h_0 时，水面曲线以 $N—N$ 线为渐近线。a_1 型水面曲线水深沿程逐渐增加，当 $h \to \infty$ 时，$K \to \infty$，分子 $1 - \left(\frac{K_0}{K}\right)^2 \to 1$，而此时 $Fr \to 0$，分母 $1 - Fr^2 \to 1$，则 $\frac{dh}{dl} \to i$，即水深沿程的变化率趋于底坡，说明水深趋于无限大时，流速趋于0，水面曲线趋近于静水时的水面。

根据上述分析，a_1 型水面曲线为壅水曲线，上游渐近 $N—N$ 线，下游渐近水平线。缓坡渠道上修建坝、闸等建筑物时，其上游的水面曲线就是 a_1 型水面曲线，如图 4-19 所示。

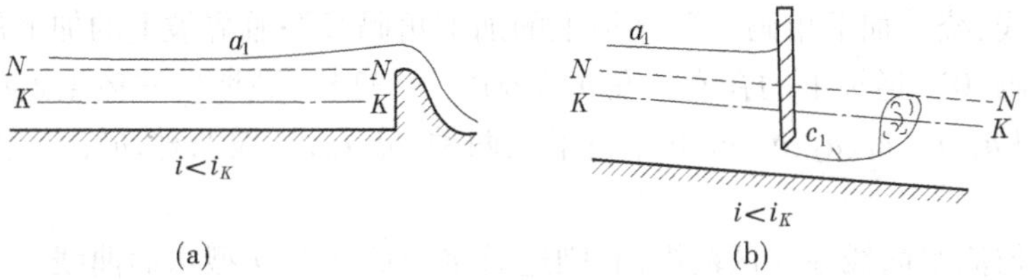

图 4-19

3.1.2 b_1 型水面曲线

缓坡渠道中的 b 区,水深满足 $h_0 > h > h_K$,用 a_1 型水面曲线的分析方法可得: b_1 型水面曲线为降水曲线,上游端水深最大,以 $N—N$ 线为渐近线,下游端水深最小,与 $K—K$ 线近似垂直。水深接近于 h_K 时,水流由缓流过渡为急流,发生水跌。当缓坡渠道的末端为跌坎,或与陡坡渠道相接时,缓坡渠道中发生的水面曲线就是 b_1 型水面曲线,如图 4-20 所示。

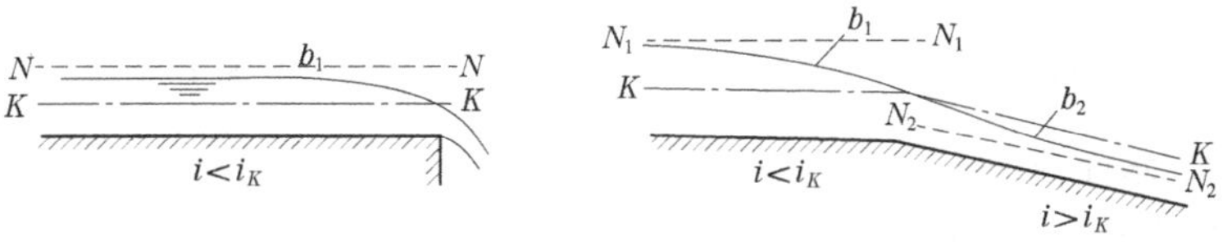

(a) (b)

图 4-20

3.1.3 c_1 型水面曲线

缓坡渠道的 c 区,水深满足 $h < h_K < h_0$ 。用上述方法分析可得: c_1 型水面曲线为壅水曲线,上游端水深最小,一般由来流条件控制,下端水深最大,水深接近 h_K ,与 $K—K$ 线近似垂直,水流此时由急流过渡为缓流,将发生水跃, c_1 型水面曲线的下游端即为水跃的跃前断面。缓坡上闸、坝下游产生的水面曲线常为 c_1 型水面曲线,如图 4-21 所示。

3.2 陡坡($i > i_K$)渠道上的水面曲线

3.2.1 a_2 型水面曲线($h > h_K > h_0$)

a_2 型水面曲线为壅水曲线,上游端水深最小,与 $K—K$ 线近似垂直正交。实际水流中, a_2 型水面曲线上游端常为水跃的跃后水深,下游端水深最大,水面曲线渐近于水平线。

a_2 型水面曲线一般发生在陡坡渠道闸、坝的上游,如图 4-22 所示。

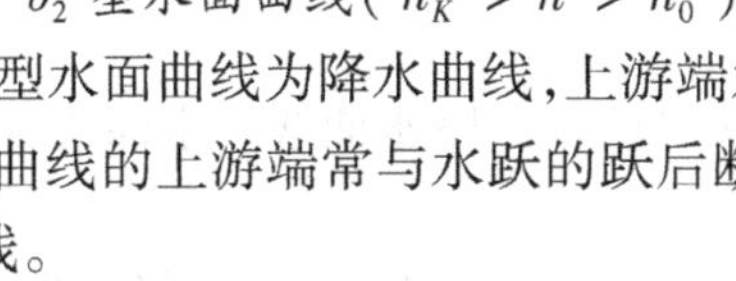

图 4-21

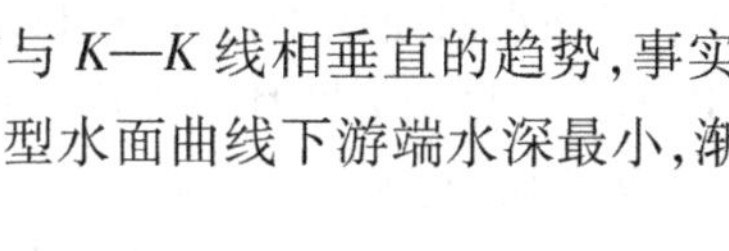

图 4-22

3.2.2 b_2 型水面曲线($h_K > h > h_0$)

b_2 型水面曲线为降水曲线,上游端水深最大,有与 $K—K$ 线相垂直的趋势,事实上 b_2 型水面曲线的上游端常与水跃的跃后断面相接。b_2 型水面曲线下游端水深最小,渐近于 $N—N$ 线。

当陡坡渠道的上游端与缓坡渠道或水库相连时,渠道内的水面曲线即为 b_2 型水面曲线,如图 4-23 所示。

3.2.3 c_2 型水面曲线($h < h_0 < h_K$)

c_2 型水面曲线为壅水曲线,上游端水深最小,该水深由来流条件控制,是已知值。下游端水深最大,并以 N—N 线为渐近线。

当在陡坡渠道或河道上修建闸、坝时,闸、坝下游产生的水面曲线就是 c_2 型水面曲线,如图 4-24 所示。

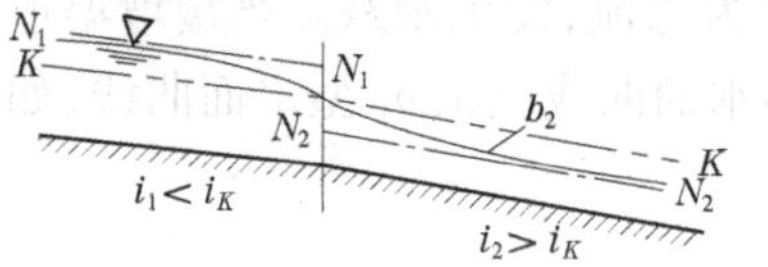

图 4-23

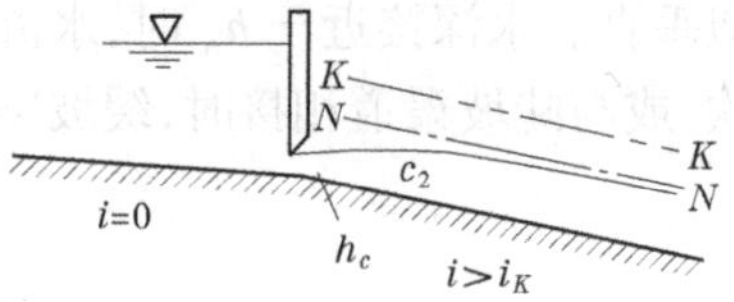

图 4-24

3.3 其他坡上的水面曲线

3.3.1 临界坡($i = i_K$)上的水面曲线

临界坡上只有 a 区和 c 区,没有 b 区。a 区中的水面曲线 a_3 为壅水曲线,上游端与 K—K 线相交,下游端为水平线。a_3 型水面曲线常发生在下游与水库、湖泊等相连接的临界坡渠道的下游端,或临界坡修建闸、坝时,闸、坝上游的壅水段,如图 4-25 所示。

3.3.2 平坡上($i = 0$)上的水面曲线

平坡渠道上由于不能产生均匀流,没有 a 区,只有 b 和 c 区。b 区中的水面曲线为 b_0 型降水曲线,该曲线上游水深最大,由来流条件控制,下游常与水跌相连。c 区为 c_0 型壅水曲线,上游端水深由来流条件控制,下游端常与水跃相连,是水跃的跃前水深,如图 4-26 所示。

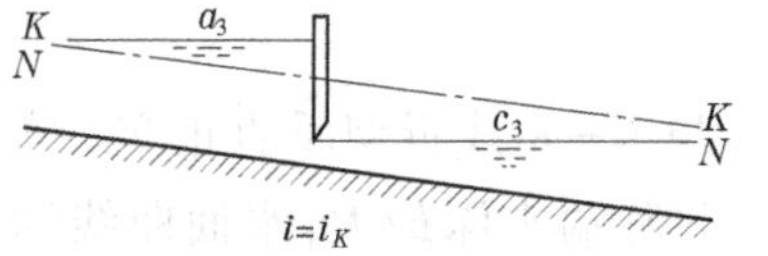

图 4-25

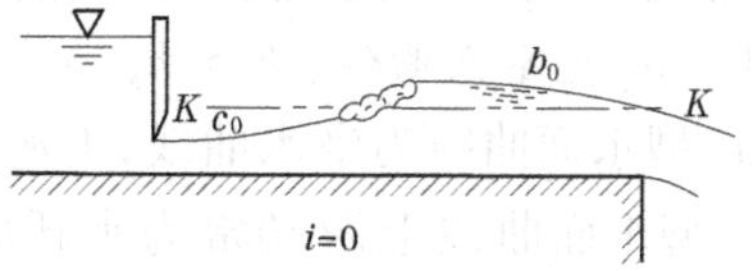

图 4-26

3.3.3 逆坡($i < 0$)渠道上的水面曲线

逆坡渠道中也不可能发生均匀流,只有 b 和 c 区。b 区中为 b' 型降水曲线,上游水深由来流条件控制,下游端与水跌相接。c 区中为 c' 型壅水曲线,上游端水深由来流条件控制,下游端常与水跃连接,为水跃的跃前水深,如图 4-27 所示。

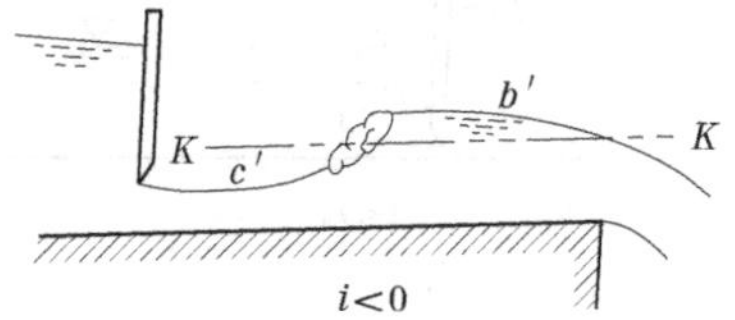

图 4-27

对十二种水面曲线进行观察可以发现:

(1)所有 a 区及 c 区都只能产生壅水曲线,b 区只能产生降水曲线。水面线与正常水深线 N—N 相切,与 K—K 线垂直($i = i_K$ 时除外)。

(2)每一个区都只有一种形式确定的水面曲线。如缓坡的 b 区,就只能发生 b_1 型降水曲线,而不可能是其他的。

4 明渠中水面曲线的连接

在水利工程中，上、下游水面曲线连接时除了应遵守以上的共同特性，还应注意以下几点：

（1）当渠道很长时，在非均匀流影响不到的地方，水流将形成均匀流，水深保持正常水深，即水面线为 $N—N$ 线。

（2）水流从缓流过渡到急流时，水面线匀滑、连续地通过临界水深 h_K，h_K 位于坡度由缓变陡的连接断面处；水流由急流过渡到缓流时，发生水跃（$i = i_K$ 时除外）。

（3）建筑物处的上、下游水深，一般可根据水力计算确定（如闸、坝上游水深，下游收缩水深及临界水深等），故是已知的。这种水深已知的断面，都可以作为分析水面曲线的控制断面，水面曲线的计算与绘制可以由控制断面作起点。

（4）根据明渠中波（干扰引起的）的传播特点，分析和绘制水面曲线时，缓流应当从下游的控制断面向上游推算，急流则应从上游控制断面向下游推算。

【例4-6】 图4-28为两个不同的缓坡相连，试分析水面曲线的连接方式。

解：根据已给条件，绘不同底坡（i_1 和 i_2）上的 $N—N$ 线及 $K—K$ 线，然后明确水面曲线两端（上、下游）的控制水深，以便有目的地连接。可以这样设想：原来水流在 i_1 段内作均匀流动，由于下游底坡骤变，破坏了原始水流的平衡状态，于是发生了非均匀流水面曲线。这条水面曲线，距底坡骤变处愈远，水面线则愈趋近于 i_1 段的正常水深线；i_2 段渠道很长，水流在该段内最终必然要作均匀流动。因此，上游控制水深 $h_1 = h_{01}$，下游控制水深 $h_2 = h_{02}$，即水面曲线由 h_{01} 向 h_{02} 过渡。

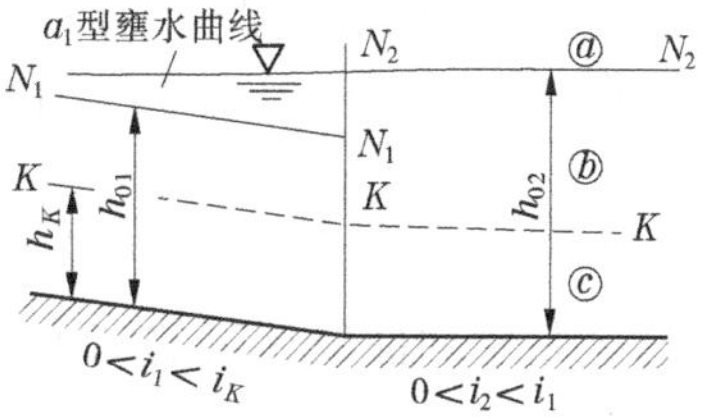

图4-28

（1）若水面曲线发生在 i_2 段内的 b 区，但是 b 区不可能发生壅水曲线，因而否定了这一种连接方式。

（2）若水面曲线发生在 i_1 段内的 a 区，这条曲线为 a_1 型壅水曲线，这种连接符合上述规律，因而是正确的。

【例4-7】 分析图4-29的水面曲线连接形式。

解：水面曲线由 h_{01} 向 h_{02} 过渡，通过分析，水面曲线不可能在下游段 a 区内产生降水曲线，因此只能在上游段 b 区内以 b_1 型降水曲线来连接。

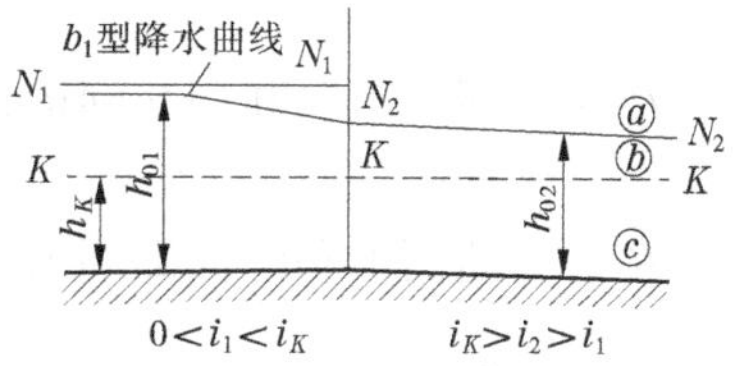

图4-29

【例4-8】 一柱体渠道，各段底坡如图4-30所示，试分析各段渠道的水面曲线。

解：先根据底坡画出各渠段的 $N—N$ 线及 $K—K$ 线，然后从渠道中某些已知水深的断面（如发生临界水深的1—1断面、建筑物前后，水深已知的2—2断面及3—3断面）开始，根据渠段中水深可能变化的范围及底坡情况，绘出水面曲线，并注出各条水面曲线的名称，如图4-30所示。

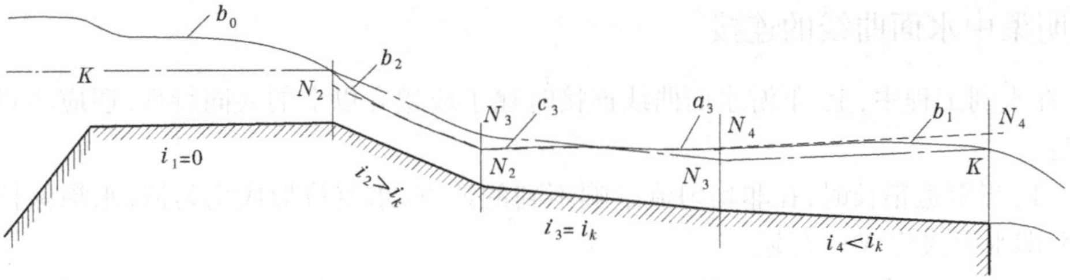

图 4-30

任务 6　渐变流水面曲线的计算与绘制

在水利工程中,不但需要对水面曲线进行定性分析,了解和掌握水面曲线的性质与形状,而且还需要对水面曲线作定量计算,把沿流程上各过水断面的水深计算出来。水面曲线计算的方法很多,本节介绍最基本的方法——分段求和法。

前面已得出明渠恒定非均匀渐变流基本方程式,即

$$\Delta l = \frac{\Delta E_s}{i - \overline{J}} \text{或} \Delta l = \frac{E_{s2} - E_{s1}}{i - \overline{J}} \tag{4-55}$$

这就是水面曲线计算的基本公式。式中, E_{s1} 、E_{s2} 分别为流段的上下游断面的断面比能($E_{s1} = h_1 + \frac{\alpha_1 v_1^2}{2g}$ 、$E_{s2} = h_2 + \frac{\alpha_2 v_2^2}{2g}$)和流段长度 Δl 都是概念明确、可以计算出来的,而流段内的平均水力坡降 $\overline{J}$ 应是流段内非均匀渐变流的沿程水头损失和流段长度的比值。但由于目前没有非均匀流沿程水头损失计算的关系式,只能近似采用均匀流关系式计算,因而存在着平均水力坡降的各种计算方法。

一般有以下几种:

(1)
$$\overline{J} = \frac{\overline{v}^2}{\overline{C}^2 \overline{R}} \tag{4-56}$$

式中　$\overline{v}$——断面 1 和断面 2 间流段的平均流速, $\overline{v} = \frac{v_1 + v_2}{2}$;

$\overline{C}$——断面 1 和断面 2 间流段谢才系数的平均值, $\overline{C} = \frac{C_1 + C_2}{2}$;

$\overline{R}$——断面 1 和断面 2 间流段水力半径的平均值, $\overline{R} = \frac{R_1 + R_2}{2}$ 。

(2)
$$\overline{J} = \frac{J_1 + J_2}{2} \tag{4-57}$$

其中
$$J_1 = \frac{v_1^2}{C_1^2 R_1}, J_2 = \frac{v_2^2}{C_2^2 R_2}$$

(3)
$$\overline{J} = \frac{Q^2}{\overline{K}^2} \tag{4-58}$$

其中
$$\overline{K}^2 = \frac{1}{2}(K_1^2 + K_2^2)$$

(4)
$$\overline{J} = \frac{Q^2}{\overline{K}^2} \tag{4-59}$$

其中
$$\overline{K}^2 = \overline{A}^2\overline{C}^2\overline{R}$$

以上是用均匀流理论计算非均匀渐变流的水力坡度 $\overline{J}$ 。实践证明:只要能将非均匀流分成若干较小的流段,则在一个非均匀流小段中的水力坡度,用均匀流计算,是完全可以的,而且分段越小,计算的成果越接近于水流的实际,精度也越高。但分段过小要加大计算的工作量,一般说来分段原则是:在不影响计算精度的情况下,分段尽量大些。水面曲线变化慢的,段可分得长些,水面曲线变化快的,分段宜短些。在非棱柱体渠道中,每段的断面形状、面积应尽可能相差不大,应在底坡有变动处分段。

可以看出,在流量、断面形状和尺寸、底坡及糙率一定的情况下,公式包含了 h_1 、h_2 及 Δl 三个因素。计算中只要知道其中的两个,便可求出第三个。不管哪种类型的问题,解法的共同点是:首先按精度要求分段,然后从渠道一端水深已知的断面——控制断面,逐段向另一端计算,并将各段的水深连接起来,就得到整个渠道非均匀流的水面曲线。具体做法见案例二。

【案例二及解析】 图4-31为一排水渠道,连接内湖与排水闸。渠道全长为3 386 m,渠道断面为梯形,边坡系数 $m=2.0$,底宽 $b=45$ m,糙率 $n=0.025$,底坡 $i=1/3\ 000$,当过闸流量 $Q=500$ m^3/s,闸前水深为8.95 m时,试推算并绘制此排水渠道的水面曲线。

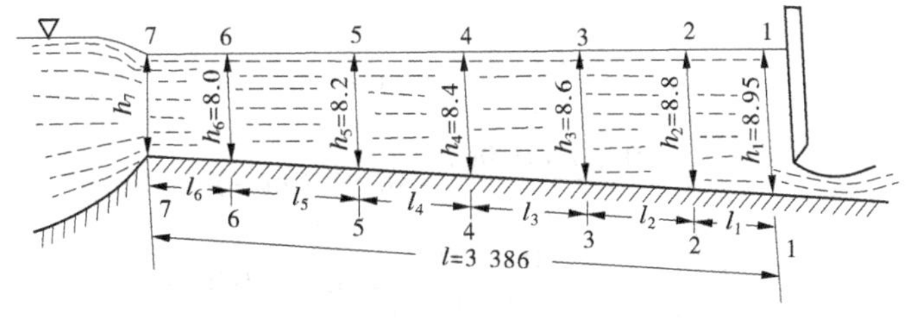

图4-31 (单位:m)

解:1. 判别水面曲线的型式

经计算,正常水深 $h_0=4.85$ m,临界水深 $h_K=2.30$。已知闸前水深8.95 m。

因 $h_0 > h_K$,所以渠道为缓坡($i < i_K$),又因 $h > h_0 > h_K$,所以水面曲线在 a 区,水面曲线为 a_1 型壅水曲线。

2. 水面曲线计算

以闸前断面为控制断面向上游推算。将渠道分成六段,计算分两步进行:首先,已知1—1断面水深 $h_1=8.95$ m,假定 $h_2=8.8$ m、$h_3=8.6$ m、$h_4=8.4$ m、$h_5=8.2$ m、$h_6=8.0$ m,算出相邻水深间距 l_1 、l_2 、l_3 、l_4 、l_5 等。然后,根据已知渠道全长3 386 m求出渠道进口水深 h_7 。将上述计算成果绘于图上,连起来就得到水面曲线。具体计算如下。

(1)已知两断面水深求距离,以断面1—1和2—2为例计算。

下游断面1—1:

$$h_1 = 8.95 \text{ m}$$

$$A_1 = (b + mh_1)h_1 = (45 + 2.0 \times 8.95) \times 8.95 = 563.0(\text{m}^2)$$

$$v_1 = \frac{Q}{A_1} = \frac{500}{563.0} = 0.89(\text{m/s})$$

$$\frac{v_1^2}{2g} = \frac{0.89^2}{2 \times 9.8} = 0.040(\text{m}) \quad (\text{其中}\ \alpha = 1)$$

$$E_{s1} = h_1 + \frac{v_1^2}{2g} = 8.95 + 0.040 = 8.99(\text{m})$$

同理可算得 $h_2 = 8.8$ m 处，$A_2 = 551$ m^2，$v_2 = 0.907$ m/s，$E_{s2} = 8.84$ m

$$\Delta E_{s1-2} = E_{s1} - E_{s2} = 0.15 \text{ m}$$

断面 1—1 的水力要素：

$$\chi_1 = b + 2h_1\sqrt{1 + m^2} = 45 + 2 \times 8.95 \times \sqrt{1 + 2.0^2} = 85.0\ (\text{m})$$

$$R_1 = \frac{A_1}{\chi_1} = \frac{562.5}{85} = 6.62(\text{m})$$

$$C_1 = \frac{1}{n}R^{\frac{1}{6}} = \frac{1}{0.025} \times 6.62^{\frac{1}{6}} = 54.8(\text{m}^{\frac{1}{2}}/\text{s})$$

同理可得 2—2 断面的水力要素：

$$\chi_2 = 84.3 \text{ m}, R_2 = 6.54 \text{ m}, C_2 = 54.7 \text{ m}^{\frac{1}{2}}/\text{s}$$

因为

$$\overline{R} = \frac{6.62 + 6.54}{2} = 6.58(\text{m})$$

$$\overline{C} = \frac{54.9 + 54.7}{2} = 54.8(\text{m}^{\frac{1}{2}}/\text{s})$$

$$\overline{v} = \frac{0.89 + 0.907}{2} = 0.899(\text{m/s})$$

所以

$$\overline{J} = \frac{\overline{v}^2}{\overline{C}^2\overline{R}} = \frac{0.899^2}{54.8^2 \times 6.58} = 0.000\ 040\ 9$$

两断面间距离的计算

$$\Delta l_1 = \frac{\Delta E_{s1-2}}{i - \overline{J}_{1-2}} = \frac{0.15}{\frac{1}{3\ 000} - 0.000\ 040\ 9} = 513(\text{m})$$

其他各段距离用同样方法计算，结果见表 4-18。

(2) 求渠道进口水深。

从计算表 4-18 可知，从断面 1—1 至断面 6—6 的距离总计 3 290 m，比渠道全长少 3 386 − 3 290 = 96(m)。还要通过断面 6—6 至断面 7—7 的距离 $l_6 = 98$ m 来计算渠道进口水深 h_7。计算时仍利用式(4-55)，但要通过试算。即设一水深按上述计算方法求出距离，当计算出的距离等于 96 m 时，则所设水深即为渠道进口处水深 h_7。设 $h_7' = 7.9$ m，通过计算得出距离 $h_6' = 363$ m，大于 $h_6 = 96$ m，说明所设水深偏小。再设 $h_7' = 7.97$ m，通过计算(见表 4-18)得 $l_7' = 95$ m≈96 m，所以最后定出 7—7 断面(进口处)水深为 7.97 m。将所有算出的各段距离及其相应的水深，绘于图上，并将它们连起来，即得水面曲线。

表 4-18　水面曲线计算

断面	h (m)	A (m^2)	v (m/s)	$\frac{v^2}{2g}$ (m)	E_s (m)	ΔE_s (m)	χ (m)	R (m)	C (m$^{1/2}$/s)	$\bar{J}=\frac{\bar{v}^2}{\bar{C}^2\bar{R}}$	$i-\bar{J}$	Δl (m)	$\Sigma\Delta l$ (m)
1—1	8.95	563.0	0.88	0.040 3	8.99	0.15	85.0	6.62	54.8	0.000 040 9	0.000 292 6	513	513
2—2	8.8	551	0.907	0.041 9	8.84	0.196	84.3	6.54	54.7	0.000 043 9	0.000 289 5	677	1 190
3—3	8.6	535	0.935	0.044 0	8.644	0.197	83.5	6.40	54.5	0.000 048 0	0.000 285 4	690	1 880
4—4	8.4	519	0.964	0.047 4	8.447	0.197	82.6	6.28	54.3	0.000 052 4	0.000 281 0	700	2 580
5—5	8.2	503	0.994	0.050 4	8.25	0.196	81.7	6.16	54.2	0.000 057 0	0.000 276 4	710	3 290
6—6	8.0	488	1.025	0.053 5	8.054	0.030	80.8	6.04	54.0	0.000 026 8	0.000 306 5	95	3 385 ≈3 386
7—7	7.97	485.7	1.030	0.054 0	8.024		80.6	6.02	53.95				

小 结

一、明渠均匀流

(1)基本概念。

棱柱体渠道——断面形状和尺寸沿程保持不变的渠道。

非棱柱体渠道——横断面形状和尺寸沿流程改变的渠道。

底坡 $i=\sin\theta=\dfrac{z_1-z_2}{\Delta l}$,底坡分顺坡($i>0$)、平坡($i=0$)、逆坡($i<0$)。

允许流速:渠道中水流流速应满足 $v_{不淤}<v<v_{不冲}$。

水力最佳断面——当流量、底坡及糙率已知时过水断面面积最小或在一定的过水断面面积、底坡及糙率的情况下,使渠道所通过的流量最大的断面。

(2)明渠均匀流的特征、产生条件。

特征:$J=J_P=i$、过水断面的面积和水深沿流程不变、过水断面的流速和流速分布沿程不变。

产生条件:水流必须为恒定流;渠道应是底坡沿程不变的、长直的棱柱体渠道;渠道必须为顺坡;渠道中不应有任何改变水流阻力的因素。

(3)明渠均匀流基本公式:

$$Q=AC\sqrt{Ri} \text{ 或 } Q=\frac{A}{m}R^{\frac{2}{3}}i^{\frac{1}{2}}$$

(4)已成渠道水力计算。

(5)新建渠道断面设计。

二、明渠非均匀流

(1)基本概念。

壅水曲线——水深沿程增大的水面曲线。

降水曲线——水深沿程减小的水面曲线。

急流、缓流、临界流:当 $v<v_w$ 时,水流为缓流;当 $v=v_w$ 时,水流为临界流;当 $v>v_w$ 时,水流为急流。

弗汝德数:

$$Fr=\frac{v}{\sqrt{g\bar{h}}}$$

断面比能:

$$E_s=h+\frac{\alpha v^2}{2g}$$

临界水深:断面比能值最小值相应的水深。临界水深由临界流方程求得:$\dfrac{\alpha Q^2}{g}=\dfrac{A_K^3}{B_K}$。

临界底坡:使渠槽中产生的均匀流水深正好等于临界水深的底坡,$i_K=\dfrac{g\chi_K}{\alpha C_K^2B_K}$。

$i < i_K$，为缓坡；$i > i_K$，为陡坡；$i = i_K$，为临界坡。

水流流态判别方法如表4-17所示。

(2)水面曲线分析。

水面曲线特征汇总见表4-19。

表4-19　水面曲线特征汇总

底坡类型	水面曲线类型	流态	水深沿程变化情况	上游	下游
缓坡($i < i_K$)	a_1	缓	增大	趋近于 $N—N$	趋于水平
	b_1	缓	减小	趋近于 $N—N$	与 $K—K$ 垂直
	c_1	急	增大	由工程实际情况决定	与 $K—K$ 垂直
陡坡($i > i_K$)	a_2	缓	增大	与 $K—K$ 垂直	趋于水平
	b_2	急	减小	与 $K—K$ 垂直	趋近于 $N—N$
	c_2	急	增大	由工程实际情况决定	趋近于 $N—N$
临界坡($i = i_K$)	a_3	缓	增大	与 $N—N(K—K)$ 相交	趋于水平
	c_3	急	增大	由工程实际情况决定	与 $N—N(K—K)$ 相交
平坡($i = 0$)	b_0	缓	减小	由工程实际情况决定	与 $K—K$ 垂直
	c_0	急	增大	由工程实际情况决定	与 $K—K$ 垂直
逆坡($i < 0$)	b'	缓	减小	由工程实际情况决定	与 $K—K$ 垂直
	c'	急	增大	由工程实际情况决定	与 $K—K$ 垂直

【拓展知识】

弯道水流简介

无论是天然河道还是人工渠道，一般都有弯道，弯道中的水流可能是急流也有可能是缓流。缓流弯道水流和急流弯道水流的水流现象相差很大，这里只介绍缓流弯道水流。

当水流从顺直流段进入弯道以后，由于惯性作用，将沿原流动方向流动，而弯道的侧壁则阻碍并约束水流运动，迫使水流在运动过程中不断改变流动方向而作曲线运动。因此弯道水流中的水流质点，其所受的质量力除重力外还有离心惯性力。在重力和离心惯性力的共同作用下，不但有沿河槽轴线方向的纵向流动，还有与轴线方向垂直的水平方向及铅垂方向的流动。几个方向流速的共同作用，使水流在沿轴向流动的同时，产生了一种次生的环形流动，称为断面环流，如图4-32所示。弯道中的纵向水流与断面环流叠加在一起，构成了弯道中的螺旋流，如图4-33所示作螺旋运动的水流，其表层水流从凸岸斜向流向凹岸，在凹岸受岸壁的阻挡后，潜入河底，沿斜向流向凸岸；达到凸岸后，又翻至水流表层流向凹岸，形成沿螺旋状路线流动的水流。

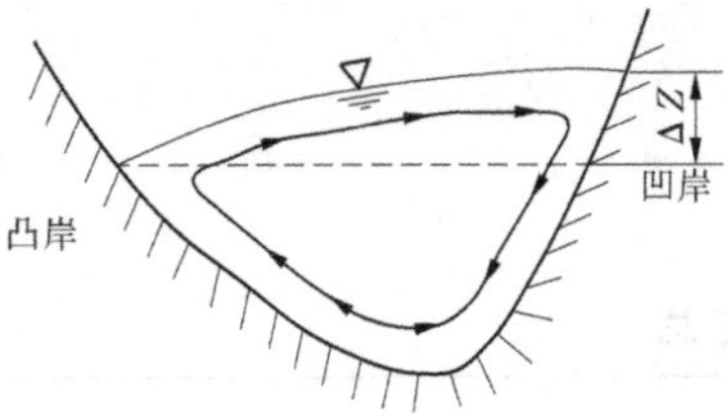

图 4-32　断面环流

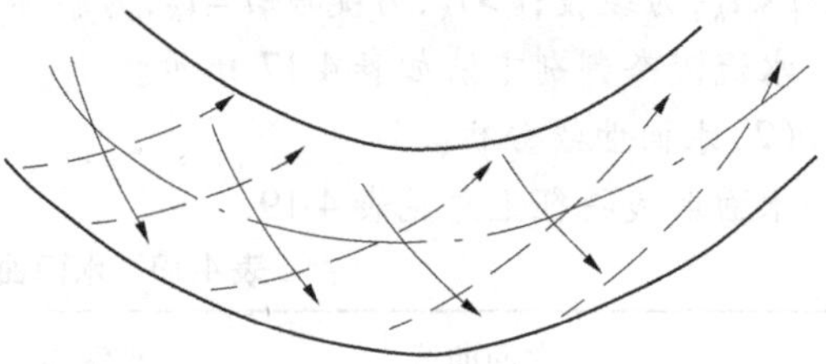

图 4-33　螺旋流

由于弯道水流的螺旋状流动，使得水流在凹岸受阻后水位壅高，出现凹岸附近水面高于凸岸水面的现象，即产生了横向水面坡度，又叫横比降，如图 4-32 所示。一般来讲，弯道的曲率半径越小，断面平均流速越大，横向水面坡度也越大，两岸的水面高差也越大。

弯道水流的螺旋状流动，使得水流在表层由凸岸流向凹岸，往往造成凹岸岸壁的冲刷，甚至岸壁的坍塌。冲刷和坍塌后的泥沙颗粒或沉积在河床底部，或悬浮在水中，然后又被潜入河底的水流从凹岸斜向带至凸岸，在凸岸的回流旋涡区沉积下来。这种凹岸冲刷、凸岸沉积的长期作用，使得凹岸越来越凹，越冲越深，形成深槽，而凸岸的淤积越来越多，形成浅滩，如图 4-34 所示。如此发展，使凹岸的大片土地塌失，岸边建筑物安全受到威胁，堤防出现险段，甚至造成汛期决口；凸岸浅滩的不断扩展，也会使码头淤积，船只无法靠岸，各种进水口堵塞，无法引水和提水。

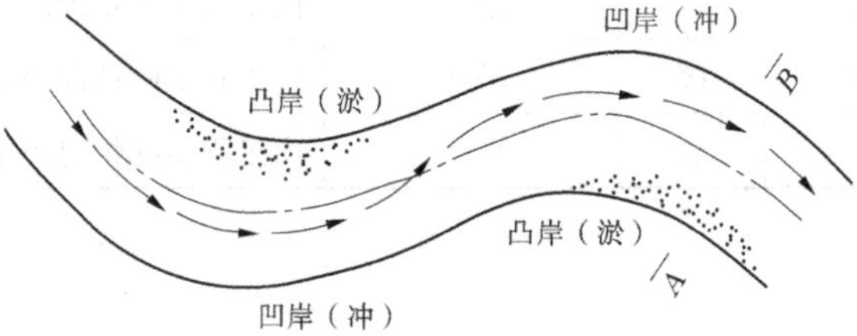

图 4-34　弯道冲淤平面图

因此，在弯道及其下游设置引水工程时，都必须考虑弯道水流的特性，尽可能设置在弯道的凹岸，并采取工程措施加固岸壁。这样做，不仅可以避免进口淤积，而且由于引进的是表层清水，含沙量很小，可以使提灌设备减少磨损，延长使用寿命。此外，在航道的整治工程中，在泥沙运动和河床演变的研究中，也都要考虑弯道水流的特点和影响。

技能训练题

一、概念题

(1) 什么是明渠水流、明渠均匀流与非均匀流？

(2) 什么是棱柱体渠道？

(3) 什么叫湿周、水力半径？水力半径对过水能力有何影响？

(4) 什么叫水力最佳断面？

(5)水流的三种流态是什么？如何判别？什么是弗汝德数？

(6)什么叫临界水深？如何确定？

(7)什么叫临界底坡？如何确定？

(8)什么叫水跌？什么叫水跃？

(9)什么是壅水曲线和降水曲线？

二、计算题

(1)一梯形断面渠道，底坡 $i=0.008$，糙率 $n=0.03$，边坡系数 $m=1.5$，$b=2.0$ m，水深 $h=1.2$ m，求此渠道的流速和流量。

(2)一半圆混凝土 U 形渠道，如图 4-35 所示，宽度 $b=1.2$ m，底坡为 1/1 000，糙率为 0.017。当槽内均匀流水深为 1.8 m 时，求此渠道的过水能力。

(3)一环山渠道如图 4-36 所示。底坡 $i=0.002$，靠山一边按 1∶0.5 的边坡开挖，$n_1=0.027$；另一边为直立的混凝土墙，$n_2=0.017$；渠底宽 $b=2.0$ m，$n_3=0.02$。试求水深 $h=1.5$ m时的输送流量。

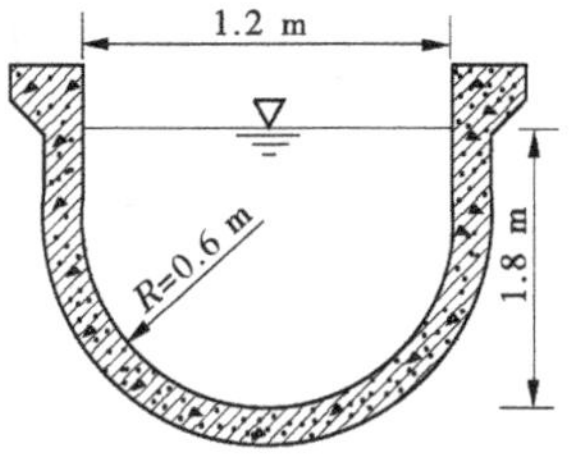

图 4-35

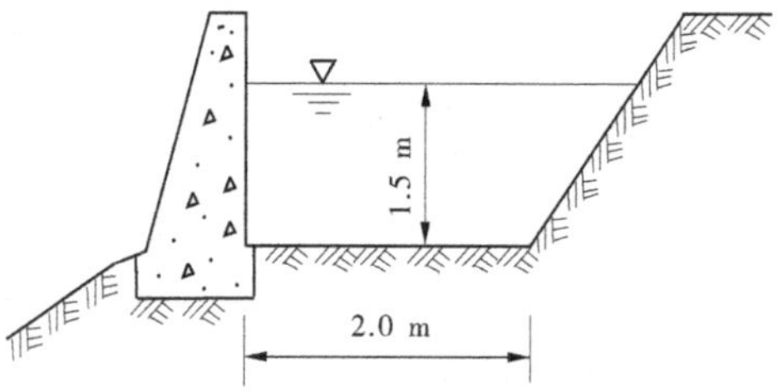

图 4-36

(4)某梯形断面渠道，糙率 $n=0.015$，边坡系数 $m=1.25$，渠道底坡 $i=1/4\ 000$，底宽 $b=7.8$ m。试计算 $Q=50\ m^3/s$ 时的正常水深。

(5)某梯形渠道，底宽 $b=5$ m，边坡系数 $m=1.5$，当通过流量 $Q=28\ m^3/s$ 时，正常水深 $h_0=2.58$ m。求：①微波的波速；②弗汝德数；③断面比能和临界水深；④判别水流的流态。

(6)一矩形渠道，已知 $Q=40\ m^3/s$，底宽 $b=10$ m，糙率 $n=0.025$，底坡 $i=0.000\ 35$。试分别用临界水深、临界坡度及弗汝德数判别渠道中为均匀流动时的流态。

(7)如图 4-38 所示，在溢洪道坡脚处的水平护坦上发生水跃，跃前水深 $h'=2.6$ m，溢洪道断面为矩形，宽 24.38 m，通过的流量 $Q=1\ 588.53\ m^3/s$。求：①跃后水深 h''；②水跃长度 L_j；③判别属何种水跃并计算水跃的消能率 K_j。

(8)有一梯形断面的土渠，底宽 $b=7.5$ m，边坡系数 $m=2$，底坡 $i=0.000\ 35$，糙率 $n=0.025$，当流量 $Q=40\ m^3/s$ 时，正常水深等于多少？今在该渠道上修建一节制闸，已知当水闸通过上述流量时的闸前水深 $h=3.8$ m，试计算节制闸上游水面线的壅水长度并绘制水面线。(注：水深从大于 h_0 趋近于 h_0 时，水面线计算长度可计算到 $h=1.01h_0$；水深从小于 h_0 趋近于 h_0 时，水面线计算长度可计算到 $h=0.99h_0$)

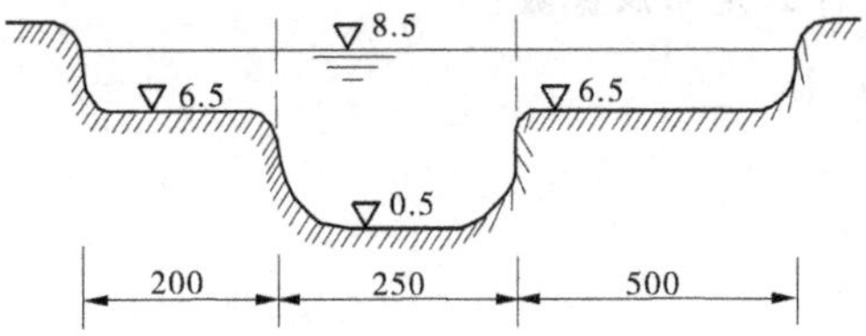

图 4-37 （单位：m）

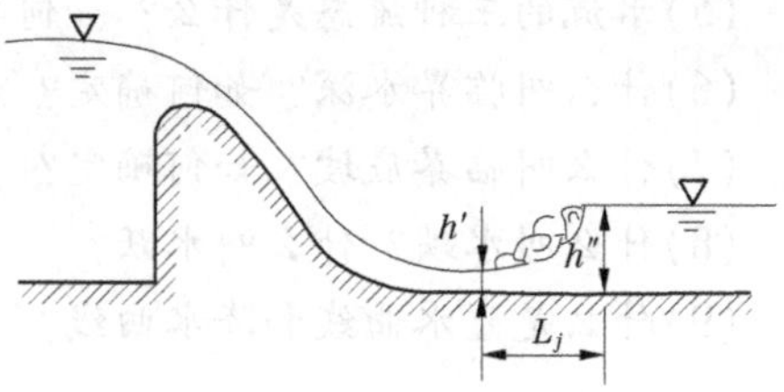

图 4-38

(9)试定性分析图 4-39 中渠道纵坡变化时，上下游渠道水面线的形式并注出其名称。

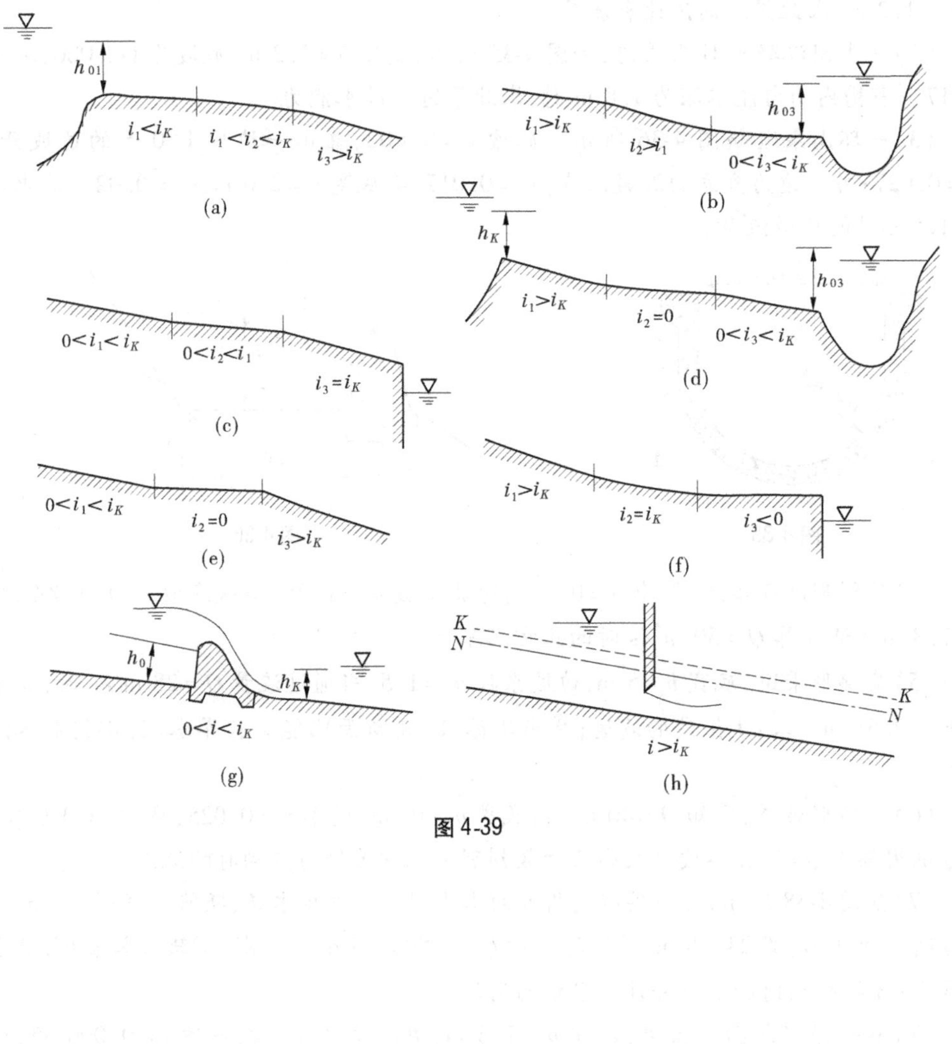

图 4-39

项目5 闸、堰泄流能力分析计算

案例一 汾河某水库大坝，为碾压混凝土坝，溢流坝为高坝，堰面曲线为 WES 型，坝顶高程 899.2 m，溢流坝净溢流长度 36 m，由 3 孔弧形闸门控制，闸墩头部半圆形，边墩圆弧形，设计水位为 909.2 m。当最大泄量为 2 787 m^3/s、下游为自由出流时，溢流坝上游水位为多少？

案例二 山西省鲍家河水库泄洪控制闸：控制闸长 12.50 m，总宽 54.0 m，无坎宽顶堰进口形式，堰顶高程 947.0 m，分为 9 孔，每孔净宽 6.0 m，设有平板闸门。闸墩为浆砌石结构，墩头为半圆形，闸墩厚 1.2 m，中部分缝墩厚 2.0 m，墩高 7.5 m，设计水头 3.0 m。门体高度 3.5 m，门体宽度 6.35 m，双吊点启闭。试确定当闸门在不同开度时的流量。

案例三 山西省临汾浍河水库溢洪道，引水渠末端宽 40 m，底板高程为 480.4 ~ 480.7 m，1% 的倒坡向上游延伸；闸室长 20 m，总宽 40 m，底板表面高程 480.7 m，闸室分三孔，每孔净宽 12 m，设有钢结构弧型工作闸门（宽 × 高为 12 m × 5.4 m，转轴高度 3.0 m，旋转半径为 5.0 m）；闸后第一泄槽段桩号为 0 + 020 ~ 0 + 190 m，长 170 m，为矩形断面，宽 40 m，纵坡 1/200。汛限水位 481.7 m，浍河水库防洪标准为 100 年一遇洪水设计，1 000 年一遇洪水校核。100 年一遇洪水起调水位 481.70 m，最高洪水位为 485.07 m，1 000年一遇洪水起调水位为 481.70 m，最高洪水位为 488.84 m。如何计算不同运行方式下的流量。

水利工程中为了泄放洪水、引水灌溉发电、给水等目的，常修建各种泄水建筑物和挡水建筑物，以控制和调节河渠的水位及流量，堰和闸是两种最常用的建筑物。

要确定闸和堰的泄流能力，就必须明确什么情况下为闸孔出流，什么情况下为堰流，因而必须全面了解堰和闸的基本概念及分类。下面分别介绍堰及闸的基本知识。

任务1 堰流及闸孔出流基本概念

1 堰及堰流

凡对水流有局部约束，且顶部溢流的建筑物，称为堰。经堰顶下泄并具有自由降落水面的水流称堰流，如图 5-1(b)、(d)所示。

2 闸孔出流

水流受到闸门或胸墙控制，而从闸门下缘间的孔口泄出的水流称为闸孔出流，如图 5-1(a)、(c)所示。

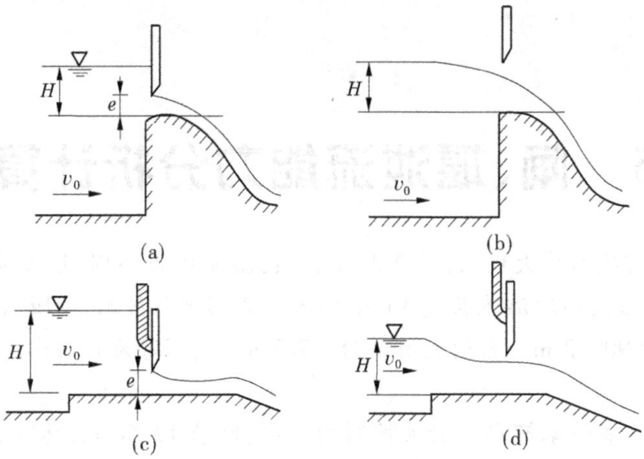

图 5-1　堰流及闸孔出流

3　堰流和闸孔出流的区别与联系

堰流与闸孔出流是两种不同的水力现象，但它们既有区别又有联系。堰流由于不受闸门的控制，水面线为一光滑连续的降水曲线；闸孔出流由于受闸门的控制，闸孔上、下游的水面是不连续的。也正是由于堰流及闸孔出流这种边界条件的差异，它们的水流特征及过水能力也各不相同。

堰流与闸孔出流的相同点：首先，堰流和闸孔出流都是建筑物对水流的局部阻碍，在上游壅高了水位，从能量的角度上看，出流的过程都是一种势能转化为动能的过程。其次，这两者都是在较短的距离内流线发生急剧弯曲的急变流，离心惯性力对建筑物表面的压强分布及建筑物的过水能力均有一定影响，能量损失主要是局部水头损失，沿程水头损失可忽略不计。

4　堰流及闸孔出流的判别

在实际工程中，装有闸门的堰上，可能发生堰流或闸孔出流，这两种水流转换时的临界值$(\frac{e}{H})_C$随闸底坎形式、门型、闸门的相对开度、闸门在堰顶的位置及孔流和堰流的变换方式等的影响。可根据堰、闸形式和闸门相对开度$\frac{e}{H}$值进行判别：

当$\frac{e}{H}\leqslant(\frac{e}{H})_C$时，为孔流；

当$\frac{e}{H}\geqslant(\frac{e}{H})_C$时，为堰流。

初步计算临界值$(\frac{e}{H})_C$可取平均值：曲线坎上（实用堰及驼峰堰）平均值为 0.75，而平顶坎上（宽顶堰、平底闸）平均值为 0.65。

任务 2　堰的过流能力计算

1　堰的分类

一般根据堰顶厚度 δ 与上游总水头 H 的比值 $\frac{\delta}{H}$ 分类，在实际工程中，根据不同的使用要求和施工条件，常将堰做成不同的形状，如图 5-2 所示。不同形状、大小的堰，其堰顶厚度 δ 对过堰水流的影响不同。

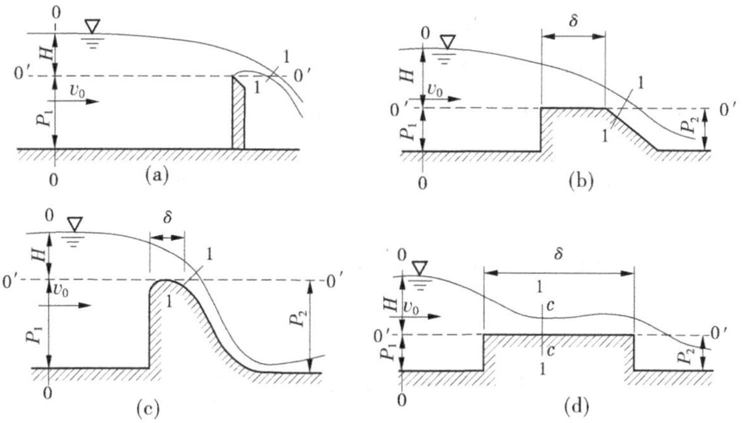

δ—堰顶沿水流方向的厚度；H—堰顶水头，为距堰上游(3～5)H 处堰顶以上的水深；P_1、P_2—上、下游堰高；v_0—上游行近流速

图 5-2　各种堰流示意图

1.1　薄壁堰流

当 $\frac{\delta}{H}<0.67$ 时，过堰水流不受堰顶厚度的影响，水舌下缘与堰顶呈线性接触，水面呈单一降落曲线，这种堰流称为薄壁堰流，如图 5-2(a)所示。

1.2　实用堰

当 $0.67<\frac{\delta}{H}<2.5$ 时，过堰水流受到堰的约束和顶托作用，水舌与堰顶呈面接触，但仍为单一的降水曲线，这种堰流称为实用堰流。工程中的实用堰分为曲线型(见图 5-2(c))和折线型(见图 5-2(b))两种。

1.3　宽顶堰

当 $2.5<\frac{\delta}{H}<10$ 时，过堰水流受堰顶顶托力的约束明显，使得水流在进口处有第一次跌落，形成收缩断面，然后在堰顶形成与堰顶接近平行的水面，最后，出堰时形成第二次水面降落，如图 5-2(d)所示。

当 $\frac{\delta}{H}>10$ 时，水流的主要特征不再属于堰流，而变为明渠水流。

由于三种堰流具有不同的水流特征，影响水流的因素各有差异，因此需要分别研究。

2 堰流计算公式

由于薄壁堰、实用堰和宽顶堰流具有不同的水流特征，影响水流的因素各有差异，因此需要分别研究。

2.1 堰流基本公式

如图 5-2 所示，对各种堰取堰顶水平面为基准面，列 0—0 断面、1—1 断面的能量方程如下：

$$H + \frac{p_0}{\gamma} + \frac{\alpha_0 v_0^2}{2g} = z_1 + \frac{p_1}{\gamma} + \frac{\alpha_1 v_1^2}{2g} + \zeta \frac{v_1^2}{2g}$$

式中 v_0、v_1—— 0—0 断面和 1—1 断面的流速；

α_0、α_1—— 0—0 断面和 1—1 断面的流速系数。

令 $H_0 = H + \frac{\alpha_0 v_0^2}{2g}$，又因 1—1 断面为急流断面，该断面上的压强不按静水压强分布，而且断面上有垂直收缩，则测压管水头不为常数，如用 $\overline{z_1 + \frac{p_1}{\gamma}}$ 表示 1—1 断面的平均测压管水头，则有

$$H_0 = \overline{z_1 + \frac{p_1}{\gamma}} + (\alpha_1 + \zeta)\frac{v_1^2}{2g}$$

令 $\overline{z_1 + \frac{p_1}{\gamma}} = \xi H_0$，$\varphi = \frac{1}{\sqrt{\alpha + \zeta}}$，经整理可得

$$v_1 = \varphi\sqrt{2g(H_0 - \xi H_0)} = \varphi\sqrt{1-\xi}\sqrt{2gH_0}$$

又设堰顶过水断面净宽度为 B，1—1 断面的水舌厚度为 kH_0，则 1—1 断面的面积为 $A_1 = kH_0 B$，通过 1—1 断面的流量为

$$Q = A_1 v_1 = kH_0 B\varphi\sqrt{1-\xi}\sqrt{2gH_0} = k\varphi B\sqrt{1-\xi}\sqrt{2g}H_0^{\frac{3}{2}}$$

令 $m = \varphi k\sqrt{1-\xi}$ 为堰流的流量系数，则

$$Q = mB\sqrt{2g}H_0^{\frac{3}{2}} \tag{5-1}$$

上式说明，过堰流量与堰上总水头的 3/2 次方成正比，即 $Q \propto H^{\frac{3}{2}}$。流量系数 m 与 φ、k、ξ 系数值有关。流速系数 φ 值主要反映流速分布不均匀的程度和局部阻力对堰流的影响；k 值主要反映过堰水流垂直收缩程度；ξ 值反映急变流过水断面 1—1 上动水压强不按直线分布的影响。三个系数的值主要取决于堰的边界条件及堰前水头 H。由于堰的边界条件变化多样，则堰流流量系数对于不同的边界具有不同的试验数值。接下来对于具体堰型，分别讲解。

2.2 注意事项

(1)根据下游水位是否影响堰的过流，将堰分为两类：自由出流和淹没出流。自由出流是指下游水位较低，不影响堰的过流能力时的水力现象；而当下游水位较高，影响堰的

过流能力时，叫淹没出流。但在什么情况下，下游水位才影响堰的过流能力，对于不同的堰型有不同的确定方法，在计算时用淹没系数 σ_s 来表示淹没程度。当堰为淹没出流时，$\sigma_s<1.0$；当堰为自由出流时，$\sigma_s=1.0$。

(2)当堰顶的过流宽度 B 小于堰前的引水渠宽 B_0 时(如堰顶设有闸墩和边墩等)，引起过流的侧向收缩，影响了堰的过流能力，这种堰流称为有侧收缩的堰流。侧收缩的影响程度用侧收缩系数 ε 来表示。当有侧向收缩时，$\varepsilon<1.0$；当无侧向收缩时，$\varepsilon=1.0$。

(3)当为低堰且进口不正时，则水流的流态将发生变化，其对流量的影响用流态系数 K 来表示。本书考虑进水渠顺直、正向进流条件，此时 $K=1$。

考虑各种因素的影响，堰流的一般流量公式为

$$Q=\sigma_s\varepsilon mB\sqrt{2g}H_0^{\frac{3}{2}} \tag{5-2}$$

式中 B——堰顶过水断面总净宽，$B=nb$，其中 n 为孔数，b 为单孔宽度。

堰流的水力计算，关键是根据不同类型的几何边界条件和水流条件，确定相应的流量系数 m、淹没系数 σ_s 和侧收缩系数 ε。

3 薄壁堰流的水力计算

薄壁堰是指 $\frac{\delta}{H}<0.67$ 时，过堰水流不受堰顶厚度的影响，水舌下缘与堰顶呈线性接触，水面为单一跌落曲线，这种堰流称为薄壁堰流。通过实践证明，自由出流时具有稳定的压强分布和流速分布，作用水头与流量的关系非常稳定，而且制作简单，使用方便，量测流量的精度高，一般用于实验室和小型渠道上的流量测量。

常见的薄壁堰，根据堰板开口形状，分为矩形薄壁堰、三角形薄壁堰和梯形薄壁堰等，如图5-3所示。

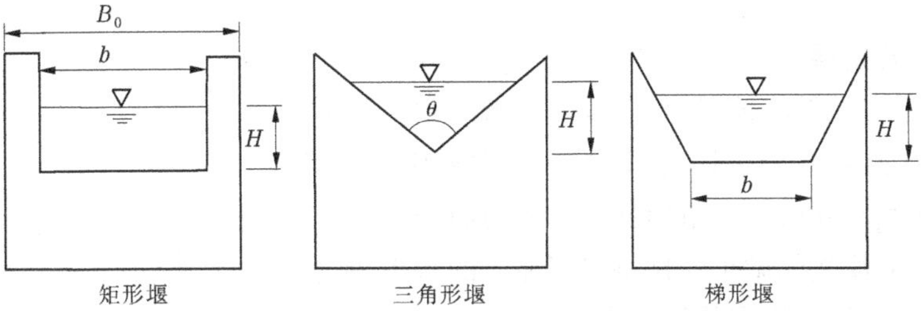

图5-3 薄壁堰

3.1 矩形薄壁堰

利用矩形薄壁堰测流量时，为了得到较高的测量精度，一般要求：

(1)自由出流(下游水位较低，不影响堰的出流)。当下游水位超过堰顶一定高度时，堰的过水能力开始减小，这种溢流状态为淹没出流。在淹没出流时，水面有较大的波动，水头不易测准，作为测流设备不宜在淹没条件下工作。为了保证薄壁堰不被淹没，一般要求 $z/P_2>0.7$，其中 z 为上、下游水位差，P_2 为下游堰高。

(2)堰上水头 $H>2.5$ cm。因为当 H 过小时,水流将贴堰溢出,不起挑,出流将不稳定,如图5-4所示。

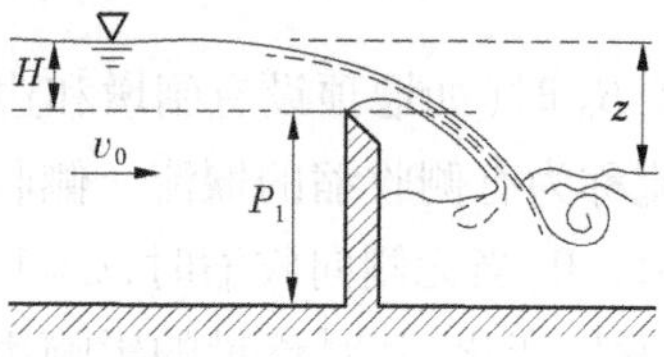

(a)矩形薄壁堰自由出流 $H>2.5$ cm

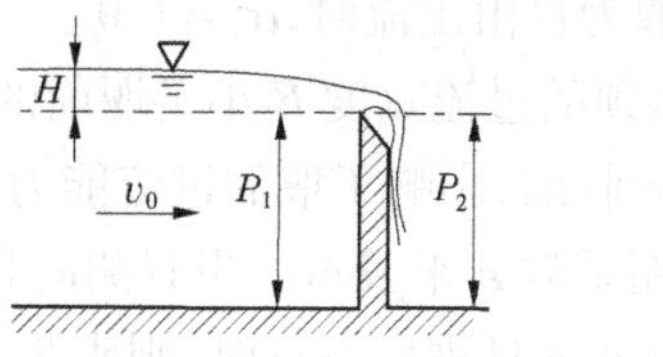

(b)矩形薄壁堰 $H<2.5$ cm时的水力现象

图5-4　矩形薄壁堰出流

(3)自由水舌下缘的空间应与大气相通;否则,由于溢流水舌把空气带走,压强降低,水舌下面形成局部真空,出流将不稳定。

在无侧收缩、自由出流时,矩形薄壁堰流的流量公式可用式(5-1) $Q=mB\sqrt{2g}H_0^{\frac{3}{2}}$。但实践中,为使用方便,将行近流速的影响计入流量系数,则把式(5-1)改写成为

$$Q = m_0B\sqrt{2g}H^{\frac{3}{2}} \tag{5-3}$$

式中　m_0——考虑行近流速影响在内的流量系数,可用雷伯克公式计算

$$m_0 = 0.4034 + 0.0534\frac{H}{P_1} + \frac{1}{1610H - 4.5} \tag{5-4}$$

适用条件:$H \geqslant 0.025$ m。

有侧收缩的矩形薄壁堰的流量系数可用板谷-手岛公式确定,即

$$m'_0 = 0.4032 + \frac{0.0066}{P_1} + 0.0534\frac{H}{P_1} - 0.0967\sqrt{\frac{(B_0-B)H}{B_0P_1}} + 0.00768\sqrt{\frac{B_0}{P_1}} \tag{5-5}$$

3.2　三角形薄壁堰

在实验室量测较小流量时,若用矩形堰时水头过小,测量精度将会降低。为了提高测量精度,常采用三角形薄壁堰,如图5-5所示。三角形薄壁堰在小水头时堰口水面宽度较小,流量的微小变化将引起显著的水头变化,在量测小流量时比矩形堰的精度高。

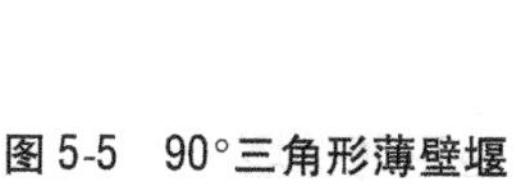

图5-5　90°三角形薄壁堰

直角三角形薄壁堰的流量计算公式:

$$Q = 1.343H^{2.47} \tag{5-6}$$

式中:H 以 m 计,Q 以 m^3/s 计。

适用条件:渠宽 $B_0>5H$,堰高 $P \geqslant 2H$ 和 $H=0.06\sim0.65$。

【例5-1】　当堰口断面水面宽度为50 cm,堰高 $P=40$ cm,水头 $H=20$ cm 时,分别计算无侧收缩矩形薄壁堰、直角三角形薄壁堰的过流量。

解:(1)无侧收缩矩形薄壁堰:$B=b=0.5$ m,$H=20$ cm $=0.2$ m,$P=40$ cm $=0.4$ m,由式(5-4)得流量系数

$$m_0 = 0.4034 + 0.0534\frac{H}{P} + \frac{1}{1610H - 4.5}$$

$$= 0.4034 + 0.0534 \times \frac{0.2}{0.4} + \frac{1}{1610 \times 0.2 - 4.5}$$

$$= 0.433$$

由式(5-3)得：

$$Q = m_0 B\sqrt{2g}H^{\frac{3}{2}} = 0.433 \times 0.5 \times \sqrt{2 \times 9.8} \times 0.2^{\frac{3}{2}} = 0.0857\ (m^3/s) = 85.7\ L/s$$

(2)直角三角形薄壁堰：$H = 0.2$ m 时，由式(5-6)得

$$Q = 1.343H^{2.47} = 1.343 \times 0.2^{2.47} = 0.0252\ (m^3/s) = 25.2\ L/s$$

由上面的例题可以看出，在同样水头作用下，矩形薄壁堰的过流量大于三角形薄壁堰的过流量。

4　实用堰的水力计算

当$0.67 < \frac{\delta}{H} < 2.5$时，称为实用堰。根据其剖面形状，可分为曲线型实用堰和折线型实用堰两类。曲线型实用堰常用于混凝土修筑的中、高水头溢流坝，堰顶的曲线形状适合于水流情况，可提高过水能力。折线型实用堰常用于中、小型溢流坝，具有取材方便和施工简单等优点。下面主要介绍曲线型实用堰，因为它在水利工程中被广泛应用。曲线型实用堰顶部经常有边墩和中墩，可能有侧收缩的影响；同时下游水位对堰的过流能力也可能产生影响，产生淹没出流，故公式仍采用式(5-2)。

$$Q = \sigma_s \varepsilon m B\sqrt{2g}H_0^{\frac{3}{2}}$$

4.1　曲线型实用堰的剖面形状

4.1.1　堰剖面组成

曲线型实用堰的剖面形状如图5-6(a)所示。一般由上游直线段AB、堰顶曲线段BC、下游斜坡段CD和反弧段DE组成。上游直线段AB可以做成铅直，也可以做成倾斜坡线；下游斜坡段CD的坡度主要依据堰的稳定和强度要求选定，一般采用1∶0.6～1∶0.7；反弧段DE的反弧半径可根据堰的设计水头及下游堰高确定。

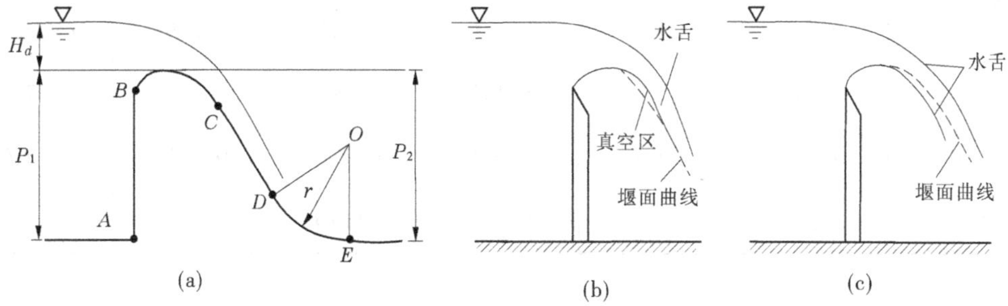

图5-6　曲线堰示意图

4.1.2 堰面分类

堰顶曲线段 BC 对过流能力影响最大，是设计曲线型实用堰剖面形状的关键。堰顶曲线段常根据矩形薄壁堰自由出流时水舌下缘面的形状来设计。根据堰面伸入水舌下缘的程度，可形成真空堰和非真空堰。

真空堰即水流溢过堰顶时，堰顶表面出现真空现象的剖面，如图 5-6(b) 所示。它主要是因水舌部分脱离堰面而造成的。它的优点是：真空可相应地增大堰的泄流量。缺点是：堰面可能受到正负压力的交替作用，增加了动荷载，且造成水流的不稳定；当真空达到一定的程度时，堰面还可能发生气蚀而遭到破坏。所以，真空剖面堰一般较少使用。非真空型堰的水流溢过堰顶时一般不出现负压，如图 5-6(c) 所示。

曲线型实用堰有许多剖面形状，其流量系数的确定与堰的剖面形状、特征尺寸（如标准堰的定型水头 H_d、驼峰堰的圆顶半径 R 等）、堰高（包括上游堰高 P_1 和下游堰高 P_2、高堰还是低堰）和实际水头等因素有关，不同的堰面有不同的流量系数的试验公式或求解图，确定的方法各有差异，可查《水力计算手册》中相应的图表，本书中不一一列举，而重点介绍常用的 WES 型实用堰。

4.1.3 WES 型实用堰堰顶曲线确定

WES 型实用堰是美国陆军工程兵团水道实验站（Waterways Experiment Station）提出的标准剖面。其剖面由曲线方程得出，便于施工控制。同时，堰面较瘦，可节省工程量。下面主要介绍 WES 型剖面实用堰的水力设计及计算问题。

（1）WES 型剖面堰顶 O 点下游采用幂曲线，按如下方程计算：

$$x^n = kH_d^{n-1}y \tag{5-7}$$

式中 H_d——堰剖面的设计水头；

x、y——以堰顶为原点的堰面曲线横、纵坐标，如图 5-7 所示；

n——与上游堰坡有关的指数，见表 5-1；

k——系数，当 $P_1/H_d > 1$ 时，k 值见表 5-1，当 $P_1/H_d \leqslant 1.0$ 时，取 $k = 2.0 \sim 2.2$。

表 5-1 WES 型剖面堰面曲线参数

上游堰面坡度 $\Delta y:\Delta x$	k	n	R_1	a	R_2	b
3:0	2.000	1.850	$0.50H_d$	$0.175H_d$	$0.20H_d$	$0.282H_d$
3:1	1.936	1.836	$0.68H_d$	$0.139H_d$	$0.21H_d$	$0.237H_d$
3:2	1.939	1.810	$0.48H_d$	$0.115H_d$	$0.22H_d$	$0.214H_d$
3:3	1.873	1.776	$0.45H_d$	$0.119H_d$		

（2）WES 型剖面堰 O 点上游一般为三段圆弧，如图 5-8 所示。其中 R_1、R_2、k、n、a、b 等参数见表 5-1。

（3）设计水头 H_d 的确定。

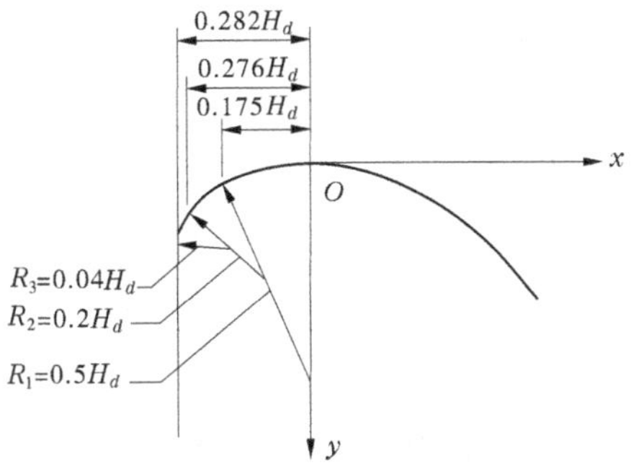

图5-7

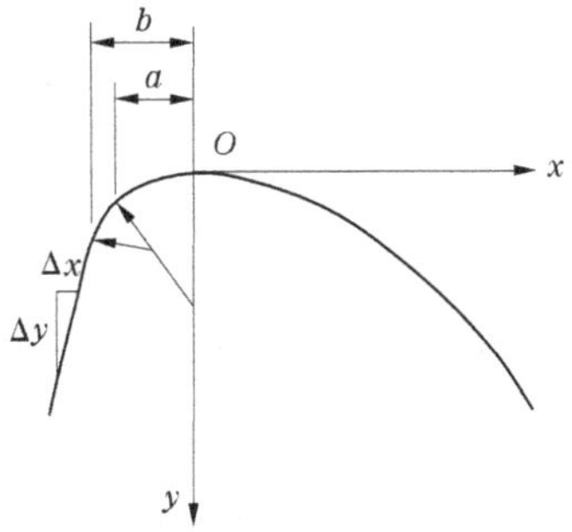

图5-8

一般情况下，对于上游堰高 $P_1 \geqslant 1.33H_d$ 的高堰，取 $H_d=(0.75\sim0.95)H_{max}$；对于 $P_1<1.33H_d$ 的低堰，取 $H_d=(0.65\sim0.85)H_{max}$。$H_{max}$ 为校核流量时的堰上水头。有时，在确定 WES 型堰剖面的定型设计水头时，还应结合堰面允许负压值综合考虑。

4.2 WES 型剖面实用堰流量系数

4.2.1 当上游堰面为铅直时流量系数

试验表明，WES 型剖面实用堰的流量系数 m 取决于上游堰高与堰剖面定型设计水头之比 $\frac{P_1}{H_d}$（称为相对堰高）和堰上全水头与设计水头之比 $\frac{H_0}{H_d}$（称为相对水头），即 $m=f(\frac{P_1}{H_d},\frac{H_0}{H_d})$，$m$ 值可按表5-2确定。对于高堰（$P_1/H_d \geqslant 1.33$），可忽略行近流速水头 $\frac{v_0^2}{2g}$，从表中可以看出，当堰上水头 H 等于设计水头 H_d 时，流量系数 $m=0.502$。

表5-2 WES 型剖面实用堰的流量系数 m

H_0/H_d	P_1/H_d				
	0.2	0.4	0.6	1.0	≥1.33
0.4	0.425	0.430	0.431	0.433	0.436
0.5	0.438	0.442	0.445	0.448	0.451
0.6	0.450	0.455	0.458	0.460	0.464
0.7	0.458	0.463	0.468	0.472	0.476
0.8	0.467	0.474	0.477	0.482	0.486
0.9	0.473	0.480	0.485	0.491	0.494
1.0	0.479	0.486	0.491	0.496	0.502
1.1	0.482	0.491	0.496	0.502	0.507
1.2	0.485	0.495	0.499	0.506	0.510
1.3	0.496	0.498	0.500	0.508	0.513

注：表中 m 值适用于二圆弧、三圆弧和椭圆曲线堰头。

4.2.2 当上游堰面为斜坡时流量系数

当上游堰面倾斜时，流量系数将受到影响，则在流量系数前乘以一个上游坡面影响系数 C 即可。上游坡面为铅直时，$C=1.0$。C 值可查表5-3，则流量公式可写成：

$$Q = Cm\sigma_s \varepsilon B\sqrt{2g}H_0^{\frac{3}{2}} \tag{5-8}$$

表 5-3　上游堰面坡度影响系数 C 值

上游堰面坡度 $\Delta y:\Delta x$	P_1/H_d						
	0.3	0.4	0.6	0.8	1.0	1.2	1.3
3:1	1.009	1.007	1.004	1.002	1.000	0.998	0.997
3:2	1.015	1.011	1.005	1.002	0.999	0.996	0.993
3:3	1.021	1.014	1.007	1.002	0.998	0.993	0.988

4.2.3　当堰面为 WES 型高堰时流量系数

当堰面为 WES 型高堰时（上游面直立），其流量系数也可用以下经验公式计算：

$$m = 0.385 + 0.149\frac{H}{H_d} - 0.040\left(\frac{H}{H_d}\right)^2 + 0.004\left(\frac{H}{H_d}\right)^3 \tag{5-9}$$

上式适用范围：$\frac{H}{H_d} = 0 \sim 1.8$。

4.3　实用堰的侧收缩系数 ε

实践证明：侧收缩系数 ε 与边墩、闸墩头部的形式、闸孔的尺寸和数目以及堰前总水头 H_0 有关。堰的剖面形式不同，确定方法也有所不同。对于 WES 型剖面高堰可用下面经验公式计算：

$$\varepsilon = 1 - 0.2[\zeta_k + (n-1)\zeta_0]\frac{H_0}{nb} \tag{5-10}$$

式中　n——闸门孔数；

H_0——上游全水头；

b——单孔宽度；

ζ_k、ζ_0——边墩和闸墩形状系数。

ζ_k 取决于边墩头部形状及进流方向，对于正向进水情况，可按图 5-9 选取。ζ_0 值取决于闸墩头部形状、闸墩伸向上游堰面的距离 L_u 及淹没程度 h_s/H_0，可查表 5-4。闸墩头部形状如图 5-10 所示。

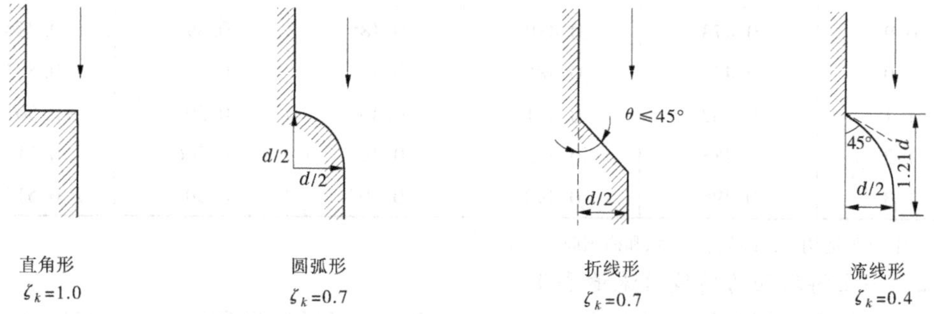

图 5-9　边墩及其形状系数

表 5-4　闸墩形状影响系数 ζ_0 值

墩头形状	$L_u=H_0$	$L_u=0.5H_0$	L_u			
			$h_s/H_0\leq0.75$	$h_s/H_0=0.80$	$h_s/H_0=0.85$	$h_s/H_0=0.90$
矩形	0.20	0.40	0.80	0.86	0.92	0.98
楔形或半圆形	0.15	0.30	0.45	0.51	0.57	0.63
尖圆形	0.15	0.15	0.25	0.32	0.39	0.46

注：h_s 为超过堰顶的下游水深。

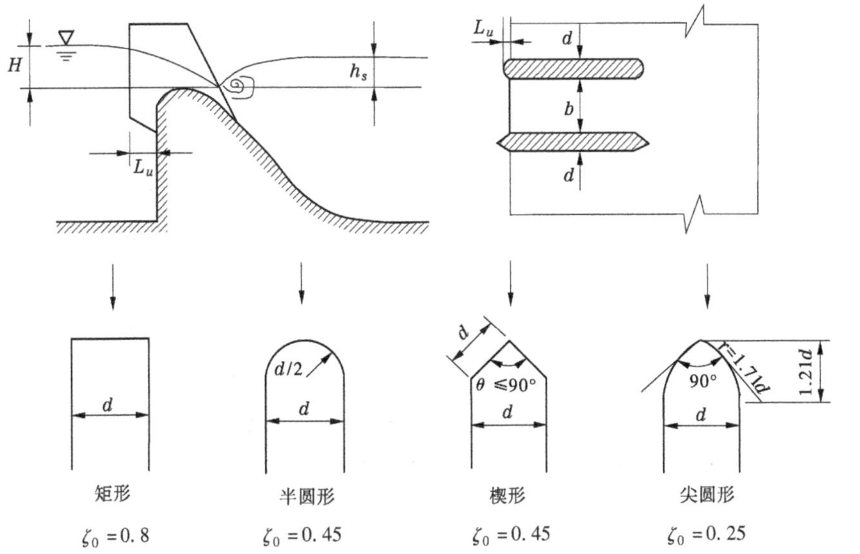

图 5-10　闸墩头部形状示意图

应注意：式(5-10)在应用中，若$\frac{H_0}{b}>1.0$时，不管$\frac{H_0}{b}$数值为多少，均按$\frac{H_0}{b}=1.0$计算。

4.4　实用堰的淹没系数 σ_s

在实际工程中，一般高堰均为自由出流，而低堰存在淹没出流现象。试验表明，当下游水位超过堰顶一定高度时($\frac{h_s}{H_0}>0.15$)，堰下游形成淹没水跃，影响过堰流量；当为低堰时($\frac{P_1}{H_0}<2$)，即使下游水位较小、低于堰高时，下游水位对过堰水流也可能产生影响。这两种情况均称为淹没出流。计算时可用淹没系数 σ_s 反映其对过堰流量的影响，见图 5-11。

【案例一及解析】　汾河某水库大坝，为碾压混凝土坝，溢流坝为高坝，坝顶高程 899.2 m，堰面曲线为 WES 型，坝净溢流长度 36 m，由 3 孔弧形闸门控制。闸墩头部半圆形，边墩圆弧形，设计水位为 909.2 m。当最大泄量为 2 787 m^3/s、下游为自由出流时，求溢流坝上游水位为多少？

解：(1)计算公式选择。

根据题意，选择溢流坝为 WES 型剖面堰，则流量计算公式采用式(5-2)：

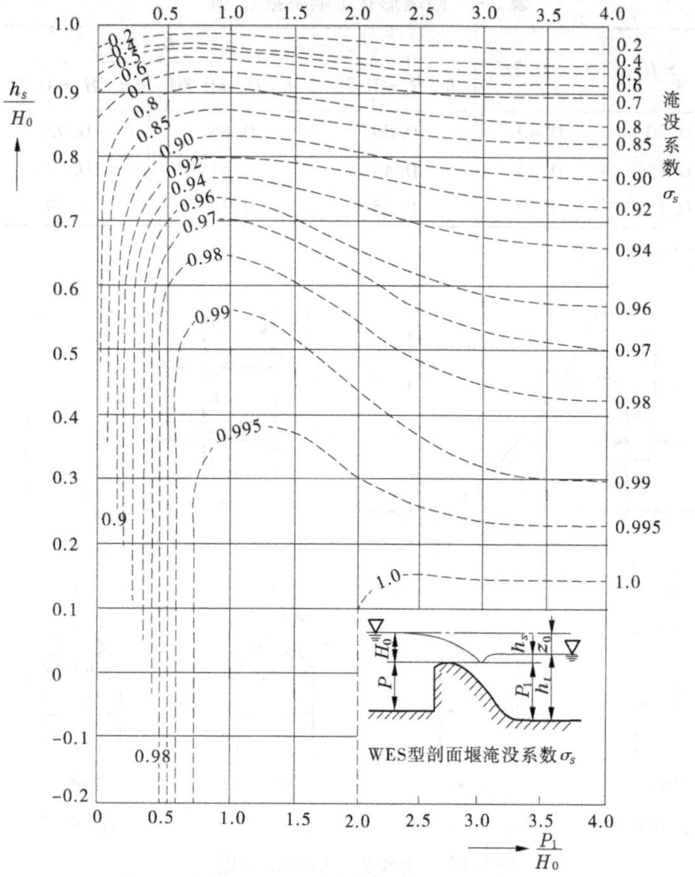

图 5-11

$$Q = \sigma_s \varepsilon m B \sqrt{2g} H_0^{\frac{3}{2}}$$

（2）作用水头 H。

因本溢流坝为高堰，上游行近流速水头约为 0，$H_0 \approx H$；因设计水位为 909.2 m，则设计水头 $H_d = 10.0$ m。

（3）淹没系数确定。

下游为自由出流，淹没系数 $\sigma_s = 1.0$。

（4）流量系数 m。

因在设计情况下运行，则流量系数按经验公式（5-9）计算

$$m = 0.385 + 0.149 \frac{H}{H_d} - 0.040\left(\frac{H}{H_d}\right)^2 + 0.004\left(\frac{H}{H_d}\right)^3$$

（5）侧收缩系数。

由题可知：堰净宽 $B = 36$ m，孔数 $n = 3$，单孔宽 $b = 12$ m，选用式（5-10）计算侧收缩系数。查图 5-9 得边墩形状系数 $\zeta_k = 0.7$，查表 5-4 得闸墩形状系数 $\zeta_0 = 0.45$，则有

$$\varepsilon = 1 - 0.2[\zeta_k + (n-1)\zeta_0] \frac{H_0}{nb}$$

$$= 1 - 0.2 \times [0.7 + (3-1) \times 0.45] \frac{H_0}{36} = 1 - 0.00889H_0$$

将上述数据代入流量计算公式，并设上游水位为910.00 m，此时

$$H_0 = 910.00 - 899.2 = 10.8(\text{m})$$

则
$$m = 0.504, \varepsilon = 0.904$$

$$Q = \sigma_s \varepsilon m B \sqrt{2g} H_0^{\frac{3}{2}} = 1.0 \times 0.904 \times 0.504 \times 36 \times \sqrt{2 \times 9.8} \times 10.8^{\frac{3}{2}}$$
$$= 2577.3(\text{m}^3/\text{s})$$

因计算流量与实际流量2 787 m^3/s不符，则说明水位假设不正确，则需另设。

另设上游水位为910.56 m，则

$$H = 910.56 - 899.2 = 11.36(\text{m})$$

计算得：
$$m = 0.508, \varepsilon = 0.899$$

$$Q = \sigma_s \varepsilon m B \sqrt{2g} H_0^{\frac{3}{2}} = 1.0 \times 0.899 \times 0.508 \times 36 \times \sqrt{2 \times 9.8} \times 11.36^{\frac{3}{2}}$$
$$= 2787.00(\text{m}^3/\text{s})$$

计算流量与实际流量相等，则上游水头即为11.36 m，上游水位为910.56 m。

【例5-2】 某河上修建WES型剖面溢流坝，已知上游水头$H=4.5$ m，上、下游堰高均为25 m，溢流坝上设闸，闸墩头部为半圆形，边墩圆弧形，上游为设计洪水位时溢流量为1 000 m^3/s。初选闸门宽度不大于8 m。求闸孔总净宽、孔数和单孔宽度。按自由出流计算。

解： 根据实用堰流量计算公式：$Q=\sigma_s \varepsilon m B \sqrt{2g} H_0^{\frac{3}{2}}$ 得：

$$B = \frac{Q}{\sigma_s \varepsilon m \sqrt{2g} H_0^{\frac{3}{2}}}$$

(1)初估孔数。

因已知$Q=1\ 000\ m^3/s$，$H=4.5$ m，$P=25$ m，则$P/H=5.56>1.33$，为高堰，则可忽略行近流速水头的影响，$H_0 \approx H$。在设计情况下的流量系数$m=0.502$，先选闸门宽$b=8$ m，侧收缩系数$\varepsilon=0.90$，$\sigma=1.0$，则闸孔总净宽为

$$B = \frac{Q}{\sigma_s \varepsilon m \sqrt{2g} H_0^{\frac{3}{2}}} = \frac{1000}{1.0 \times 0.90 \times 0.502 \times \sqrt{19.6} \times 4.5^{\frac{3}{2}}} = 52.37(\text{m})$$

则孔数$n=\frac{B}{b}=\frac{52.37}{8}=6.55$，取孔数为7孔。

(2)计算总净宽和单孔宽度。

根据闸墩形状和边墩形状查得：$\zeta_k=0.7$，$\zeta_0=0.45$，则侧收缩系数

$$\varepsilon = 1 - 0.2[\zeta_k + (n-1)\zeta_0]\frac{H_0}{nb} = 1 - 0.2 \times [0.70 + (7-1) \times 0.45] \times \frac{4.5}{7b}$$
$$= 1 - \frac{0.4371}{b}$$

将此值代入式$Q=\sigma_s \varepsilon m B \sqrt{2g} H_0^{\frac{3}{2}}$，并将所有已知数代入有

$$1000 = 1.0 \times \left(1 - \frac{0.4371}{b}\right) \times 0.502 \times 7 \times b \times \sqrt{19.6} \times 4.5^{\frac{3}{2}}$$

解得：$b=7.2$ m，则闸门总净宽 $B=7.2\times7=50.4$(m)。

该溢流坝经计算得闸门总净宽为 50.4 m，单孔宽为 7.2 m，孔数为 7 孔。

5 宽顶堰的水力计算

泄水建筑物和引水建筑物中，除采用曲线型实用堰外，采用宽顶堰的也很多，例如在水库的溢洪道进口、闸孔全开或无压涵洞进口、隧洞进口、施工围堰等（见图 5-12）。

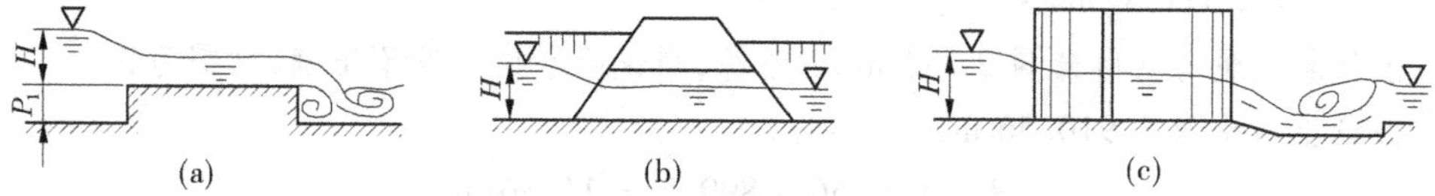

图 5-12 宽顶堰示意图

宽顶堰流量计算公式与实用堰相同为

$$Q=\sigma_s\varepsilon mB\sqrt{2g}H_0^{\frac{3}{2}}$$

5.1 流量系数的确定

宽顶堰的流量系数取决于堰的进口形状和相对高度$\frac{P_1}{H}$，进口形式有直角进口（见图 5-12(a)）、圆角进口（见图 5-13(a)）、斜坡式进口（见图 5-13(b)）、斜角进口（见图 5-13(c)）等，各自的流量系数一般用经验公式确定。

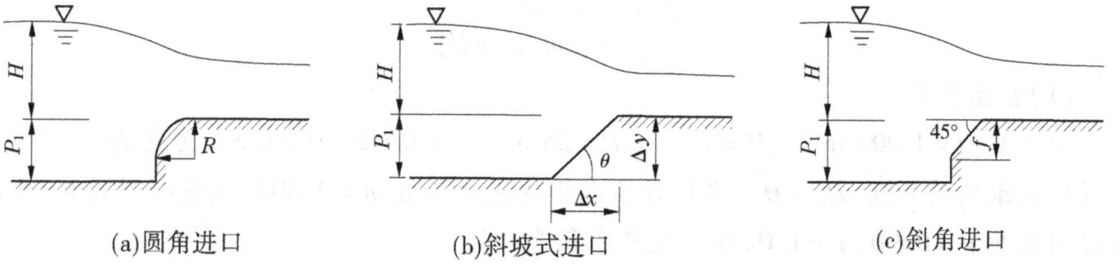

图 5-13

(1)直角进口。

$$m=0.32+0.01\times\frac{3-\frac{P_1}{H}}{0.46+0.75\frac{P_1}{H}} \tag{5-11}$$

式中 P_1——上游堰高，m；

H——总水头，m。

当$\frac{P_1}{H}\geqslant3.0$时，取 $m=0.32$。

(2)圆角进口。

$$m = 0.36 + 0.01 \times \frac{3 - \frac{P_1}{H}}{1.2 + 1.5\frac{P_1}{H}} \tag{5-12}$$

当$\frac{P_1}{H} \geqslant 3.0$时，取$m = 0.36$。

注意：式(5-11)和式(5-12)适用于$0 \leqslant \frac{P_1}{H} \leqslant 3$，当$\frac{P_1}{H} > 3$时，可令$\frac{P_1}{H} = 3$代入上式计算。

(3)斜坡进口。

斜坡进口的宽顶堰流量系数可按表5-5查得。

表5-5 上游斜坡进口宽顶堰流量系数 m

P_1/H	$\cot\theta(\Delta x/\Delta y)$					
	0	0.5	1.0	1.5	2.0	≥2.5
≈0	0.385	0.385	0.385	0.385	0.385	0.385
0.2	0.366	0.372	0.377	0.380	0.382	0.382
0.4	0.356	0.365	0.373	0.377	0.380	0.381
0.6	0.350	0.361	0.370	0.376	0.379	0.380
0.8	0.345	0.357	0.368	0.375	0.378	0.379
1.0	0.342	0.355	0.367	0.374	0.377	0.378
2.0	0.333	0.349	0.363	0.371	0.375	0.377
4.0	0.327	0.345	0.361	0.370	0.374	0.376
6.0	0.325	0.344	0.360	0.369	0.374	0.376
8.0	0.324	0.343	0.360	0.369	0.374	0.376
≈∞	0.320	0.340	0.358	0.368	0.373	0.375

5.2 侧收缩系数 ε

(1)宽顶堰的侧收缩系数计算可采用《水力计算手册》中的经验公式

$$\varepsilon = 1 - \frac{\alpha}{\sqrt[3]{0.2 + \frac{P}{H}}}\sqrt[4]{\frac{b}{B}}\left(1 - \frac{b}{B}\right) \tag{5-13}$$

式中 B——上游引渠宽，梯形断面采用一半水深处的宽度，m；

b——堰口净宽，m；

α——系数，当闸墩(或边墩)墩头为矩形，宽顶堰进口边缘为直角时，$\alpha = 0.19$，当闸墩(或边墩)墩头为曲线形，宽顶堰进口边缘为直角或圆弧时，$\alpha = 0.10$。

式(5-13)的适用条件：$\frac{b}{B} \geqslant 0.2$，$\frac{P}{H} \leqslant 3.0$。

当式中$\frac{b}{B}<0.2$时，采用$\frac{b}{B}=0.2$；当$\frac{P}{H}>3.0$时，采用$\frac{P}{H}=3.0$。

(2)当堰闸为多孔时，ε取加权平均值：

$$\varepsilon=\frac{1}{n}[\varepsilon_p(n-2)+2\varepsilon_\alpha] \tag{5-14}$$

式中　n——闸孔数；

ε_p——中孔侧收缩系数，用式(5-13)计算，取$\frac{b}{B}=\frac{b}{b+d}$($d$为墩厚)；

ε_α——边孔侧收缩系数，也用式(5-13)计算，取$\frac{b}{B}=\frac{b}{b+\Delta b}$($\Delta b$为边墩边缘与上游引渠水边线之间的水平距离)。

5.3　淹没系数 σ_s

宽顶堰自由出流时，水面呈两次跌落，从堰口到堰顶有一次跌落，并在距进口约$2H$处形成收缩断面，且收缩断面水深$h_c<h_K$，堰顶水流为急流，到堰顶下游又一次跌落；当下游水位高于堰顶，但低于K—K线时，收缩断面水深仍小于临界水深，堰顶水流继续保持急流状态，仍为自由出流，下游水头与上游总水头之比$h_s/H_0<0.8$，如图5-14(a)所示；当下游水位继续上升至高于临界水深时，堰顶产生波状水跃，如图5-14(b)所示。随着下游水位不断上升，水跃位置向上移动。实践证明：当堰顶以上$h_s\geqslant(0.75\sim0.85)H_0$时，水跃移至收缩断面上游，收缩断面水深大于临界水深，堰顶水流为缓流状态，堰流为淹没出流，如图5-14(c)所示。宽顶堰的判别条件为$h_s\geqslant0.8H_0$。宽顶堰的淹没系数可根据表5-6查得。

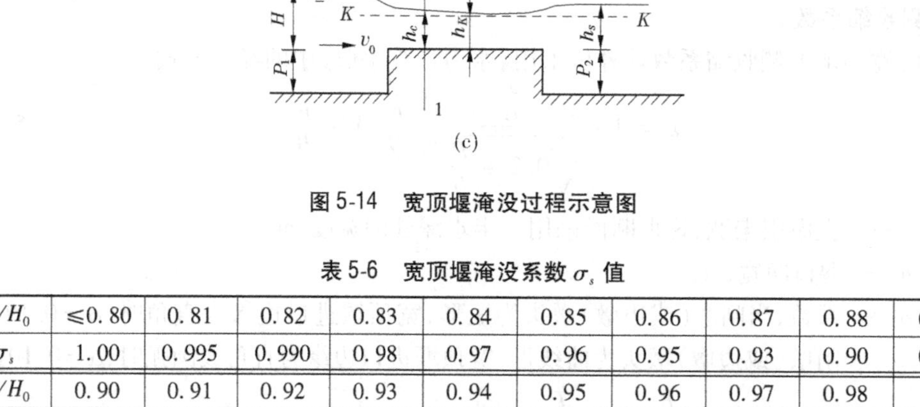

图5-14　宽顶堰淹没过程示意图

表5-6　宽顶堰淹没系数 σ_s 值

h_s/H_0	≤0.80	0.81	0.82	0.83	0.84	0.85	0.86	0.87	0.88	0.89
σ_s	1.00	0.995	0.990	0.98	0.97	0.96	0.95	0.93	0.90	0.87
h_s/H_0	0.90	0.91	0.92	0.93	0.94	0.95	0.96	0.97	0.98	
σ_s	0.84	0.82	0.78	0.74	0.70	0.65	0.59	0.50	0.40	

5.4　无坎宽顶堰

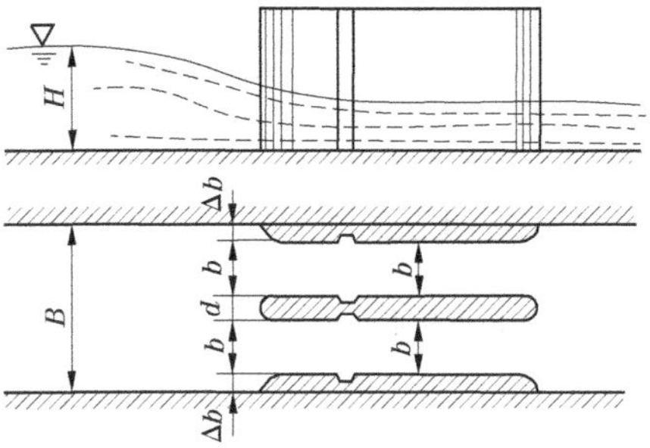

图5-15　无坎宽顶堰

无坎宽顶堰(见图5-15)的流量计算时,仍可使用宽顶堰的公式。但在计算中不再单独考虑侧向收缩的影响,而是把它包含在流量系数中一并考虑,即

$$Q = \sigma_s m_0 B \sqrt{2g} H_0^{\frac{3}{2}} \qquad (5\text{-}15)$$

式中　m_0——包含侧收缩影响在内的流量系数,根据上游翼墙和闸墩的形状、闸孔宽度 b 与行槽宽 B 的比值等因素,单孔闸门时可查表5-7得到。

若为多孔闸过流,流量系数应按下式计算:

$$m_0 = \frac{m_p(n-1) + m_a}{n} \qquad (5\text{-}16)$$

式中　m_p——中孔流量系数,查表5-7时,$\frac{b}{B}$用$\frac{b}{b+d}$代替,d 为墩厚;

m_a——边孔流量系数,查表5-7时,$\frac{b}{B}$用$\frac{b}{b+\Delta b}$代替,当多孔闸只开少数孔时,Δb 为边墩边缘与上游引渠水边线之间的水平距离。

表5-7　无坎宽顶堰的流量系数 m_0 值

b/B	直角形翼墙	八字形翼墙 cotθ				圆角形翼墙 R/b				
		0.5	1.0	2.0	3.0	0.1	0.2	0.3	0.4	≥0.5
0	0.320	0.343	0.350	0.353	0.350	0.342	0.349	0.354	0.357	0.360
0.1	0.322	0.344	0.351	0.354	0.351	0.344	0.350	0.355	0.358	0.361
0.2	0.324	0.346	0.352	0.355	0.352	0.345	0.351	0.356	0.359	0.362
0.3	0.327	0.348	0.354	0.357	0.354	0.347	0.353	0.357	0.360	0.363
0.4	0.330	0.350	0.356	0.358	0.356	0.349	0.355	0.359	0.362	0.364
0.5	0.334	0.352	0.358	0.360	0.358	0.352	0.357	0.361	0.363	0.366
0.6	0.340	0.356	0.361	0.363	0.361	0.354	0.360	0.363	0.365	0.368
0.7	0.346	0.360	0.364	0.366	0.364	0.359	0.363	0.366	0.368	0.370
0.8	0.355	0.365	0.369	0.370	0.369	0.365	0.368	0.371	0.372	0.373
0.9	0.367	0.373	0.375	0.376	0.375	0.373	0.375	0.376	0.377	0.378
1.0	0.385	0.385	0.385	0.385	0.385	0.385	0.385	0.385	0.385	0.385

注:各种翼墙形式如图5-16所示。

无坎宽顶堰的淹没系数可近似由表5-6查得。

注意:宽顶堰计算时,要注意行近流速水头的影响。宽顶堰在堰高较小或无坎的情况下,行近流速水头往往可占总水头相当大的比重。

【例5-3】　某进水闸,闸底坎为具有圆角进口的宽顶堰,堰顶高程为22.0 m,渠底高程为21.0 m。共10个孔,每孔净宽8 m,闸墩头部为半圆形,厚度 d = 1.5 m;边墩头部为

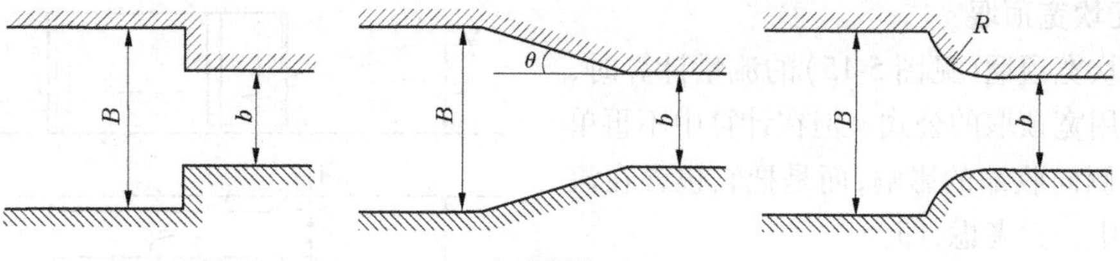

图 5-16　无坎宽顶堰翼墙形式

流线形，$\Delta b = 2$ m。当闸门全开时，上游水位为 25.50 m，下游水位为 25.00 m，闸前河道宽度为 98 m，求过闸流量。

解：（1）流量系数 m。

$$P_1 = 22.0 - 21.0 = 1.0(\text{m})$$
$$H = 25.5 - 22.0 = 3.5(\text{m})$$

因为圆角进口，则采用式(5-12)得

$$m = 0.36 + 0.01 \times \frac{3 - \dfrac{P_1}{H}}{1.2 + 1.5\dfrac{P_1}{H}} = 0.36 + 0.01 \times \frac{3 - \dfrac{1.0}{3.5}}{1.2 + 1.5 \times \dfrac{1.0}{3.5}} = 0.377$$

（2）求侧收缩系数。

因为多孔，则采用式(5-14)得

$$\varepsilon = \frac{1}{n}[\varepsilon_p(n-2) + 2\varepsilon_\alpha]$$

中孔侧收缩系数 ε_p 用式(5-13)计算，取 $\dfrac{b}{B} = \dfrac{b}{b+d}$，其中 $d = 1.5$ m，$\alpha = 0.10$，则

$$\varepsilon_p = 1 - \frac{\alpha}{\sqrt[3]{0.2 + \dfrac{P}{H}}}\sqrt[4]{\frac{b}{b+d}}\left(1 - \frac{b}{b+d}\right)$$

$$= 1 - \frac{0.10}{\sqrt[3]{0.2 + \dfrac{1}{3.5}}} \times \sqrt[4]{\frac{8}{8+1.5}} \times \left(1 - \frac{8}{8+1.5}\right) = 0.981$$

边孔侧收缩系数 ε_α 也用式(5-13)计算，取 $\dfrac{b}{B} = \dfrac{b}{b+\Delta b}$，$\Delta b = 2$ m，则

$$\varepsilon_\alpha = 1 - \frac{\alpha}{\sqrt[3]{0.2 + \dfrac{P}{H}}}\sqrt[4]{\frac{b}{b+\Delta b}}\left(1 - \frac{b}{b+\Delta b}\right)$$

$$= 1 - \frac{0.10}{\sqrt[3]{0.2 + \dfrac{1}{3.5}}} \times \sqrt[4]{\frac{8}{8+2.0}} \times \left(1 - \frac{8}{8+2.0}\right) = 0.976$$

$$\varepsilon = \frac{1}{n}[\varepsilon_p(n-2) + 2\varepsilon_\alpha] = \frac{1}{10} \times [0.981 \times (10-2) + 2 \times 0.976] = 0.980$$

(3)判别下游是否淹没。

因 $$h_s = 25.0 - 22.0 = 3.0(\text{m})$$

则 $h_s/H_0 = 3.0/3.5 = 0.857 > 0.8$，为淹没出流，查表5-6得 $\sigma_s = 0.953$。

(4)求第一次流量。

因为流量未知，行近流速无法求出，可先设 $H_0 \approx H$，则

$$Q = \sigma_s \varepsilon mB\sqrt{2g}H_0^{\frac{3}{2}} = 0.953 \times 0.980 \times 0.377 \times 10 \times 8 \times \sqrt{19.6} \times 3.5^{\frac{3}{2}}$$
$$= 816.55(\text{m}^3/\text{s})$$

(5)计入上游行近流速求流量。

$$v_0 = \frac{Q}{A} = \frac{Q}{B_0(H+P)} = \frac{816.55}{98 \times (3.5 + 1.0)} = 1.85(\text{m/s})$$

$$H_0 = H + \frac{v_0^2}{2g} = 3.5 + \frac{1.85^2}{19.6} = 3.675(\text{m})$$

$h_s/H_0 = 3.0/3.675 = 0.82 > 0.8$，为淹没出流，查表5-6得 $\sigma_s = 0.99$。

则过闸流量：

$$Q = \sigma_s \varepsilon mB\sqrt{2g}H_0^{\frac{3}{2}} = 0.99 \times 0.980 \times 0.377 \times 10 \times 8 \times \sqrt{19.6} \times 3.675^{\frac{3}{2}}$$
$$= 912.66(\text{m}^3/\text{s})$$

任务3 闸孔出流的水力计算

实际工程中的水闸，根据闸的作用和具体工程的需要，闸底坎的形式一般为宽顶堰型底坎(或含无坎宽顶堰)或实用堰型底坎。闸门形式则主要有平板闸门及弧形闸门两种。当闸门部分开启，出闸水流受到闸门控制时即为闸孔出流。

1 闸孔出流水流特征

1.1 宽顶堰上的闸孔出流特征

图5-17所示为平底上的平板闸门的闸孔出流。上游水头为 H，闸门开启高度为 e，下游水深为 h_t。闸前水流在水头 H 的作用下，经闸孔出流后，由于液流惯性作用，受闸门的约束，在距闸门 $(0.5 \sim 1.0)e$ 处出现水深最小的收缩断面。收缩断面 $c—c$ 处的水深 h_c 一般小于临界水深 h_K，水流为急流状态，而闸孔下游渠槽中的水深 h_t 一般大于临界水深 h_K，水流为缓流。因此，闸后必然发生水跃现象。水跃的位置随下游水深的大小而变，发生的位置不同对闸孔出流的影响就不一样，使得闸孔出流分为自由出流和淹没出流两类。

闸孔出流是否淹没，取决于闸后水跃的形式。

当下游水深 $h_t \leq h_c''$ 时，水跃发生在收缩断面处或下游(远离式水跃)，闸后的水跃不影响闸孔的过流能力，闸孔为自由出流，如图5-17(a)、(b)所示；当下游水深 $h_t > h_c''$ 时，闸后产生淹没式水跃，如图5-17(c)所示，影响到闸孔出流时，称为闸孔的淹没出流。h_c'' 为临界式水跃的跃后水深。

注意：对于有坎宽顶堰上的闸孔出流，只要闸门孔口断面位于宽顶堰进口后一定距离

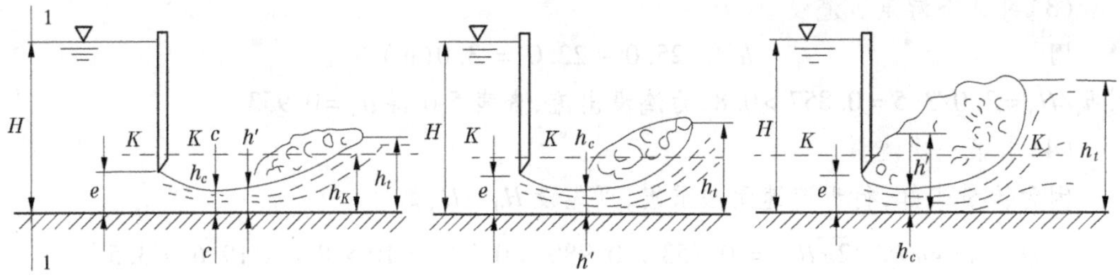

(a) $h_t<h_c''$　(b) $h_t=h_c''$　(c) $h_t>h_c''$

图 5-17　平底闸孔出流示意图

处，且收缩断面仍位于堰顶之上（见图 5-18），则上述判别条件仍完全适用。

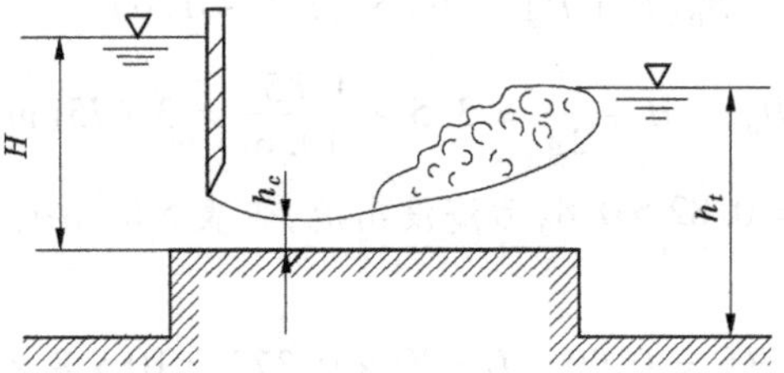

图 5-18　宽顶堰上闸孔出流

1.2　曲线型实用堰上的闸孔出流特征

曲线型实用堰上的闸孔泄流时，由于闸前水流是在整个堰前水深范围内向闸孔汇集，因此出孔水流的收缩比平底上的闸孔出流更充分、更完善。但是，出闸后的水舌在重力作用下，紧贴堰面下泄，无明显的收缩断面。

曲线型实用堰上的闸孔出流也有自由和淹没之分（见图 5-19）。当闸下水位高于闸门底边，闸下出现淹没式水跃，水跃前端接触闸门底缘，则产生闸孔淹没出流。但一般情况下，实用堰为高堰，闸孔出流多为自由出流，只有为低堰闸孔出流时，才可能产生淹没出流。

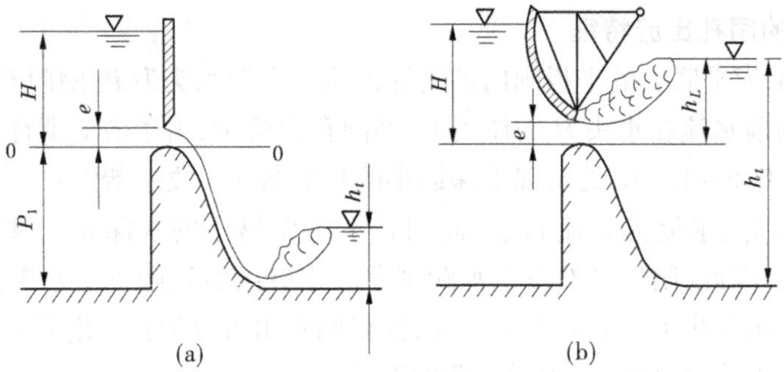

(a)　(b)

图 5-19　溢流坝上闸孔出流

2　闸孔出流的基本公式

如图 5-17（a）所示平板闸门下自由出流，今在上游取断面 1—1 和闸后 c—c 断面列能量方程：

$$H + 0 + \frac{\alpha_0 v_0^2}{2g} = h_c + \frac{\alpha_c v_c^2}{2g} + \zeta \frac{v_c^2}{2g}$$

式中 $\zeta \frac{v_c^2}{2g}$——水流从1—1断面到c—c断面的局部水头损失。

经整理得

$$H_0 = h_c + (1+\zeta)\frac{v_c^2}{2g}$$

故

$$v_c = \frac{1}{\sqrt{1+\zeta}}\sqrt{2g(H_0 - h_c)} = \varphi\sqrt{2g(H_0 - h_c)}$$

其中，$(H_0 - h_c)$称为闸孔的作用水头；令 $\varphi = \frac{1}{\sqrt{1+\zeta}}$，称其为流速系数。

设闸孔的宽度为 b，收缩断面水深 h_c 小于闸门开度 e，闸孔出流收缩程度可用垂直收缩系数 ε 表示，h_c 可表示为闸孔开度 e 与垂直收缩系数 ε 的乘积，即

$$h_c = \varepsilon e$$

ε 值的大小主要取决于闸门门型、闸门的相对开度$\frac{e}{H}$以及闸底坎形式。平板闸门的垂直收缩系数可由理论分析求得，并已经试验验证，可按表5-8选用。

表5-8　平板闸门垂直收缩系数 ε

e/H	0.10	0.15	0.20	0.25	0.30	0.35	0.40
ε	0.615	0.618	0.620	0.622	0.625	0.628	0.630
e/H	0.45	0.50	0.55	0.60	0.65	0.70	0.75
ε	0.638	0.645	0.650	0.660	0.675	0.690	0.705

平底上弧形闸门的垂直收缩系数 ε 主要取决于闸门底缘切线与水平线的夹角 θ（见图5-20），ε 与 θ 之间的关系可查表5-9。

θ 值可按下式计算：

$$\cos\theta = \frac{c-e}{R}$$

式中 c——弧形闸门的转轴高度；

R——弧形闸门的旋转半径。

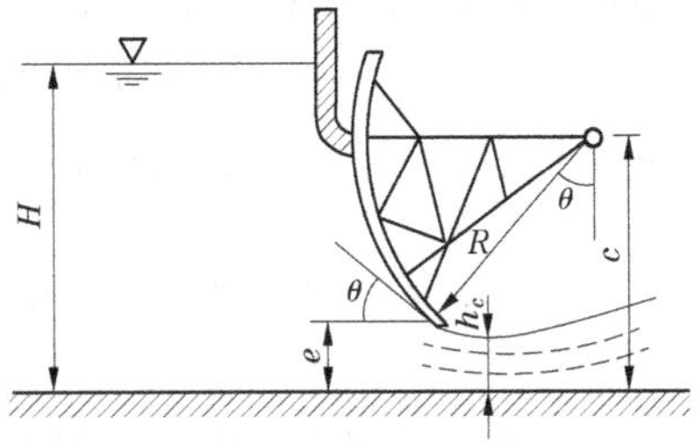

图5-20　弧形闸门示意图

流速系数 φ 反映了过闸水流的局部水头损失和收缩断面或闸孔断面的流速分布不均匀性的影响。φ 值取决于闸孔入口的边界条件，如闸坎型式、闸门底缘形状和闸门的相对开度$\frac{e}{H}$等因素，目前尚无准确的计算方法，一般计算可由表5-10查得。

表5-9　弧形闸门的垂直收缩系数

θ	35	40	45	50	55	60	65	70	75	80	85	90
ε	0.789	0.766	0.742	0.720	0.698	0.678	0.622	0.646	0.635	0.627	0.622	0.620

表 5-10　平板闸门的流速系数 φ 值

闸坎型式	水流图形	φ
闸孔出流的跌水	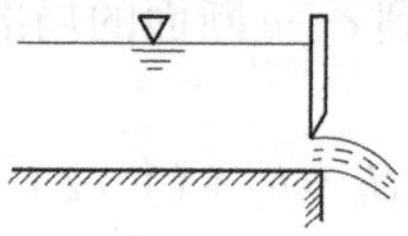	0.97 ~ 1.00
闸下底孔出流	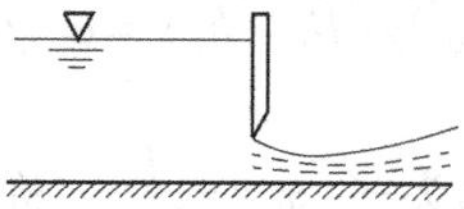	0.95 ~ 1.00
堰顶有闸门的曲线型实用堰流	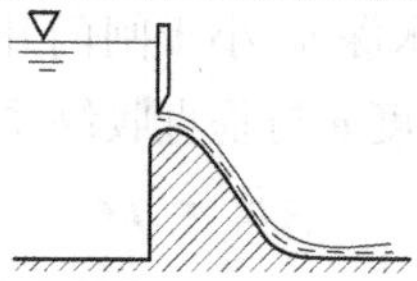	0.85 ~ 0.95
闸底坎高于渠底的闸孔出流	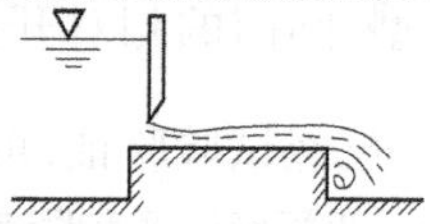	0.85 ~ 0.95

令 $\mu = \varepsilon\varphi$，则通过闸孔的流量为

$$Q = \mu be\sqrt{2g(H_0 - h_c)} \tag{5-17}$$

在流速系数 φ 和垂直收缩系数 ε 可以确定的情况下，给定上游水头 H 和闸孔开度 e，利用式(5-17)即可求得闸孔的泄流量 Q。当闸孔下游发生淹没出流时，闸孔过流能力降低，此时应乘以淹没系数 σ_s（自由出流时 $\sigma_s = 1$，淹没出流时 $\sigma_s < 1$）。

$$Q = \sigma_s \mu be\sqrt{2g(H_0 - h_c)} \tag{5-18}$$

为了便于应用，式(5-18)还可以简化为更简单的形式

$$Q = \sigma_s \mu be\sqrt{2gH_0\left(1 - \frac{h_c}{H_0}\right)} = \sigma_s \mu be\sqrt{1 - \varepsilon\frac{e}{H_0}}\sqrt{2gH_0} \tag{5-19}$$

令 $\mu_0 = \mu\sqrt{1 - \varepsilon\dfrac{e}{H_0}}$，$\mu_0$ 为闸孔自由出流的流量系数，则得

$$Q = \sigma_s \mu_0 be\sqrt{2gH_0} \tag{5-20}$$

式(5-19)、式(5-20)即为闸孔出流的基本计算公式，式(5-20)形式简单，更方便使用。

注意：(1)对于多孔、有边墩或闸墩的闸孔出流，因为侧向收缩相对垂直收缩程度来说，影响很小，一般情况下不必考虑，但流量公式中的 b 应变为 B，$B = nb$，n 为闸孔数，b 为单孔宽度，即

$$Q = \sigma_s \mu_0 Be\sqrt{2gH_0} \tag{5-21}$$

(2)对于有坎宽顶堰、实用堰底坎的闸孔出流，上述公式同样适用，主要区别在于出流边界条件发生变化，造成流量系数的不同。

(3)由式(5-19)或式(5-20)可知,闸孔出流的流量与上游水头 H_0 的 1/2 次方成正比例,即 $Q \propto H_0^{\frac{1}{2}}$。这一点与堰流的流量水头关系 $Q \propto H_0^{\frac{3}{2}}$ 不同。

(4)当闸前水头 H 较大或上游闸底坎高度 P 较大而开度 e 较小时,行近流速水头可忽略不计,即可取 $H_0 \approx H$ 代入公式计算。

3　闸孔出流的流量系数

3.1　利用推导出的公式计算 μ_0

由上述推导过程可知,平底上的闸孔出流流量系数的表达式为

$$\mu_0 = \varphi\varepsilon\sqrt{1 - \varepsilon\frac{e}{H_0}} \tag{5-22}$$

式中　ε——垂直收缩系数。

3.2　利用经验公式求 μ_0

经验流量系数应根据不同堰闸形式分别用《水力计算手册》中的公式计算。

(1)平底平板闸门:

$$\mu_0 = 0.60 - 0.18\frac{e}{H} \tag{5-23}$$

适用范围:$0.1 < \frac{e}{H} < 0.65$。

(2)弧形门平底闸:

$$\mu_0 = \left(0.97 - 0.81 \times \frac{\theta}{180°}\right) - \left(0.56 - 0.81 \times \frac{\theta}{180°}\right)\frac{e}{H} \tag{5-24}$$

适用范围:$25° < \theta \leqslant 90°$,$0.1 < \frac{e}{H} < 0.65$。

(3)平板门曲线型实用堰闸:

$$\mu_0 = 0.745 - 0.274\frac{e}{H} \tag{5-25}$$

适用范围:$0.1 < \frac{e}{H} < 0.75$。

(4)弧形门曲线型实用堰闸:

$$\mu_0 = 0.685 - 0.19\frac{e}{H} \tag{5-26}$$

适用范围:$0.1 < \frac{e}{H} < 0.75$。

4　闸孔出流的淹没系数

4.1　闸孔自由出流与淹没出流的判别

对于宽顶堰闸(包括平底闸)的闸孔出流,下游水深大于闸门开启高度 $h_t > e$,即下游水深高于闸门底边,且闸后出现淹没水跃,产生淹没闸孔出流。

关于闸后水跃形式的判别方法为:

当 $h_t > e$ 时，计算 h''_c（h''_c为临界式水跃的跃后水深）。跃前水深为 h_c（闸后收缩断面水深）相对应的跃后水深为 h''_c。

当 $h_t > h''_c$时，产生淹没式水跃。

当 $h_t < h''_c$时，产生远离式水跃，闸孔必为自由出流。

$$h''_c = \frac{h_c}{2}\left(\sqrt{1 + 8\frac{v_c^2}{gh_c}} - 1\right)$$

$$v_c = \varphi\sqrt{2g(H_0 - h_c)}$$

或
$$h''_c = \frac{h_c}{2}\left(\sqrt{1 + 8\frac{q^2}{gh_c^3}} - 1\right)$$

式中　q——自由出流时的闸孔单宽流量；

h''_c——当跃前水深为 h_c 时所计算出的跃后水深。

4.2　淹没系数的确定

对于平板闸门判别为淹没出流时，可利用 e/H、$\Delta Z/H$ 查图 5-21 得淹没系数。

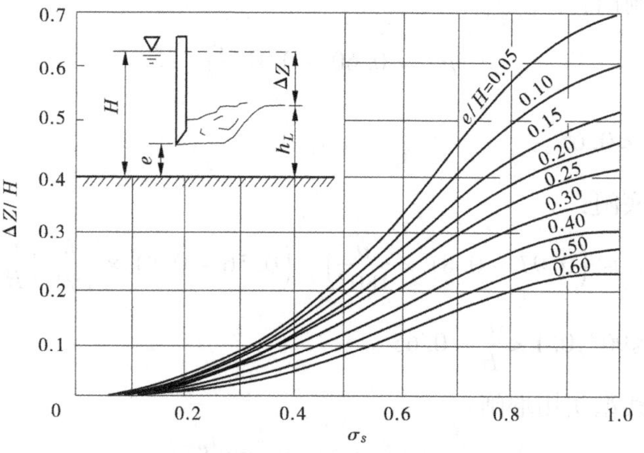

图 5-21　平底平板闸门淹没系数曲线图

【例 5-4】　某矩形渠道中修建一水闸，共两孔，每孔宽度 $b = 3$ m，闸门为平板闸门，闸底板与渠底齐平，闸前水深 $H = 6$ m，闸门开度 $e = 1.5$ m，求：

（1）闸孔自由出流时的流量。

（2）当闸下游水位升高为 4.0 m 时，其他条件不变，求闸孔出流量。

解：1. 闸孔自由出流时的流量

（1）判别是否为闸孔出流。

因为$\frac{e}{H} = \frac{1.5}{6} = 0.25 < 0.65$，故为闸孔出流，忽略闸上游流速水头的影响，即 $H \approx H_0$。

（2）计算过闸流量。

①利用公式 $Q = \sigma_s \mu Be\sqrt{2g(H_0 - h_c)}$。

由$\frac{e}{H} = 0.25$ 查表 5-8 得 $\varepsilon = 0.622$，查表 5-10 得流速系数 $\varphi = 0.97$，则流量系数为

$$\mu = \varepsilon\varphi = 0.622 \times 0.97 = 0.603$$

$$Q = \sigma_s \mu B e \sqrt{2g(H_0 - h_c)}$$
$$= 1 \times 0.603 \times 2 \times 3 \times 1.5 \times \sqrt{2 \times 9.8 \times (6 - 0.622 \times 1.5)}$$
$$= 54.08(\mathrm{m^3/s})$$

②利用公式 $Q = \sigma_s \mu_0 B e \sqrt{2gH_0}$。

$$\mu_0 = 0.60 - 0.18\frac{e}{H} = 0.60 - 0.18 \times \frac{1.5}{6} = 0.555$$

$$Q = \sigma_s \mu_0 B e \sqrt{2gH_0}$$
$$= 1 \times 0.555 \times 2 \times 3 \times 1.5 \times \sqrt{2 \times 9.8 \times 6} = 54.17(\mathrm{m^3/s})$$

由上可知,两种计算流量的公式计算所得的值基本相同。

2. 求闸孔出流量

当闸下游水位升高为4.0 m时,其他条件不变,求闸孔出流量。

(1)判别闸后水跃形式:

因闸后的水深 $h_s = 4.0 > e = 1.50$ m,则可能为淹没出流。

由 $\frac{e}{H} = 0.25$ 查表5-8得 $\varepsilon = 0.622$,查表5-10得流速系数 $\varphi = 0.97$,则

$$h_c = \varepsilon e = 0.622 \times 1.5 = 0.933(\mathrm{m})$$

$$v_c = \varphi\sqrt{2g(H_0 - h_c)} = 0.97 \times \sqrt{2 \times 9.8 \times (6 - 0.933)} = 9.67\ (\mathrm{m/s})$$

$$h_c'' = \frac{h_c}{2}\left(\sqrt{1 + 8\frac{v_c^2}{gh_c}} - 1\right) = \frac{0.933}{2} \times \left(\sqrt{1 + 8 \times \frac{9.67^2}{9.8 \times 0.933}} - 1\right) = 3.78\ (\mathrm{m})$$

则下游水深大于临界式水跃的跃后水深,为淹没水跃,因此闸孔为淹没出流。

(2)查淹没系数 σ_s:

由 $\frac{\Delta Z}{H} = \frac{6-4}{6} = 0.333$,$\frac{e}{H} = 0.25$ 查图5-21得 $\sigma_s = 0.76$。

(3)实际流量 Q:

$$Q = \sigma_s \mu B e \sqrt{2gH_0} = 0.76 \times 0.555 \times 2 \times 3 \times 1.5 \times \sqrt{2 \times 9.8 \times 6} = 41.17(\mathrm{m^3/s})$$

【案例二及解析】 山西省鲍家河水库泄洪控制闸如图5-22所示。控制闸长12.50 m,总净宽54.0 m,无坎宽顶堰进口形式,堰顶高程947.0 m,分为9孔,每孔净宽6.0 m,设有平板闸门。上游引水渠为梯形,$m = 2$。闸墩为浆砌石结构,墩头为半圆形,厚1.2 m;边墩为圆弧形,半径 $R = 9.5$ m。中部缝墩厚2.0 m,墩高7.5 m,设计水头3.0 m。闸后为陡坡。试确定当闸门在不同开度时的流量。

解:设计水头为3.0 m时,水流为闸孔出流或是堰流,首先要看相对开度 $\frac{e}{H}$。对于无坎宽顶堰上的闸孔,$\frac{e}{H} \leqslant 0.65$ 时为闸孔出流,$\frac{e}{H} > 0.65$ 时为堰流。

因 $H = 3.0$ m,则 $e = 0.65H = 1.95$ m 时为临界值,即 $e \leqslant 1.95$ m 时为闸孔出流,$e > 1.95$ m 时为宽顶堰流。

1. 当 $0.03\ \mathrm{m} < e \leqslant 1.95$ m 时的闸孔流量计算

(1)流量计算公式选取。

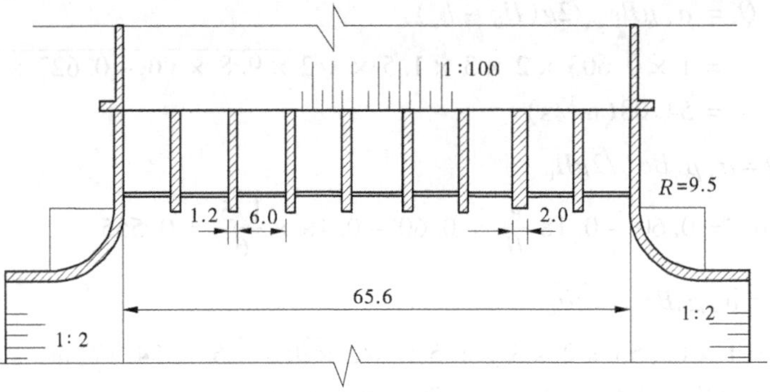

图 5-22　鲍家河水库泄洪洞　（单位:m）

因闸门为平板门，底坎为平底，闸孔孔数 $n=9$ 孔，每孔净宽 $b=6$ m，则流量计算公式为闸孔出流基本公式 $Q=\sigma_s\mu_0 Be\sqrt{2gH_0}$，流量系数选取式 $\mu_0=0.60-0.18\dfrac{e}{H}$。

闸孔孔数 $n=9$，每孔净宽 $b=6.0$ m，则总净宽 $B=54.0$ m。

闸墩厚度 $d=1.2$ m，有分缝的闸墩厚 $d'=2.0$ m，则闸前渠底宽度

$$B_0=nb+8d+d'=9\times6.0+8\times1.2+2.0=65.6(\text{m})$$

闸前为梯形断面，梯形边坡 $m=2$，则闸前断面面积为

$$A_0=(B_0+mH)H=(65.6+2\times3)\times3=214.8(\text{m}^2)$$

闸上游总水头 $H_0=H+\dfrac{v_0^2}{2g}$，闸上游行近流速：$v_0=\dfrac{Q}{A_0}$

因闸后为陡坡，则闸孔出流为自由出流，$\sigma_s=1.0$。

(2)流量计算。

①因闸孔流量计算需要知道 H_0，而 H_0 的计算又需要流量，则该计算是一个试算过程，可利用 Excel 表格进行试算，见表 5-11、表 5-12。

表 5-11　闸孔流量试算表

假设流量 Q_j (m^3/s)	闸前水头 H (m)	闸前过水断面面积 A_0(m^2)	上游流速 v_0 (m/s)	闸前总水头 H_0 (m)	开度 e (m)	相对开度 e/H	闸孔净宽 B (m)	流量系数 μ_0	计算流量 Q_{j+1} (m^3/s)
0	3	214.8	0	3.000	0.2	0.067	54.0	0.588	48.70
48.70	3	214.8	0.227	3.003	0.2	0.067	54.0	0.588	48.72
48.72	3	214.8	0.227	3.003	0.2	0.067	54.0	0.588	48.72

②闸孔流量计算。

设闸孔开度 $e=0.2$ m，计算流量。

闸孔流量系数：

$$\mu_0=0.60-0.18\frac{e}{H}=0.60-0.18\times\frac{0.2}{3.0}=0.588$$

初步计算设 $H_0 \approx H, B = 54.0$ m，则

$$Q = \sigma_s \mu_0 Be\sqrt{2gH_0} = 1 \times 0.588 \times 6 \times 9 \times 0.2 \times \sqrt{2 \times 9.8 \times 3} = 48.70(\mathrm{m^3/s})$$

③计算行近流速及 H_0。

$$v_0 = \frac{Q}{A_0} = \frac{48.70}{214.8} = 0.227(\mathrm{m/s})$$

$$H_0 = H + \frac{v_0^2}{2g} = 3 + \frac{0.227^2}{2 \times 9.8} = 3.003(\mathrm{m})$$

则

$$Q = \sigma_s \mu_0 Be\sqrt{2gH_0} = 1 \times 0.588 \times 6 \times 9 \times 0.2 \times \sqrt{2 \times 9.8 \times 3.003} = 48.72(\mathrm{m^3/s})$$

计算过程见表5-11，因此当开度 $e = 0.2$ m 时，流量为 48.72 $\mathrm{m^3/s}$。

当闸门开度在 $0.2\ \mathrm{m} < e \leq 1.95$ m 时的闸孔流量计算如表5-12所示。

表5-12 不同开度的闸孔流量计算结果表

闸前水头 H (m)	闸前断面面积 A_0 ($\mathrm{m^2}$)	上游行近流速 v_0 (m/s)	闸前总水头 H_0 (m)	开度 e (m)	相对开度 e/H	闸孔净宽 B (m)	流量系数 μ_0	计算流量 Q_{j+1} ($\mathrm{m^3/s}$)
3	214.8	0.227	3.003	0.2	0.067	54.0	0.588	48.72
3	214.8	0.445	3.010	0.4	0.133	54.0	0.576	95.56
3	214.8	0.655	3.022	0.6	0.200	54.0	0.564	140.64
3	214.8	0.857	3.037	0.8	0.267	54.0	0.552	183.98
3	214.8	1.051	3.056	1	0.333	54.0	0.540	225.69
3	214.8	1.237	3.078	1.2	0.400	54.0	0.528	265.75
3	214.8	1.416	3.102	1.4	0.467	54.0	0.516	304.19
3	214.8	1.587	3.129	1.6	0.533	54.0	0.504	340.99
3	214.8	1.751	3.156	1.8	0.600	54.0	0.492	376.15
3	214.8	1.830	3.171	1.9	0.633	54.0	0.486	393.10
3	214.8	1.869	3.178	1.95	0.650	54.0	0.483	401.41

2. 当 $e > 1.95$ m 时的流量计算

当闸门开度 $e > 1.95$ m 时为堰流，该堰为平底，按无坎宽顶堰流计算。

(1)已知数据：闸上游水头 $H = 3.0$ m，闸室长度即堰顶厚度 $\delta = 12.5$ m，单孔净宽 $b = 6.0$ m，孔数 $n = 9$，总净宽 $B = 54.0$ m。闸墩厚度 $d = 1.2$ m，有分缝的闸墩厚 $d' = 2.0$ m。

闸前渠底宽度 $B_0 = nb + 8d + d' = 9 \times 6 + 8 \times 1.2 + 2 = 65.6(\mathrm{m})$，$R = 9.5$ m。

闸前为梯形断面，梯形边坡 $m = 2$，则闸前断面面积为

$$A_0 = (B_0 + mH)H = (65.6 + 2 \times 3) \times 3 = 214.8(\mathrm{m^2})$$

(2)堰上总水头 H_0。

堰上游行近流速：$v_0 = \dfrac{Q}{A_0}$

堰上游总水头：$H_0 = H + \frac{v_0^2}{2g}$

(3)流量系数。

因为多孔闸过流，流量系数应按式(5-16)计算：$m_0 = \frac{m_p(n-1)+m_a}{n}$

中孔流量系数 m_p：

因 $\frac{b}{B} = \frac{b}{b+d} = \frac{6}{6+1.2} = 0.83$；又因墩头为半圆形，墩厚为 $d = 1.2$ m，则此时的 $R = d/2 = 0.6$ m，$R/b = 0.6/6 = 0.1$，查表 5-7 得 $m_p = 0.367$。

边孔流量系数 m_a：

因闸前引水渠为梯形断面，梯形边坡 $m = 2$，则边墩到引水渠边线的距离 $\Delta b = mh = 6$ m，$\frac{b}{B} = \frac{b}{b+\Delta b} = \frac{6}{6+6} = 0.5$，$R/b = 9.5/6 = 1.58 \geqslant 0.5$，则查表 5-7 得 $m_a = 0.366$。

则流量系数 m_0：

$$m_0 = \frac{m_p(n-1)+m_a}{n} = \frac{0.367 \times (9-1) + 0.366}{9} = 0.367$$

(4)流量计算用式(5-15)：$Q = \sigma_s m_0 B \sqrt{2g} H_0^{\frac{3}{2}}$

因流量未知，则闸上游行近流速也不知道。

①初估流量。因闸后直接陡坡，则为自由出流，$\sigma_s = 1.0$。设 $H_0 \approx H$，则有

$$Q = \sigma_s m_0 B \sqrt{2g} H_0^{\frac{3}{2}} = 1.0 \times 0.367 \times 54 \times \sqrt{2 \times 9.8} \times 3^{\frac{3}{2}} = 455.90(\text{m}^3/\text{s})$$

②将上面的流量代入上面的总水头 $H_0 = H + \frac{v_0^2}{2g}$ 计算公式，重新计算流量，并利用试算法得最终流量为 527.93 m^3/s。具体试算可设计 Excel 表格进行，结果如表 5-13 所示。

表 5-13　堰流流量试算表

假设流量 $Q(\text{m}^3/\text{s})$	堰上水头 $H(\text{m})$	堰前断面面积 $A_0(\text{m}^2)$	行近流速 $v_0(\text{m/s})$	堰前总水头 $H_0(\text{m})$	堰流量系数 m_0	单孔宽 $b(\text{m})$	孔数 n	总净宽 $B(\text{m})$	计算流量 $Q(\text{m}^3/\text{s})$
0	3	214.8	0	3.00	0.367	6	9	54	455.90
455.90	3	214.8	2.12	3.23	0.367	6	9	54	509.28
509.28	3	214.8	2.37	3.29	0.367	6	9	54	522.82
522.82	3	214.8	2.43	3.30	0.367	6	9	54	526.51
526.51	3	214.8	2.45	3.31	0.367	6	9	54	527.53
527.53	3	214.8	2.46	3.31	0.367	6	9	54	527.82
527.82	3	214.8	2.46	3.31	0.367	6	9	54	527.90
527.90	3	214.8	2.46	3.31	0.367	6	9	54	527.92
527.92	3	214.8	2.46	3.31	0.367	6	9	54	527.93
527.93	3	214.8	2.46	3.31	0.367	6	9	54	527.93

【案例三及解析】 山西省临汾浍河水库溢洪道，引水渠末端宽40 m，底板高程为480.4～480.7 m，1%的倒坡向上游延伸；闸室长20 m，总宽40 m，底板表面高程480.7 m，闸室分三孔，每孔净宽12 m，设有钢结构弧形工作闸门（宽×高为12 m×5.4 m，转轴高度3.0 m，旋转半径为5.0 m）；闸后第一泄槽段桩号为0+020～0+190 m，长170 m，为矩形断面，宽40 m，纵坡1/200。浍河水库防洪标准为100年一遇洪水设计，1 000年一遇洪水校核。100年一遇最高洪水位为485.07 m。试确定该泄洪闸泄流量为400 m^3/s时的闸门开度e，并计算出该水位时闸孔的最大泄量。

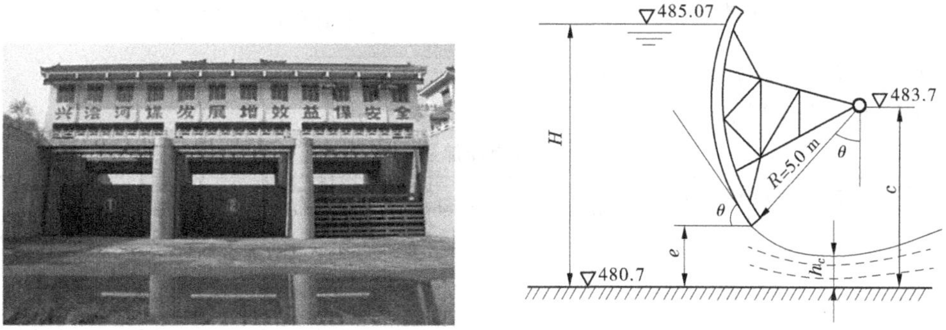

图5-23 浍河水库溢洪道泄洪闸

解：1. 计算流量为400 m^3/s时的闸孔开度e

（1）已知数据。

$H=485.07-480.7=4.37(m)$，闸孔净宽$B=36$ m，孔数$n=3$孔，单孔净宽$b=12$ m，$R=5.0$ m，$c=3.0$ m，堰高$P_1=480.7-480.4=0.3(m)$。

（2）选取公式。

根据题意，闸孔流量计算选式(5-21)：$Q=\sigma_s\mu_0Be\sqrt{2gH_0}$，因暂时无法判别出流情况，先按自由出流计算，式中的淹没系数$\sigma_s=1.0$。

因闸底板处为平底，闸门为弧形闸门，故有：$\cos\theta=\dfrac{c-e}{R}$

流量系数选经验公式(5-24)：

$$\mu_0=\left(0.97-0.81\frac{\theta}{180^\circ}\right)-\left(0.56-0.81\frac{\theta}{180^\circ}\right)\frac{e}{H}$$

$$A_0=B_0(H+P_1)=40\times(4.37+0.3)=186.8(m^2)$$

（3）计算闸前总水头H_0。

因闸前宽$B_0=40$ m，$Q=400$ m^3/s，$H=4.37$ m，$P_1=0.3$ m，则

闸前流速：
$$v_0=\frac{Q}{A_0}=\frac{400}{186.8}=2.141(m/s)$$

闸上游总水头：

$$H_0=H+\frac{v_0^2}{2g}=4.37+\frac{2.141^2}{2\times9.8}=4.604(m)$$

（4）利用Excel表格中工具栏功能：单变量求解计算闸孔开度。

首先设闸孔开度 e 计算流量，看是否与已知流量相等，如果不等，则利用 Excel 表格中的单变量求解功能。

①设 $e=2.0$ m，则

$$\cos\theta = (c - e)/R = (3.0 - 2.0)/5.0 = 0.2$$

则 $\theta = \arccos 0.2 = 78.46°$

$$\frac{e}{H} = \frac{2.0}{4.37} = 0.46$$

$$\mu_0 = \left(0.97 - 0.81\frac{\theta}{180°}\right) - \left(0.56 - 0.81\frac{\theta}{180°}\right)\frac{e}{H} = 0.522$$

$$Q = \mu_0 Be\sqrt{2gH_0} = 0.522 \times 36 \times 2.0 \times \sqrt{19.6 \times 4.604} = 357.03(\mathrm{m^3/s})$$

计算结果见表 5-14。

表 5-14　闸孔出流流量计算表

闸前总水头 H_0(m)	门轴高 c(m)	旋转半径 R(m)	开度 e(m)	e/H	$\cos\theta$	θ(°)	流量系数 μ_0	计算流量 Q($\mathrm{m^3/s}$)
4.604	3.0	5.0	2.0	0.46	0.20	78.46	0.522	357.03

②利用 Excel 表格单变量求解功能。

首先用鼠标选中流量单元格 357.03，然后点击“工具”下拉菜单中的单变量求解（或“数据”下的模拟分析），出现对话框，在对话框中“目标值”中输入 400，接着将鼠标点击对话框中的“可变单元格”，然后点击表格中的对应位置，再点击确定，即可得出正确的开度 e，计算结果见表 5-15。

表 5-15　利用 Excel 表格求对应流量 400 $\mathrm{m^3/s}$ 时的闸孔开度

闸前总水头 H_0(m)	门轴高 c(m)	旋转半径 R(m)	开度 e(m)	e/H	$\cos\theta$	θ(°)	流量系数 μ_0	计算流量 Q($\mathrm{m^3/s}$)
4.604	3.0	5.0	2.42	0.55	0.12	83.37	0.48	400

（5）判别闸孔出流形式。

闸孔下游为底坡 1/200 的第一泄槽段，桩号为 0+020～0+190 m。因为此段较长，最大水深处近似为明渠均匀流水深。根据流量 400 $\mathrm{m^3/s}$，糙率 $n=0.016$，经计算可得均匀流水深 $h_0=1.69$ m，临界水深为 $h_K=2.17$ m，则水流为急流，闸后不可能发生水跃现象，则闸孔出流为自由出流。

2. 求当闸门的相对开度 $\frac{e}{H}>0.65$ 时堰的泄流量

当 $\frac{e}{H}>0.65$，即 $e>2.84$ m 时为堰流，此时计算采用为堰流公式

$$Q = \sigma_s \varepsilon m B\sqrt{2g}H_0^{\frac{3}{2}}$$

（1）流量系数 m 的确定。

因堰上游底板高程为 480.4～480.7 m，1% 的倒坡向上游延伸，则上游为斜角进口计算，堰高为 $P_1=0.3$ m，$H=4.37$ m，$\frac{P_1}{H}=\frac{0.3}{4.37}=0.07$；又因 $\cot\theta>2.5$，查表 5-5 得 $m=$

0.384。

(2)侧收缩系数的确定。

宽顶堰的侧收缩系数计算可采用式(5-13)：$\varepsilon = 1 - \dfrac{\alpha}{\sqrt[3]{0.2 + \dfrac{P}{H}}}\sqrt[4]{\dfrac{b}{B}}(1 - \dfrac{b}{B})$

因墩头为曲线型，则 $\alpha = 0.10$。

因堰闸为多孔 $b = 12$ m，$n = 3$，$B = 36$ m，$d = 2.0$ m，$\Delta b = 3$ m，$\dfrac{b}{B} = 0.33 \geqslant 0.2$，$\dfrac{P}{H} \leqslant 3.0$，$\varepsilon$ 取加权平均值用公式(5-14)：$\varepsilon = \dfrac{1}{n}[\varepsilon_p(n-2) + 2\varepsilon_\alpha]$。

①中孔侧收缩系数 ε_p 用式(5-13)计算：

$$\frac{b}{B} = \frac{b}{b+d} = \frac{12}{12+2.0} = 0.857$$

$$\varepsilon_p = 1 - \frac{\alpha}{\sqrt[3]{0.2 + \dfrac{P}{H}}}\sqrt[4]{\frac{b}{B}}(1 - \frac{b}{B})$$

$$= 1 - \frac{0.1}{\sqrt[3]{0.2 + 0.07}}\sqrt[4]{0.857} \times (1 - 0.857) = 0.98$$

②边孔侧收缩系数 ε_α，也用式(5-13)计算：

取 $b/B = b/(b + \Delta b) = 12/(12+3) = 0.8$

$$\varepsilon_\alpha = 1 - \frac{\alpha}{\sqrt[3]{0.2 + \dfrac{P}{H}}}\sqrt[4]{\frac{b}{B}}(1 - \frac{b}{B})$$

$$= 1 - \frac{0.1}{\sqrt[3]{0.2 + 0.07}} \times \sqrt[4]{0.8} \times (1 - 0.8) = 0.97$$

③侧收缩系数：

$$\varepsilon = \frac{1}{n}[\varepsilon_p(n-2) + 2\varepsilon_\alpha] = \frac{1}{3} \times [0.98 \times (3-2) + 2 \times 0.97] = 0.973$$

(3)堰前总水头 H_0。

闸前行近流速：
$$v_0 = \frac{Q}{A_0} = \frac{Q}{B_0(H + P_1)}$$

闸上游总水头：
$$H_0 = H + \frac{v_0^2}{2g}$$

(4)流量。

$$Q = \sigma_s \varepsilon m B\sqrt{2g}H_0^{\frac{3}{2}}$$

由于流量未知，H_0 无法确定，则需试算。可利用 Excel 表格进行试算，结果如表 5-16 所示。表中显示堰孔在水位 485.07 m 时的最大泄量为 671.72 m^3/s。

表 5-16 浍河水库泄洪闸闸门全开时流量计算

假设流量 (m^3/s)	堰上水头 (m)	上游面积 (m^2)	行近流速 (m/s)	总水头 (m)	孔数	单孔宽度 (m)	总净宽 (m)	流量系数	侧收缩系数	流量 (m^3/s)
0	4.37	186.80	0	4.37	3	12	36	0.384	0.973	544.00
544.00	4.37	186.80	2.91	4.80	3	12	36	0.384	0.973	626.76
626.76	4.37	186.80	3.36	4.94	3	12	36	0.384	0.973	654.70
654.70	4.37	186.80	3.50	5.00	3	12	36	0.384	0.973	665.12
665.12	4.37	186.80	3.56	5.02	3	12	36	0.384	0.973	669.14
669.14	4.37	186.80	3.58	5.02	3	12	36	0.384	0.973	670.71
670.71	4.37	186.80	3.59	5.03	3	12	36	0.384	0.973	671.33
671.33	4.37	186.80	3.59	5.03	3	12	36	0.384	0.973	671.57
671.57	4.37	186.80	3.60	5.03	3	12	36	0.384	0.973	671.67
671.67	4.37	186.80	3.60	5.03	3	12	36	0.384	0.973	671.70
671.70	4.37	186.80	3.60	5.03	3	12	36	0.384	0.973	671.72
671.72	4.37	186.80	3.60	5.03	3	12	36	0.384	0.973	671.72

(5)堰流是否为自由出流。

根据流量 671.72 m^3/s 计算闸后明渠均匀流水深和临界水深可得：闸下游明渠均匀流水深 2.14 m，临界水深为 3.06 m，水流流态为急流，急流到急流不会发生水跃，且 $h_s = 2.14$ m，$H_0 = 5.03$ m，$h_s/H_0 = 2.14/5.03 = 0.42 < 0.8$，说明闸室下游为自由出流，计算结果正确。

小 结

一、基本概念

堰：对水流有局部约束且顶部溢流的建筑物。

堰流：经堰顶下泄并具有自由降落水面的水流。

闸孔出流：从闸门下缘间的孔口泄出，且受闸门或胸墙控制的水流称为闸孔出流。

二、闸孔出流和堰流的区别与联系

这两种水流的共同点：上游水位壅高，都是势能转化为动能的过程，计算水头损失时只考虑局部水头损失。不同点：堰流由于不受闸门的控制，水面线为一光滑连续的降水曲线；闸孔出流由于受闸门的控制，闸孔上、下游的水面是不连续的。

三、堰流及闸孔出流的基本公式

堰流： $Q=\sigma_s \varepsilon m B\sqrt{2g}H_0^{3/2}$

闸孔出流： $Q=\sigma_s \mu b e\sqrt{2g(H_0-h_c)}$

【拓展知识】

一、迷宫堰简介

迷宫堰是平面上呈锯齿状折线型布设的薄壁堰（俗称锯齿堰），它的溢流前沿比相同宽度溢洪道上的直线堰大几倍或几十倍。所以，其溢流能力比直线堰大得多。在堰上作用水头不变的情况下可大幅提高泄洪流量，或流量相同时可减小堰上作用水头，抬高堰顶高程，增加兴利库容。在近些年水库的溢洪道、溢流坝中应用较多（见图5-24），在有些地区塘堰改造中也得到应用，运行情况良好（见图5-25）。

图5-24 锯齿堰

图5-25 塘堰迷宫堰

迷宫堰在平面上根据单宫形状有三角形和梯形两种形式，三角形水力特性最佳，但溢流水舌间常相互干扰，因此在工程上一般采用接近于三角形的梯形布设。

目前，迷宫堰过流能力的计算有戴维斯法、犹他州水工实验室法、美国垦务局法和我国的张志军－何建京法（简称张－何法）等。其中，张－何法在适用范围、计算精度方面具有优势，因此应用较为广泛。

张－何法计算方法如下：

$$Q = m_w W\sqrt{2g}H_0^{\frac{3}{2}} \tag{5-27}$$

式中 m_w——按宽度 W 计算的流量系数，$m_w=f\left(\frac{w}{P},\frac{L}{W},\frac{H_0}{P_1}\right)$；

W——有效过水总宽度，$W=nw$；

w——单宫宽度；

P——迷宫堰高；

P_1——下游堰高；

L——迷宫堰总展长，$L=nl$，l 为单宫展长；

H_0——堰上总水头 $H_0 = H + \dfrac{\alpha_0 v_0^2}{2g}$，$H$ 为堰上作用水头。

式中各项符号如图 5-26、图 5-27 所示。

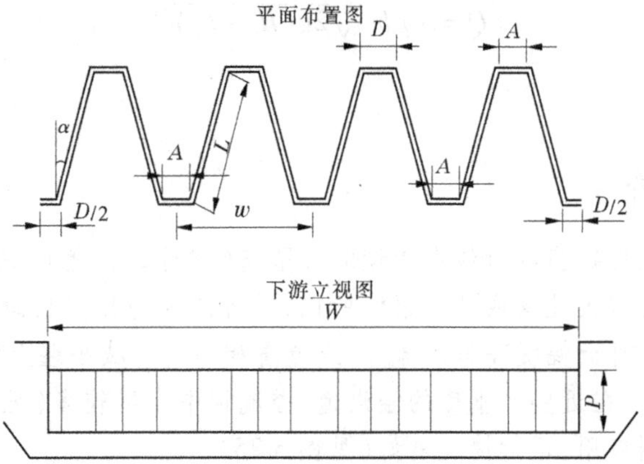

图 5-26　直线型迷宫堰示意图

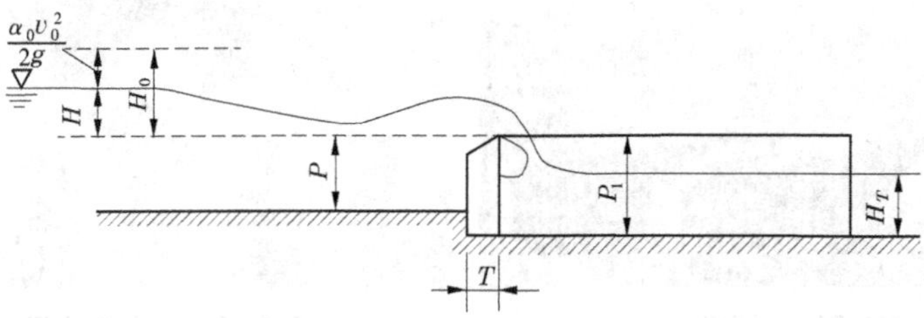

图 5-27　迷宫堰剖面图

二、侧堰简介

由于分洪或引水需要，在主流旁侧岸边（如河岸、渠堤）设分水口形成侧堰，如图 5-28(a)所示。当主流为缓流时，沿分水口口门水面成壅水状态，如图 5-28(b)所示；当主流为急流时，沿口门水面成降水状态，如图 5-28(c)所示。因河渠水流多为缓流，以下给出主流为缓流时的侧堰计算公式。

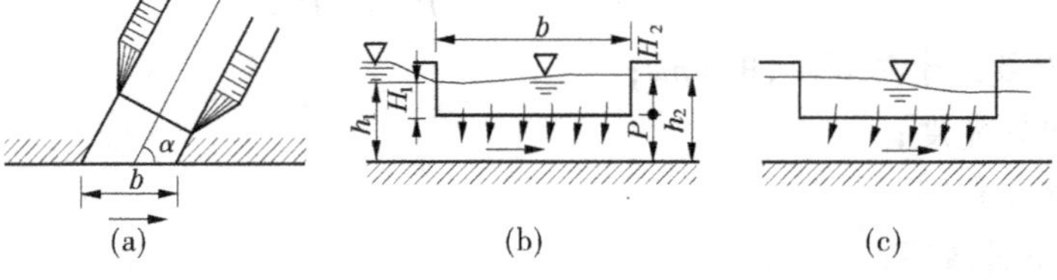

图 5-28　侧堰

当分水角为锐角时的侧堰水力计算

$$Q = Cb\sqrt{2g}\overline{H}^{\frac{3}{2}} \tag{5-28}$$

$$b = \frac{B}{C}\left[F\left(\frac{h_2}{E_{s2}},\frac{P}{E_{s2}}\right) - F\left(\frac{h_1}{E_{s1}},\frac{P}{E_{s1}}\right)\right] \tag{5-29}$$

$$E_s = h + \frac{v^2}{2g} \tag{5-30}$$

式中 $\overline{H}$——H_1 和 H_2 的平均值，H_1、H_2 见图5-28；

B、b——河渠宽度和侧堰堰宽；

E_s——断面单位能量；

h、v——断面水深和流速；

C——流量系数，可取 $C=0.95m$，m 为正堰流量系数；

P——堰高；

F——$\frac{h}{E_s}$和$\frac{P}{E_s}$的函数，由式(5-31)或图5-29得到。

$$F\left(\frac{h}{E_s},\frac{P}{E_s}\right) = \frac{2E_s - 3P}{E_s - P}\sqrt{\frac{E_s - h}{h - P}} - 3\tan^{-1}\sqrt{\frac{E_s - h}{h - P}} \tag{5-31}$$

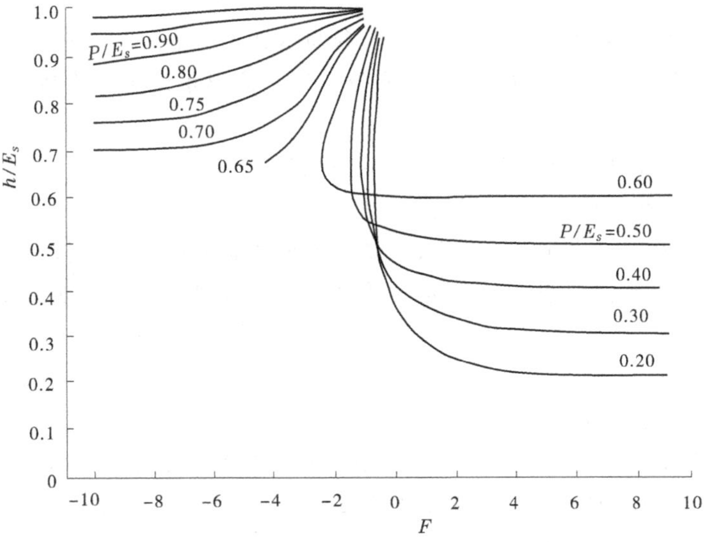

图5-29 函数 $F\sim h/E_s$ 曲线

三、人字闸

人字闸是一种半固定式蓄水闸门，由于其支架为人字状，故称人字闸。它主要由人字架、挡水面板、闸基及两岸闸墩和翼墙四部分组成，对于大中型人字闸还可以考虑增设铺盖、海漫与消力池等辅助工程。由于人字闸具有投资小、见效快、蓄水和泄水调度运用简单易行、灵活方便，既能解决冲淤问题的优点，又能实现蓄清排浑、小水大用、闲水忙用，因此近些年在工程中得到了大量应用。

人字闸结构如图5-30所示,当闸门全开时两扇门叶分别隐靠在闸墙边的门龛中(与闸的横轴线垂直);闸门关闭时,两扇门叶在水压力作用下于接缝柱处挤紧,且分别与船闸的横轴线成夹角,门叶的开启和关闭由启闭机械控制。

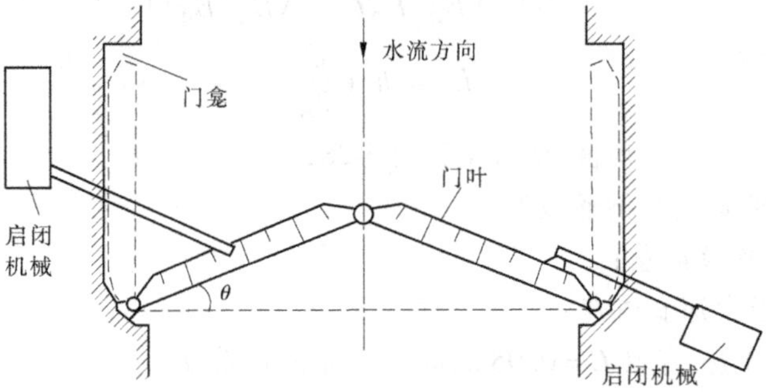

图5-30　人字闸结构示意图

四、高速水流简介

水利工程中骨干工程的泄水建筑物如溢流坝、泄水陡槽、泄洪隧洞、放水底孔等上下游水位差都比较大,一般落差均在几十米,有的高达百米以上。而落差愈大,流速愈大,有的流速甚至高达每秒几十米,即所谓高速水流。这种高速水流会产生诸多特殊的水力学问题,并对建筑物产生一定的影响。

(一)高速水流的压强脉动现象及对建筑物的影响

1. 高速水流的脉动现象及脉动压强

在高速水流情况下,由于流速很大,水流内部涡体旋转速度非常快,液体质点横向运动很强烈,使水流发生高度紊流,所以动水压强脉动十分剧烈。在一般紊流水流计算中,对压强通常只考虑时均压强,而不考虑脉动压强的影响,但在高速水流中,压强脉动十分剧烈,不可忽略。

2. 脉动压强对水工建筑物的影响

动水压强脉动对建筑物的不利影响,概括起来主要有以下三个方面:

(1)增大建筑物的瞬时荷载。在正脉动压强的作用下,建筑物所受的瞬时荷载高于时均荷载,增大了对建筑物强度的要求。也就是说,在高速水流情况下,设计中若只考虑时均压强而不考虑脉动压强对建筑物的影响,建筑物就会有破坏的可能。

(2)可能引起建筑物的振动。由于脉动压强具有周期性变化,压强时大时小往复作用在建筑物上,可能促使建筑物强烈振动,当压强的脉动频率与建筑物的自振频率相近时,还可能引起建筑物的共振,影响其正常运行,甚至造成建筑物的破坏。

(3)增大了气蚀发生的可能性。在负脉动压强的作用下,建筑物上所受的瞬时压强大大降低,增大了建筑物发生气蚀破坏的可能性。高水头泄水建筑物的某些部位,如泄洪隧洞进口的收缩部分及转弯段、闸门槽附近、溢流坝顶或坝面不平整处等,常发生建筑物表面被严重剥蚀和破坏现象。

根据气蚀产生的原因，目前工程上要避免或减轻气蚀，主要采取以下几个方面的措施：

(1)尽可能将边界轮廓设计成流线型。

(2)建筑物施工时，尽可能降低建筑物表面的粗糙程度。局部突起必须做成具有一定坡度的平面。

(3)对低压区进行人工通气，以减轻负压作用和缓冲气穴溃灭时的冲击作用。

(4)对于难以完全避免气穴的部位，选用高强度等级的混凝土、环氧树脂加填料或合成塑胶等抗气蚀能力较强的材料进行护面，可减轻气蚀危害，延长建筑物使用寿命。

(二)明渠高速水流掺气

1. 水流的掺气现象

当陡槽、高水头明流隧洞或较高的溢流坝泄洪时，水流流速很高，当流速达到一定程度(如陡槽中流速大于7～8 m)时，水流表面波破碎而卷入空气，空气就会大量掺入水流中，形成乳白色的水气混合体，这种现象称为水流的掺气现象。掺气水流从上到下分为三个区域，上部为水点跃移区，中部为气泡悬移区，底部为清水区。当水流高度掺气时，清水区就不存在。

2. 水流掺气对水工建筑物的影响

高速水流掺气后，对水工建筑物的影响主要有以下几个方面：

(1)水流掺气后造成水体膨胀，使得水深加大，导致陡槽的边墙需要加高或泄洪隧洞的开挖断面要加大。

(2)对无压泄水隧洞，如果对掺气的估计不足，洞顶余幅预留太小时，有可能造成有压或明满交替的水流现象，使得水流不断冲击边界，威胁洞身的安全。

(3)水流的紊动掺气加大了脉动压强，增大了建筑物的瞬时荷载，从而提高了对建筑物的强度要求。

(4)掺气水流可以加强消能效果，减轻水流对下游的冲击作用，从而减小水流对下游河床的冲刷坑深度。

(5)掺气水流可以减轻或消除气蚀。

从以上几个方面来看，掺气对水工建筑物的作用是有利也有弊的，只有很好地认识了这些规律，扬利去弊，才能保证水工建筑物的设计达到既安全又合理的效果。

(三)明渠急流冲击波

1. 冲击波现象

对于具有收缩段、扩散段以及弯道的溢洪道或陡槽，槽中水流往往属于急流。此时渠槽对侧壁的偏转对水流有扰动作用，使下游形成一系列呈菱形的扰动波，这种现象称为冲击波现象。图5-31为底坡一致的明渠在对称收缩段产生冲击波的情形。

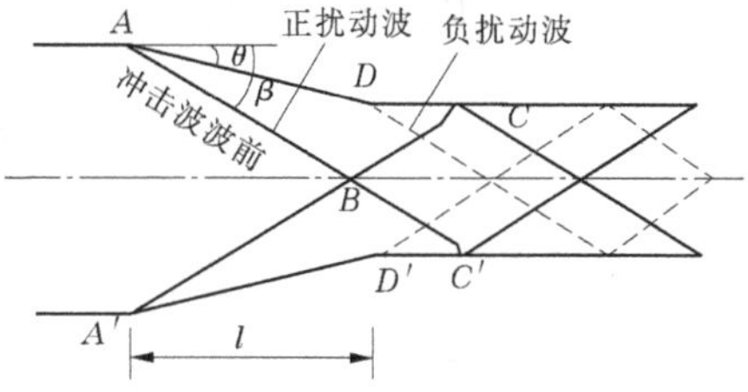

图5-31 冲击波产生示意图

冲击波的产生，对水利工程主要有两个方面的影响：一是使水流局部壅高，增加了边墙高度，从而提高了工程造价；二是当冲击波传到下游出口时，使水流部分能量集中，增加了下游消能的难度。实际工程中，一般尽量避免冲击波的产生。但有时因地形限制或工程实际需要而难以避免时，设计中应估计其水深壅高值，确保建筑物的安全运行。

2. 冲击波的成因

如图 5-31 所示，当有巨大惯性的急流遇到内偏折（凹岸）点 A 及 A' 的内偏折边墙（AD 及 $A'D'$）阻碍时，水流对边墙产生冲击，而边墙迫使水流转向，水面局部壅高，在内折点处产生正扰动波，各自斜向冲击对岸边墙，并不断斜向朝下游反射和传播，如图 5-31 中实线所示；当水流遇到边墙的外偏折（凸岸）点时，水流突然失去依托，水面局部降落，在外偏折点 D 及 D' 处产生两个负扰动波，也各自斜向冲击对岸边墙，并不断斜向朝下游反射和传播，如图 5-31 中虚线所示。冲击波之所以不断斜向朝下游反射和传播，一是因为急流流速大于波速，扰动波不可能向上游传播，只能向下游传播；二是当扰动波横向朝对岸传播时，与急流合成后，使得扰动线（波前）呈一向下游倾斜的斜线。由于在偏折点产生的扰动波不断穿梭似地向对岸传播和反射，从而形成了有规律的冲击波现象。可见，边界偏折是产生冲击波的外因，急流的巨大惯性是内因，如果水流是缓流，无论边界怎样偏折，都不会形成冲击波。

3. 避免和减轻冲击波的措施

（1）设计时尽量减小偏折角。

（2）采取正、负扰动波互相干扰抵消的措施，也能达到减轻冲击波的目的。如图 5-31 所示的收缩段，只要适当选择偏折角 θ 或收缩段长度 l 值，使 C 与 D 重合或 C' 与 D' 重合，正、负冲击波即可互相抵消。

（3）局部抬高渠底，增加动水压力使之与扰动波引起的冲击力相平衡，也能减轻或避免收缩段或扩散段的冲击波。

4. 陡槽中的滚波简介

在平直的陡槽中，若槽身较宽，水深较浅，且坡度较大时，将会产生一种横贯整个渠槽，波速大于流速，并出现大波追小波，聚叠成更大的波，不断以滚雪球的方式向前传播的现象，这种波浪称为滚波，如图 5-32 所示。

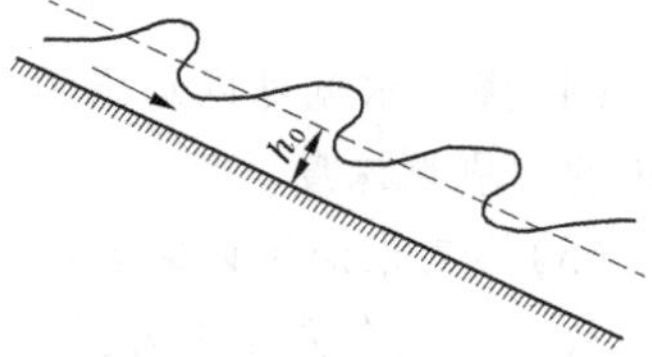

图 5-32　滚波现象

滚波发生以后，陡槽中的水流由原来的恒定流变成非恒定流，减小了渠道的输水能力，并在陡槽的出口处形成不稳定的周期性冲击，对消能设施构成很大威胁。在工程中可采取减小陡槽宽度或人工加糙、增加水深等措施来避免滚波的发生。

技能训练题

一、概念题

（1）什么叫堰和堰流？

（2）堰流和闸孔出流有何区别与联系？

(3)宽顶堰下游产生淹没水跃时,是否一定是淹没出流?宽顶堰的淹没出流如何判别?

(4)如何判别闸孔出流是自由或淹没出流?

(5)堰流流量计算时关键要确定哪些系数?这些系数各自有哪些影响因素?

二、计算题

(1)在一矩形渠槽中,设置一无侧收缩的矩形薄壁堰。已知堰宽 $b=0.5$ m,上下游堰高相同,$P=0.70$ m,下游水深 $h_t=0.6$ m,当堰上水头 $H=0.4$ m 时,试求过堰流量。

(2)某直角三角形薄壁堰,堰高 $P=0.65$ m,上游渠槽水面宽度 $B=2.0$ m。今测得堰上水头 $H=0.3$ m,求自由出流时的过堰流量。

(3)某电站溢洪道拟采用 WES 曲线型实用堰(见图 5-33)。已知:上游设计水位高程为 267.85 m;设计流量 $Q_d=684$ m^3/s,对应的下游水位高程 210.5 m;筑坝处河底高程为 180 m;上游河道近似为矩形断面,水面宽度 $B=200$ m,已确定溢流坝做成三孔,每孔净宽 $b=16$ m;闸墩头部为半圆形,边墩头部为圆弧形。试确定:①堰顶高程;②当上游水位高程分别为 267.0 m 和 269.0 m 时,自由出流情况下通过堰的泄流量。

(4)某河中筑有单孔 WES 曲线型溢流坝。已知:筑堰处河底高程为 12.2 m,堰顶高程为 20.00 m,上游设计水位高程为 21.31 m,下游水位高程为 16.35 m,坝前河道断面近似为矩形,河道宽度 $B=100$ m,边墩头部为圆弧形。试求上游为设计水位时,通过流量 $Q=100$ m^3/s所需的堰顶宽度 B。

(5)某矩形断面渠道上修建一宽顶堰(见图 5-34)。堰宽 $b=2$ m,堰高 $P=P_1=1.0$ m,边墩头部为方形,堰顶头部为直角形。若 $H=2$ m 时,求下列情况下的过堰流量:①渠道宽度 $B=2$ m,堰顶以上的下游水深 $h_t=1.0$ m;②$B=3$ m,$h_t=1.0$ m;③$B=3$ m,$h_t=1.8$ m。

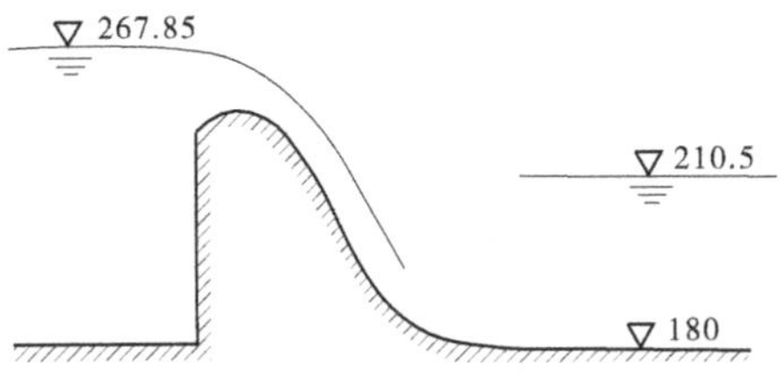

图 5-33 (单位:m)

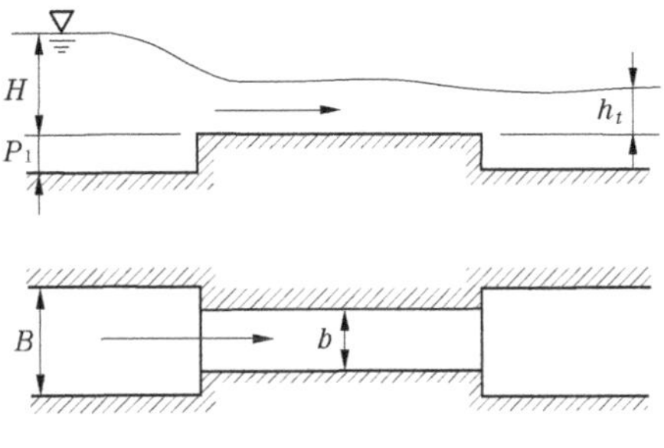

图 5-34

(6)某拦河闸共 9 孔,每孔净宽为 14 m;闸墩厚为 3.5 m,闸墩头部为半圆形,边墩迎水面为圆弧形,圆弧半径 $r=5$ m,计算厚度为 3 m;闸前水位高程为 18 m,闸底板与上游河底平齐,高程为 6 m;闸前行近流速为 3 m/s;下游水位不影响出流。试确定闸门全开时的过闸流量。

(7)在一梯形长渠道上建闸,建闸处为矩形断面,下游用渐变段与梯形渠道相连。过

闸流量 $Q=40\ m^3/s$，渠道底宽 $b=12$ m，边坡系数 $m=1.5$，渠底坡度 $i=0.000\ 4$，粗糙系数 $n=0.025$。每孔闸宽 $b=4$ m，共两孔，当闸门开度 $e=1.0$ m 时，求闸前水深 H(提示：判别闸孔出流形式时，需要计算梯形渠道的正常水深 h_0)。

(8)某水利枢纽设有平底冲沙闸，用弧形闸门控制流量。闸孔宽 $b=10$ m，弧形门半径 $R=15$ m，门轴高程为 16.0 m，上游水位高程为 18.0 m，闸底板高程为 6.0 m。试计算：闸孔开度 $e=2.0$ m，下游水位高程为 8.5 m 及 14.0 m 时，通过闸孔的流量(不计行近流速水头的影响)。

(9)在底宽 $b=6.8$ m，边坡系数 $m=1.0$ 的梯形渠道中，设置有两孔水闸，用平板闸门控制流量。闸底坎高度为零，闸孔为矩形断面，闸墩头部为半圆形，墩厚 $d=0.8$ m；边墩头部为矩形。试求闸孔开度 $e=0.6$ m，闸前水深 $H=1.6$ m 时，保证通过流量 $Q=9.0\ m^3/s$ 时，所需的闸孔宽度 b(下游为自由出流)。

项目6 泄水建筑物下游消能水力分析计算

案例 山西省某水闸单宽流量 $q=12.50\ m^3/(s\cdot m)$，上游水位28.00 m，下游水位24.50 m，渠底高程21.00 m，闸底高程22.00 m，$\varphi=0.95$，求闸下游收缩断面水深 h_c，并判别水跃形式，确定是否修建消力池。

任务1 建筑物下游消能水力分析

为了控制、利用水流，在河、渠中修建了堰、闸等泄水建筑物，泄水建筑物约束了水流运动，使建筑物上游水位升高，下游产生急流，特别是对于上游为高水头的泄流建筑物来说，下泄水流的流速可达每秒几十米，若不采取有效工程措施消除下泄水流能量，会冲刷紧接泄水建筑物的河槽，危及建筑物的安全。所以，需在泄水建筑物下游设置消能工程，用以消除下泄水流能量，保护建筑物的安全。

目前，实际工程中常采用的水流衔接与消能形式主要有底流式、挑流式和面流式三种。

1 底流式衔接与消能

水流自闸、坝下泄时，势能逐渐转化为动能，流速增大，水深减小，到达 c—c 断面，水深最小，称该断面为收缩断面，其水深以 h_c 表示。h_c 一般都小于临界水深，水流属于急流，而下游河渠中的水深 h_t 常大于临界水深，属于缓流。由急流向缓流过渡，必然要发生水跃，如图6-1(a)所示。底流式衔接与消能就是在建筑物下游修建消力池，如图6-1(b)、(c)所示，控制水跃在消力池内发生，利用水跃消能(可消耗大部分下泄水流能量)，同时可以减小急流范围，使水流安全地与下游缓流衔接。在这种衔接与消能过程中，因为水流主流靠近河床底部，因此又称为底流式衔接与消能。底流式衔接与消能多用于中、低水头及下游地质条件较差的泄水建筑物的消能。

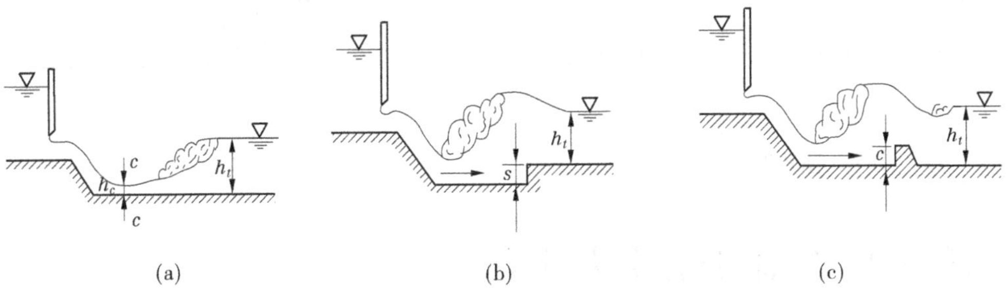

图6-1

2 挑流式衔接与消能

这种消能方式是利用在泄水建筑物末端修建的反弧坎，将下泄的水流挑离建筑物，使之落入下游较远的河道中，如图 6-2 所示。挑射的水流在空中受到空气阻力，水舌扩散，消耗一部分能量。落入下游水流中后，与下游水体碰撞，产生剧烈的混掺紊动，又消耗大量的能量，从而达到消能目的。因为是被挑向下游与下游水流进行衔接，因此称这种衔接与消能为挑流式衔接与消能。挑流式衔接与消能多用于高水头且下游河床地质条件好的泄水建筑物下游的消能。

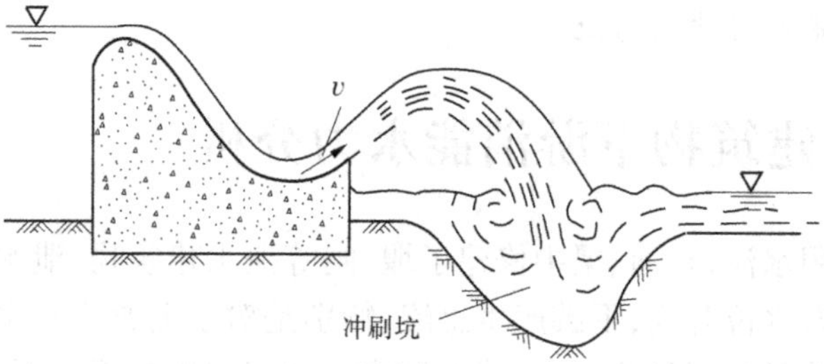

图 6-2

3 面流式衔接与消能

当下游水深较大且较稳定时，常将建筑物末端做成垂直跌坎，跌坎顶部低于下游水位，如图 6-3 所示。下泄的水流被送到下游水流表层，底部形成巨大的旋滚，然后主流在垂直方向逐渐扩散，并与下游水流衔接。其消能是在底部旋滚和主流扩散的过程中实现的。因为高流速的主流位于表层，故称这种消能衔接形式为面流式衔接与消能。

除上述三种基本消能形式外，还可以将这三者相互结合起来得到综合式消能措施。图 6-4 所示就是一种底流与面流相结合的形式，称为戽流式衔接与消能。本项目只介绍常用的底流式衔接与消能和挑流式衔接与消能的水力计算方法。其他消能方式的水力计算，可查阅《水力计算手册》或《水利技术标准汇编》。

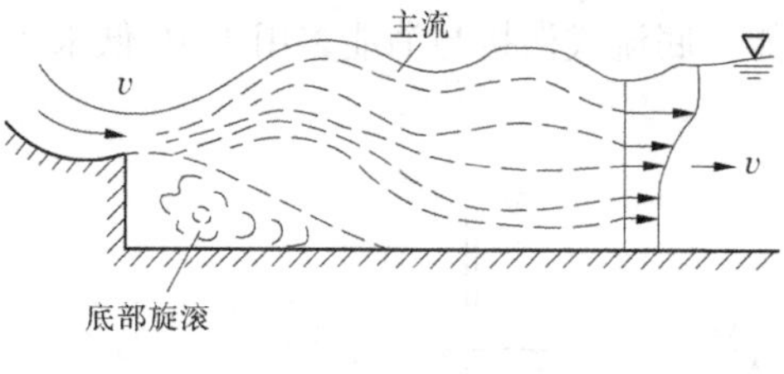

图 6-3

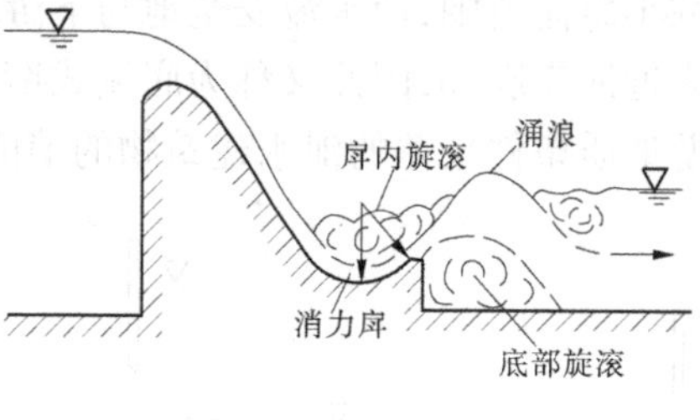

图 6-4

任务 2 底流消能水力计算

由前述知道，闸、坝等泄水建筑物下泄水流要经过 $c—c$ 收缩断面并且发生水跃，以水跃的形式与下游水流衔接。研究表明：水跃发生在收缩断面前后的位置不同，则发生不同的水跃衔接形式，而水跃衔接形式决定了是否需要采取消能措施。

判断会发生哪种水跃衔接形式与收缩断面的水深 h_c 有关，所以底流式衔接与消能的水力计算步骤是：(1)计算 h_c；(2)由 h_c 计算 h''_c 并判别水跃衔接形式，由水跃衔接形式决定是否需要进行消能；(3)进行消能计算。

1 收缩断面水深 h_c 的计算

以图6-5所示的溢流坝为例，建立收缩断面水深计算的基本公式。选通过收缩断面底部的水平面为基准面，对断面0—0和断面 c—c 列能量方程，可得下式

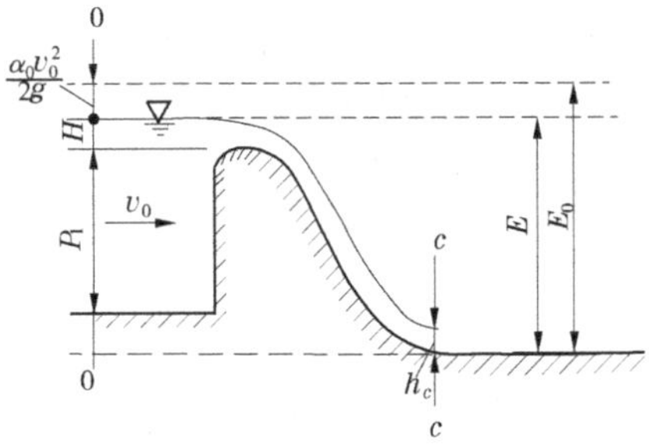

图6-5

$$E_0 = h_c + \frac{Q^2}{2gA_c^2\varphi^2} \tag{6-1}$$

对矩形断面：$A_c = bh_c$，取单宽流量 $q = \frac{Q}{b}$，则

$$E_0 = h_c + \frac{q^2}{2g\varphi^2 h_c^2} \tag{6-2}$$

得

$$h_c = \frac{\frac{q}{\varphi\sqrt{2g}}}{\sqrt{E_0 - h_c}} \tag{6-3}$$

其中：

$$E_0 = P_1 + H + \frac{\alpha v_0^2}{2g}, \varphi = \frac{1}{\sqrt{\alpha_c + \zeta}}$$

式中 E_0——坝前断面的总水头；

φ——泄水建筑物的流速系数，φ 值的大小主要取决于建筑物的形式和尺寸，初估可按表6-1选用。

式(6-3)是 h_c 的三次方程，不便直接求解，一般采用迭代法或图解法求 h_c。

1.1 迭代法

计算步骤如下：

(1)令 $h_c = 0$ 代入式(6-3)的右边计算得 h_{c1}；

(2)将 h_{c1} 仍代入式(6-3)的右边计算得 h_{c2}，比较 h_{c1} 和 h_{c2}，如二者相等，则 h_{c2} 即为所求 h_c。否则，将 h_{c2} 代入式(6-3)的右边计算得 h_{c3}，再比较，如不满足，再计算，就这样逐次渐近，直至二者近似相等为止。

1.2 图解法

对于矩形断面的 h_c，可借助本书附录Ⅳ的曲线求解，步骤如下：

(1)根据已知条件计算 h_K($h_K = \sqrt[3]{\frac{q^2}{g}}$)和 $\xi_0 = \frac{E_0}{h_K}$；

(2)据 φ 和 ξ_0 在附录Ⅳ的关系曲线上求得 $\xi'_c = \frac{h_c}{h_K}$ 和 $\xi''_c = \frac{h''_c}{h_K}$；

(3)解得 $h_c = \xi'_c h_K$，$h''_c = \xi''_c h_K$。

表 6-1　泄水建筑物的流速系数 φ 值

建筑物泄流方式	图形	φ 值
表面光滑的曲线型实用堰平板闸闸孔自由出流	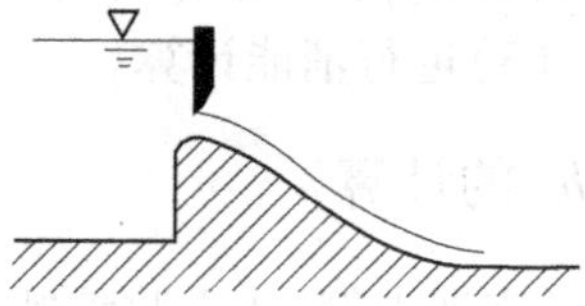	0.85～0.95
表面光滑的曲线型实用堰自由出流 1. 溢流面长度较短 2. 溢流面长度中等 3. 溢流面长度较长	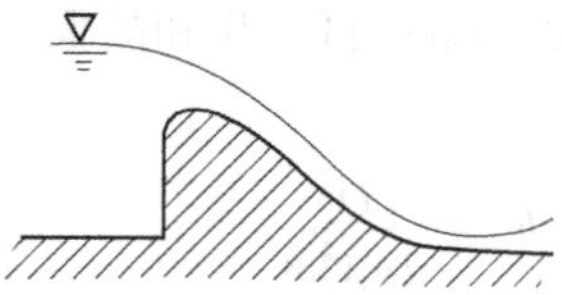	 1.00 0.95 0.90
平板闸闸孔自由出流	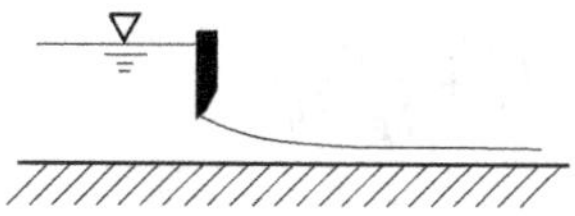	0.97～1.00
折线形断面实用堰自由出流	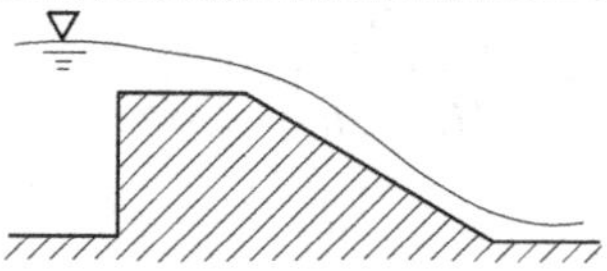	0.80～0.90
宽顶堰自由出流	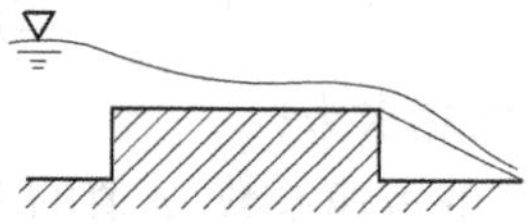	0.85～0.95
无闸门跌水	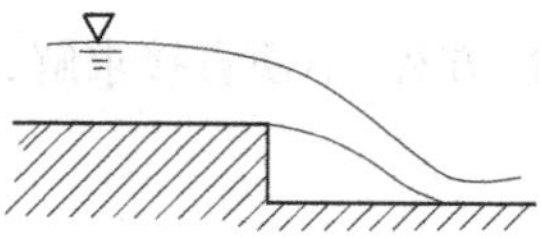	1.00
末端设闸门的跌水	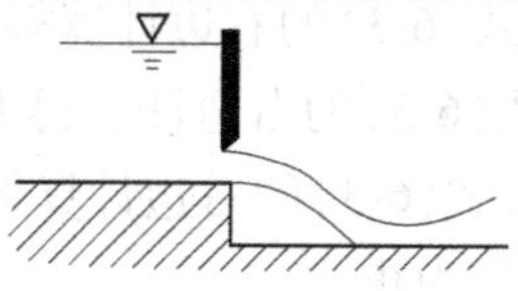	0.97～1.00

2　水跃衔接形式的判断

闸、坝等泄水建筑物下游发生水跃，水跃发生的位置有三种情况：正好在收缩断面处开始发生的临界式水跃，在收缩断面以前发生的淹没式水跃和在收缩断面以后发生的远离式水跃，这是三种不同的水跃形式。发生何种形式的水跃，取决于建筑物下游收缩断面水深 h_c 的共轭水深 h_c''与下游水深 h_t 的大小关系。

（1）$h_t = h_c''$为临界式水跃，如图 6-6（a）所示。

(2)$h_t < h_c''$为远离式水跃。下游水深 h_t 即为实际跃后水深,如图6-6(b)所示。这种衔接称为远离式水跃衔接。

(3)$h_t > h_c''$为淹没式水跃,这种衔接为淹没式水跃衔接,如图6-6(c)所示。

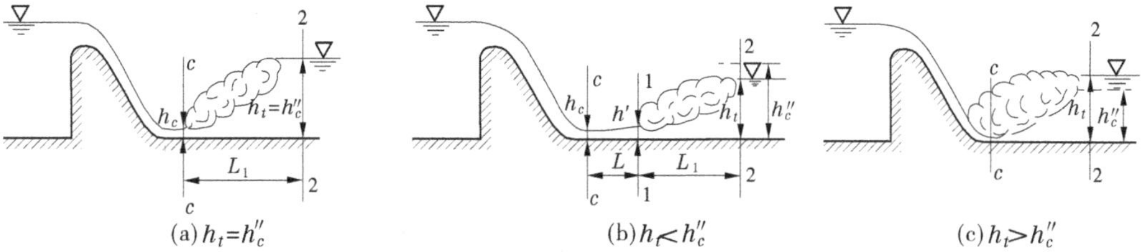

图6-6

若令 $\sigma = \frac{h_t}{h_c''}$,则称 σ 为水跃的淹没系数。它表示水跃的淹没程度,σ 越大,水跃越靠近泄水建筑物。根据理论和试验研究可知,临界式水跃的水流能量损失最大,其消能效果最好。但临界式水跃不稳定,当流量稍有增大或下游水深稍有减小时,很容易转变为远离式水跃。而远离式水跃其消能效果较差,而且从收缩断面到跃前断面为急流,流速较大,对河床的冲刷能力很强,不利于建筑物的安全,需要对下游较大范围内的建筑物边界进行加固,从而工程造价较大。对于淹没式水跃,当淹没系数 $\sigma > 1.2$ 时,消能率降低,且会影响泄水建筑物的泄流能力,但当淹没系数 $\sigma = 1.05 \sim 1.10$ 时,淹没式水跃的消能效果接近临界式水跃,而且不易变为远离式水跃。

综上所述,选取淹没系数 $\sigma = 1.05 \sim 1.10$ 的淹没式水跃衔接形式最好。因此,当建筑物下游水流的自然衔接形式经判断为远离式水跃或临界式水跃衔接时,则需要设置消能工(消能工程),即要进行相应的消能水力计算,避免出现这两种水流衔接形式。设置底流式消能工的目的就是迫使建筑物下游发生淹没系数 $\sigma = 1.05 \sim 1.10$ 的淹没式水跃。

【案例及解析】 山西省某水闸单宽流量 $q = 12.50\ m^3/(s \cdot m)$,上游水位 28.00 m,下游水位 24.50 m,渠底高程 21.00 m,闸底高程 22.00 m,$\varphi = 0.95$,如图6-7所示,求闸下游收缩断面水深 h_c,并判别水跃形式,确定是否修建消力池。

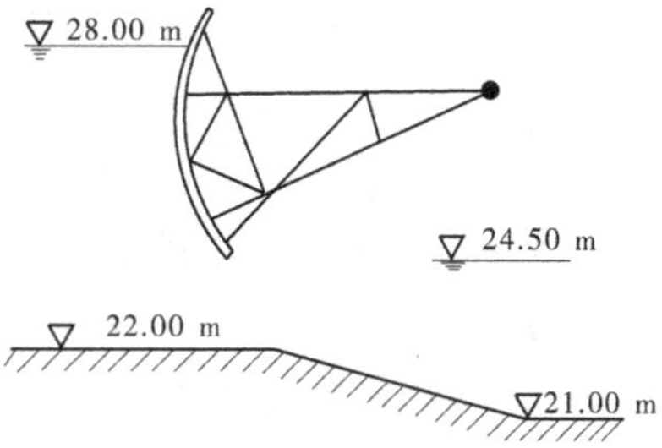

图6-7

解:首先计算 E_0。

计算下游坝高 P_1:

$$P_1 = 22.00 - 21.00 = 1.00(m)$$

计算闸前水深 H_0: $H = 28.00 - 22.00 = 6.00(m)$

$$v_0 = \frac{q}{H} = \frac{12.50}{6.00} = 2.08(m/s)$$

$$H_0 = H + \frac{v_0^2}{2g} = 6.00 + \frac{2.08^2}{19.6} = 6.22(m)$$

故 $$E_0 = P_1 + H_0 = 1.00 + 6.22 = 7.22(m)$$

1. 求收缩断面水深 h_c

(1)迭代法求 h_c。

$$h_c=\frac{\dfrac{q}{\varphi\sqrt{2g}}}{\sqrt{E_0-h_c}}=\frac{\dfrac{12.5}{0.95\sqrt{2\times9.8}}}{\sqrt{E_0-h_c}}=\frac{2.972}{\sqrt{E_0-h_c}}$$

令上式中根号内的 $h_c=0$，则

第一次 $$h_{c1}=\frac{2.972}{\sqrt{7.22-0}}=1.106(\text{m})$$

第二次 $$h_{c2}=\frac{2.972}{\sqrt{7.22-1.106}}=1.202(\text{m})$$

第三次 $$h_{c3}=\frac{2.972}{\sqrt{7.22-1.202}}=1.211(\text{m})$$

第四次 $$h_{c4}=\frac{2.972}{\sqrt{7.22-1.211}}=1.212(\text{m})$$

因 h_{c3} 与 h_{c2} 很接近，故取 $h_c=1.212$ m。

(2)图解法求 h_c。

计算临界水深 h_K(对于矩形断面)$h_K=\sqrt[3]{\dfrac{q^2}{g}}=\sqrt[3]{\dfrac{12.50^2}{9.8}}=2.52(\text{m})$

计算 ξ_0： $$\xi_0=\frac{E_0}{h_K}=\frac{7.22}{2.52}=2.87$$

根据 $\xi_0=2.87$ 和 $\varphi=0.95$ 查附录Ⅳ得 $\xi_c'=0.477$，$\xi_c''=1.82$，则

$$h_c=\xi_c h_K=0.477\times2.52=1.202(\text{m})$$

$$h_c''=\xi_c'' h_K=1.82\times2.52=4.59(\text{m})$$

2. 求临界式跃后水深 h_c''

将 $h_c=1.212$ m 代入水跃方程得

$$h_c''=\frac{h_c}{2}\left(\sqrt{1+\frac{8q^2}{gh_c^3}}-1\right)=\frac{1.212}{2}\times\left(\sqrt{1+\frac{8\times12.50^2}{9.8\times1.212^3}}-1\right)=4.56(\text{m})$$

3. 确定是否需要修建消力池

因为 $$h_t=24.50-21.00=3.50(\text{m})$$

所以，$h_t<h_c''$，则闸下游发生远离式水跃，需设置底流式消能工(消力池)。

3 消力池的水力计算

如果判定泄水建筑物下游发生临界式或远离式水跃，则需增加下游水深迫使其能发生淹没系数 $\sigma=1.05\sim1.10$ 的淹没式水跃，但没有必要增加整个河道的水深，只需在靠近建筑物下游较短的距离内建一消力池，使池内水深增大到能够产生 $\sigma=1.05\sim1.10$ 的淹没式水跃即可。消力池的水力计算主要内容是：求消力池的池深和池长。由于池内水流湍急，池底需进行强化加固，这种加固结构称为护坦。

实际工程中常见的消力池有三种：

(1)挖深式消力池(又称消力池):主要适用于河床易开挖且造价又比较经济的情况,在泄水建筑物下游原河床下挖形成所需消力池,使池内产生所需水跃,见图6-8(a)。

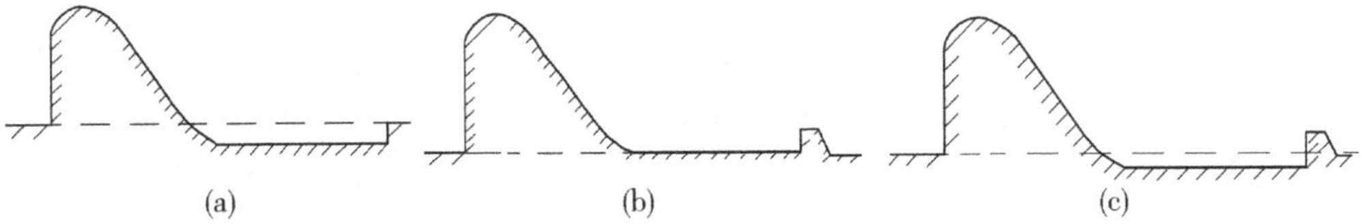

图6-8

(2)坎式消力池(又称消力坎):当河床不易开挖或开挖太深造价不经济时,可在原河床上修建一道坎(墙),使坎前形成消力池,壅高池内水深,使池内产生所需水跃,见图6-8(b)。

(3)综合式消力池:当单纯开挖,开挖量太大,单纯建坎,坎又太高,不经济,且坎后易形成远离式水跃,冲刷河床,可二者兼用。这种既降低护坦高程,又修建消力坎的消力池称为综合式消力池,如图6-8(c)所示。

本节只讨论矩形断面的挖深式消力池和坎式消力池的水力计算。消力池的水力计算主要包括池深(或坎高)及池长的计算。

3.1 挖深式消力池的水力计算

3.1.1 消力池池深 S 的确定

将下游河床下挖一深度 S 后,形成消力池,池内水流现象如图6-9所示。出池水流由于垂向收缩,过水断面减小,动能增加,形成一水面跌落 Δz,其出池水流可视为宽顶堰流,由图6-9中可得池末水深 h_T。

$$h_T = S + h_t + \Delta z \tag{6-4}$$

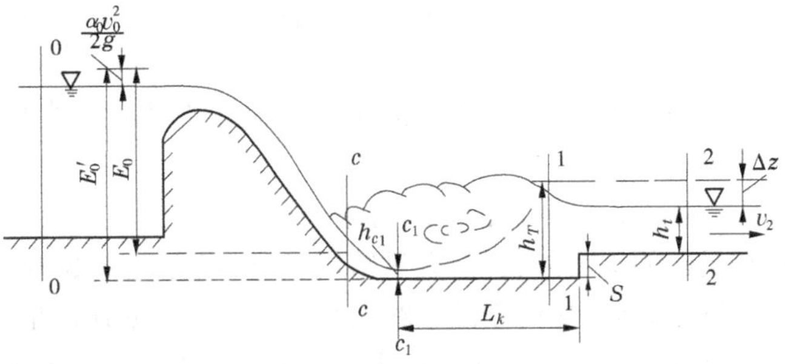

图6-9

为保证池内发生稍有淹没的水跃,要求池末水深 $h_T > h_c''$,即要求

$$h_T = \sigma h_c'' = S + h_t + \Delta z$$

式中 σ——淹没系数,通常取1.05~1.10。

由上述条件可得池深 S 的计算公式为

$$S = \sigma h_c'' - (h_t + \Delta z) \tag{6-5}$$

水面跌落 Δz 的计算公式,可通过对消力池出口断面1—1及下游断面2—2列能量方程(以通过断面2—2底部的水平面为基准面)推得

$$\Delta z = \frac{q^2}{2g}\left[\frac{1}{(\varphi' h_t)^2} - \frac{1}{(\sigma h''_c)^2}\right] \tag{6-6}$$

式中 φ'——消力池出口的流速系数,一般取0.95。

应当注意的是,应用式(6-5)和式(6-6)求解池深S时,式中的h''_c应是护坦降低以后的收缩断面水深h_c对应的跃后水深。而护坦高程降低S值后,E_0增至E'_0,即$E'_0=E_0+S$,收缩断面位置下移,据式(6-3)可知h_c值必然发生改变,与其对应的h''_c值也随之改变。显然,S与h''_c之间是一复杂的隐函数关系,所以求解S一般采用试算法。

求解S的试算步骤:

(1)估算池深S。初估时可用略去Δz的近似式

$$S = \sigma h''_c - h_t \tag{6-7}$$

式中,取$\sigma=1.05$,近似用建池前h''_c代替建池后h''_c,仅供估算用。

(2)计算建池后的h_c和h''_c。

$$h_c = \frac{\dfrac{q}{\varphi\sqrt{2g}}}{\sqrt{E'_0 - h_c}} \tag{6-8}$$

$$E'_0 = E_0 + S$$

$$h''_c = \frac{h_c}{2}\left(\sqrt{1+\frac{8q^2}{gh_c^3}}-1\right)$$

(3)计算Δz(建池后h''_c)。

$$\Delta z = \frac{q}{2g}\left[\frac{1}{(\varphi' h_t)^2} - \frac{1}{(\sigma h''_c)^2}\right]$$

(4)计算σ(建池后h''_c)。

$$\sigma = \frac{S + h_t + \Delta z}{h''_c} \tag{6-9}$$

若σ在1.05~1.10的范围内,则消力池深度S满足要求,否则调整S,重复(2)~(4)步骤,直到满足要求为止。

3.1.2 消力池长度L_k的计算(适用消力池、消力坎)

消力池除需具有足够的深度外,还需有足够的长度,以保证水跃不冲出池外,对下游河床产生不利影响。试验表明,池内淹没水跃因受池末端竖立壁坎产生的反向力作用,由池内收缩断面算起的水跃长度L'_j比平底渠道中产生的自由水跃长度L_j短20%~30%,则

$$L'_j = (0.7 \sim 0.8)L_j$$

当泄水建筑物为曲线形实用堰时,消力池长度L_k等于池内水跃长度L'_j,即

$$L_k = L'_j = (0.7 \sim 0.8)L_j \tag{6-10}$$

式中 L_j——平底渠中自由水跃长度,$L_j=6.9(h''_c-h_c)$,h''_c和h_c为建池后跃后和跃前水深。

当泄水建筑物为跌坎或宽顶堰时,消力池长度还应考虑跌坎或宽顶堰到收缩断面间的距离,具体计算请参阅《水力计算手册》或其他有关水力学书籍。

3.1.3 消力池的设计流量Q_s、Q_L

上述消力池池深、池长的计算是在固定某一流量情况下进行的,而建好后的消力池要

通过一定范围内的各种流量，那么，用哪一个流量来计算池深和池长，才能使全部流量变化范围内都能保证在池内发生稍有淹没的淹没式水跃呢？显然，应考虑最不利的情况，即要选取具有最大池深和最大池长的流量作为消力池的设计流量（Q_s 为池深设计流量，Q_L 为池长设计流量）。

由简化公式(6-7) $S=\sigma h_c''-h_t$ 可知，$(\sigma h_c''-h_t)$ 差值最大时池深 S 最大，因此 $(\sigma h_c''-h_t)$ 差值最大时所对应的流量就是池深的设计流量。所以，只要在包含 Q_{max}、Q_{min} 在内的流量变化范围内选取几个 Q 值，算出相应的 h_c''、h_t，绘出 Q 与 $(\sigma h_c''-h_t)$ 的关系曲线，从曲线上选取最大 $(\sigma h_c''-h_t)$ 对应的流量，即为消力池池深的设计流量 Q_s。实践表明，池深的设计流量一般比 Q_{max} 小。

需注意，池长的设计流量不等于池深的设计流量，即 $Q_L\neq Q_s$，一般情况，水跃长度随流量增大而增大，因此池长的设计流量 Q_L 就是建筑物所通过的最大流量 Q_{max}。

综上所述，给出底流式衔接与消能水力计算的步骤：

(1)求建池前 h_c（公式(6-3)）。

(2)求建池前 h_c''，判断水跃衔接形式（公式(4-40)）。

(3)经判别为临界或远离式水跃时拟建消力池：①求池深 S（依次应用式(6-7)、式(6-8)、式(4-40)、式(6-6)、式(6-9)五个公式）；②求池长 L_k（公式(6-10)）。

【例6-1】 已知条件同前面案例，拟在闸下游建一挖深式消力池，求消力池尺寸（出池水流流速系数 $\varphi'=0.95$）。案例中已经求出建池前 $h_c''=4.56$ m。

解：(1)估算池深 S。

$$S=\sigma h_c''-h_t=1.05\times4.56-3.50=1.288(\text{m})$$

(2)计算建池后的 h_c''。

$$E_0'=E_0+S=7.22+1.288=8.508(\text{m})$$

将 E_0'、q、φ 代入 $h_c=\dfrac{\dfrac{q}{\varphi\sqrt{2g}}}{\sqrt{E_0'-h_c}}$，经计算求得 $h_c=1.091$ m。

$$h_c''=\frac{h_c}{2}\left(\sqrt{1+\frac{8q^2}{gh_c^3}}-1\right)=\frac{1.091}{2}\times\left(\sqrt{1+\frac{8\times12.50^2}{9.8\times1.091^3}}-1\right)=4.89(\text{m})$$

(3)计算 Δz。

$$\Delta z=\frac{q^2}{2g}\left[\frac{1}{(\varphi'h_t)^2}-\frac{1}{(\sigma h_c'')^2}\right]$$

$$=\frac{12.50^2}{2\times9.8}\times\left[\frac{1}{(0.95\times3.50)^2}-\frac{1}{(1.05\times4.89)^2}\right]=0.419(\text{m})$$

(4)计算 σ。

$$\sigma=\frac{S+h_t+\Delta z}{h_c''}=\frac{1.288+3.50+0.419}{4.89}=1.065$$

σ 在 1.05~1.10 范围内，所以池深满足要求，为方便施工，池深取 $S=1.3$ m。

(5)确定池长。

$$L_k=(0.7\sim0.8)L_j$$

$$L_j = 6.9(h''_c - h_c) = 6.9 \times (4.89 - 1.091) = 26.21(\text{m})$$

$$L_k = (0.7 \sim 0.8)L_j = 0.7 \times 26.21 \sim 0.8 \times 26.21 = 18.35 \sim 20.97(\text{m})$$

取池长 $L_k = 20$ m。

3.2　坎式消力池的水力计算

3.2.1　坎高 C 的计算

当河床不易开挖或开挖不经济时，可在护坦末端修筑消力坎，壅高坎前水位形成消力池，以保证在建筑物下游产生稍有淹没的水跃。池内水流现象，如图 6-10 所示，坎式消力池池内水流现象与挖深式消力池基本相同，但出池水流是折线型实用堰流。

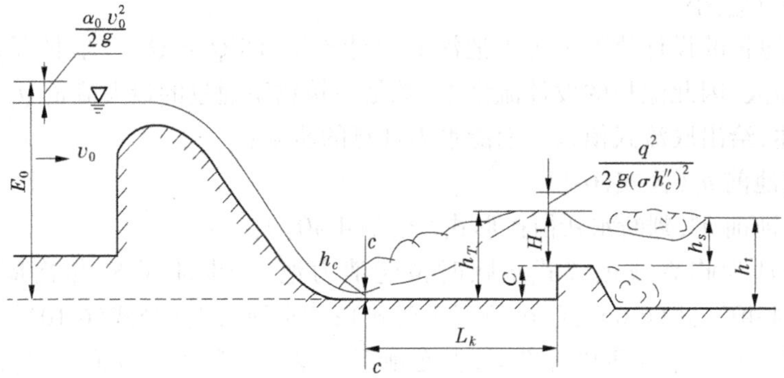

图 6-10

同理，为保证池内产生稍有淹没的水跃，坎前水深 h_T 应为

$$h_T = \sigma h''_c$$

由图 6-10 可知 $h_T = C + H_1$，其中 C 为坎高，H_1 为坎顶水头，则

$$C = \sigma h''_c - H_1 \tag{6-11}$$

坎顶水头 H_1 可用堰流公式计算

$$H_1 = H_0 - \frac{v_0^2}{2g} = \left(\frac{q}{\sigma_s m_1 \sqrt{2g}}\right)^{\frac{2}{3}} - \frac{q^2}{2g(\sigma h''_c)^2} \tag{6-12}$$

则

$$C = \sigma h''_c + \frac{q^2}{2g(\sigma h''_c)^2} - \left(\frac{q}{\sigma_s m_1 \sqrt{2g}}\right)^{\frac{2}{3}} \tag{6-13}$$

式中　m_1——折线型实用堰的流量系数，一般取 $m_1 = 0.42$。

σ_s——消力坎淹没系数，其大小与下游水深和坎高有关，$\sigma_s = f\left(\frac{h_t - C}{H_{10}}\right) = f\left(\frac{h_s}{H_{10}}\right)$。

试验表明：当 $\frac{h_s}{H_{10}} \leqslant 0.45$ 时，出池水流为堰流自由出流，$\sigma_s = 1$；当 $\frac{h_s}{H_{10}} > 0.45$ 时，出池水流为堰流淹没出流，σ_s 值可根据相对淹没度 $\frac{h_s}{H_{10}}$ 查表 6-2 确定。

应当指出的是：如果消力坎出池水流为自由出流，则应校核坎后的水流衔接情况，如坎后为临界或远离式水跃衔接时，必须设置第二道消力坎或采取其他消能措施。消力坎的流速系数一般取 0.90 ~ 0.95。

表6-2 消力坎的淹没系数 σ_s 值

h_s/H_{10}	≤0.45	0.50	0.55	0.60	0.65	0.70	0.72	0.74	0.76	0.78
σ_s	1.00	0.990	0.985	0.975	0.960	0.940	0.930	0.915	0.900	0.885
h_s/H_{10}	0.80	0.82	0.84	0.86	0.88	0.90	0.92	0.95	1.00	
σ_s	0.865	0.845	0.815	0.785	0.750	0.710	0.651	0.535	0.000	

3.2.2 坎式消力池池长 L_k 的计算

坎式消力池池长 L_k 的计算方法同挖深式消力池。

3.2.3 坎式消力池设计流量 Q_C、Q_L 的确定

坎高 C 的设计流量 Q_C 的确定：选取包括 Q_{max} 和 Q_{min} 在内的若干 Q 值，分别计算出其相应的坎高 C 值，绘制 $Q \sim C$ 曲线，最大 C 值对应的流量即为坎高的设计流量。实践表明一般情况 $Q_C < Q_{max}$。

坎式消力池池长的设计流量 Q_L 即是消力池通过的最大流量，一般 $Q_L \neq Q_C$。

【例6-2】 某WES剖面堰堰顶高程456.50 m，下游河床底部高程420.00 m，泄流单宽流量为20.00 $m^3/(s \cdot m)$时，堰上水头 $H=4.50$ m，下游水深 $h_t=8.30$ m，流速系数 $\varphi=0.9$，试判断是否需建消力池，若需建请按消力坎式消力池设计尺寸。

解：1. 判断下游水流衔接情况

因为
$$\frac{P_1}{H}=\frac{456.50-420.00}{4.50}=8.11>1.33$$

所以为高坝，可忽略行近流速水头，$H_0 \approx H=4.50$(m)，则

$$E_0 = P_1 + H_0 = (456.50 - 420.00) + 4.50 = 41.00(\text{m})$$

$$h_c = \frac{\dfrac{q}{\varphi\sqrt{2g}}}{\sqrt{E_0 - h_c}} = \frac{\dfrac{20.00}{0.9 \times \sqrt{19.6}}}{\sqrt{41.00 - h_c}}$$

经计算得 $h_c=0.79$ m。

$$h''_c = \frac{h_c}{2}\left(\sqrt{1+\frac{8q^2}{gh_c^3}}-1\right) = \frac{0.79}{2} \times \left(\sqrt{1+\frac{8 \times 20.00^2}{9.8 \times 0.79^3}}-1\right) = 9.78(\text{m}) > h_t = 8.30\ \text{m}$$

故下游发生远离式水跃，需建消力池。

2. 确定消力坎式消力池尺寸

(1)坎高计算：

$$C = \sigma h''_c + \frac{q^2}{2g(\sigma h''_c)^2} - H_{10}$$

$$H_{10} = \left(\frac{q}{\sigma_s m_1\sqrt{2g}}\right)^{\frac{2}{3}}$$

设消力坎为自由出流，$\sigma_s=1$，取 $m_1=0.42$，则

$$H_{10} = \left(\frac{20.00}{0.42 \times \sqrt{2 \times 9.8}}\right)^{\frac{2}{3}} = 4.87(\text{m})$$

$$C_1 = 1.05 \times 9.78 + \frac{20^2}{2 \times 9.8 \times (1.05 \times 9.78)^2} - 4.87 = 5.59(\text{m})$$

$$h_s = h_t - C_1 = 8.30 - 5.59 = 2.71(\text{m})$$

$$\frac{h_s}{H_{10}} = \frac{2.71}{4.87} = 0.556 > 0.45$$

故消力坎为淹没出流，$\sigma_s < 1$，采用逐次渐近法重算坎高。

据$\frac{h_s}{H_{10}} = 0.556$查表6-2得$\sigma_s = 0.984$，则

$$H_{10} = \left(\frac{20.00}{0.984 \times 0.42 \times \sqrt{2 \times 9.8}}\right)^{\frac{2}{3}} = 4.93(\text{m})$$

$$C_2 = 1.05 \times 9.78 + \frac{20.00^2}{2 \times 9.8 \times (1.05 \times 9.78)^2} - 4.93 = 5.53(\text{m})$$

$$h_s = h_t - C_2 = 8.30 - 5.53 = 2.77(\text{m})$$

由$\frac{h_s}{H_{10}} = \frac{2.77}{4.93} = 0.562$查表6-2得$\sigma_s = 0.983$，则

$$H_{10} = \left(\frac{20.00}{0.983 \times 0.42 \times \sqrt{2 \times 9.8}}\right)^{\frac{2}{3}} = 4.93(\text{m})$$

$$C_3 = 1.05 \times 9.78 + \frac{20.00^2}{2 \times 9.8 \times (1.05 \times 9.78)^2} - 4.93 = 5.53(\text{m})$$

因C_3与C_2相同，故取$C = 5.53$ m，实际坎高可取为5.55 m。

(2)池长计算：

$$L_k = (0.7 \sim 0.8)L_j$$

$$L_j = 6.9(h_c'' - h_c) = 6.9 \times (9.78 - 0.79) = 62.03(\text{m})$$

$$L_k = 0.7 \times 62.03 \sim 0.8 \times 62.03 = 43.42 \sim 49.62(\text{m})$$

故取池长为46 m。

3.3 辅助消能工

为提高消能效果，可在消力池中设置辅助消能工，如趾墩、消力墩、池末齿坎等，如图6-11所示。

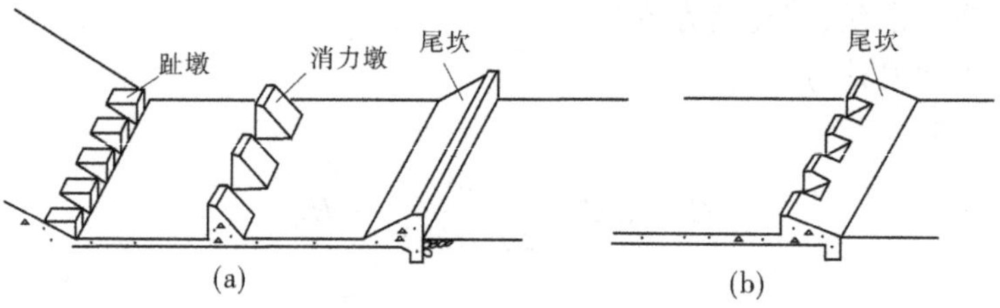

图6-11

3.3.1 趾墩

趾墩又称分流墩，常布置在消力池入口处。它的作用是发散入池水流，加剧消力池中水流的紊动混掺作用，提高消能效率。对于单独加设的趾墩，可以增大收缩断面水深h_c，

使共轭水深 h_c'' 减小，从而减小消力池的深度 S。

3.3.2　消力墩

消力墩常布置在消力池内的护坦上。它的作用除分散水流、形成更多旋涡以提高消能效果外，还有迎拒水流、对水流产生反冲击力的作用。根据动量方程分析可知，消力墩对水流的反冲击力将降低水跃的共轭水深，从而可以减小消力池的池深 S 及长度 L。

3.3.3　尾坎

尾坎的作用是将池末流速较大的底部水流挑起，改变下游的流速分布，使面层流速较大，底部流速较小，从而减轻出池水流对池后河床或海漫的冲刷作用。

辅助消能工的水力计算，可查阅有关水力计算手册。

3.3.4　T 形墩

T 形墩是近些年出现的新型辅助消能设施，其主要消能过程是：首先，在墩前产生强迫水跃形成高度撞击的消力池，通过水跃消除大部分能量；其次，墩的局部阻力使墩的周围水体进行摩擦碰撞，也消除了一部分能量，消能效果优于传统消能方式，见图 6-12。T 形墩结构见图 6-13。另外，T 形墩消力池具有以下明显优势：①由于消力池内设置 T 形消能墩，使池内尾墩前产生强迫水跃，故使水跃长度减小，因此消力池长度大大减小，一般可缩小池长 1/3 ~ 1/2，从而降低了工程造价；②尾水适应的变幅大，尾水深度降低可达 10% ~ 20%；③消能效果好，一般消能率可达 50% 以上。

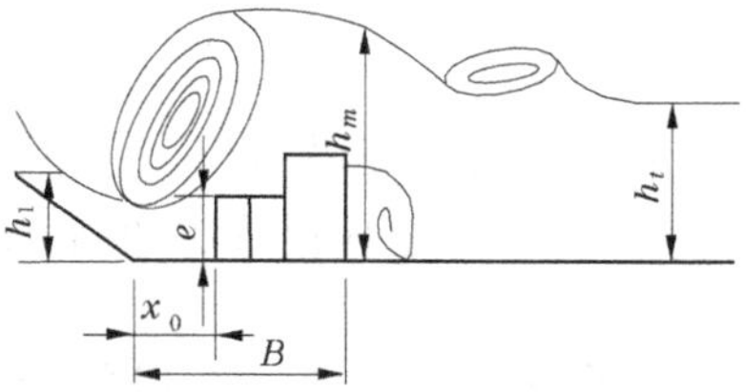

图 6-12　T 形墩消力池水流

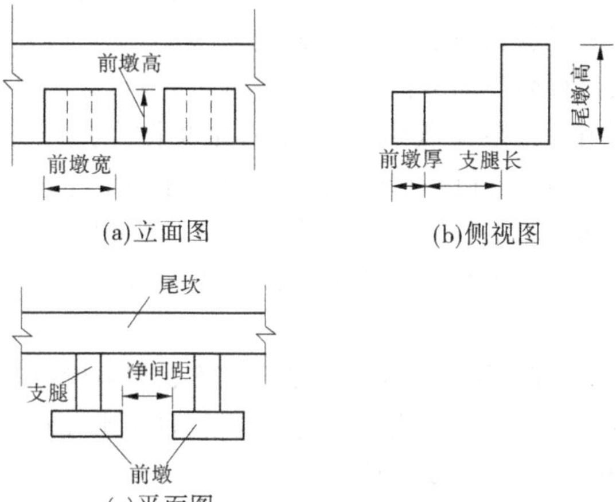

图 6-13　T 形墩结构示意图

3.3.5　护坦下游的河床加固

由于出消力池水流紊动仍很剧烈，底部流速较大，故对河床仍有较强的冲刷能力。所以，在消力池后，除岩质较好，足以抵抗冲刷外，一般都要设置较为简易的河床保护段，这段保护段称为海漫。海漫不是依靠旋滚来消能，而是通过加糙、加固过流边界，促使流速加速衰减，并改变流速分布，使海漫末端的流速沿水深的分布接近天然河床，以减小水流的冲刷能力，保护河床。因此，海漫通常用粗石料或表面凹凸不平的混凝土块铺砌而成，如图 6-14 所示。海漫长度一般采用经验公式估算。

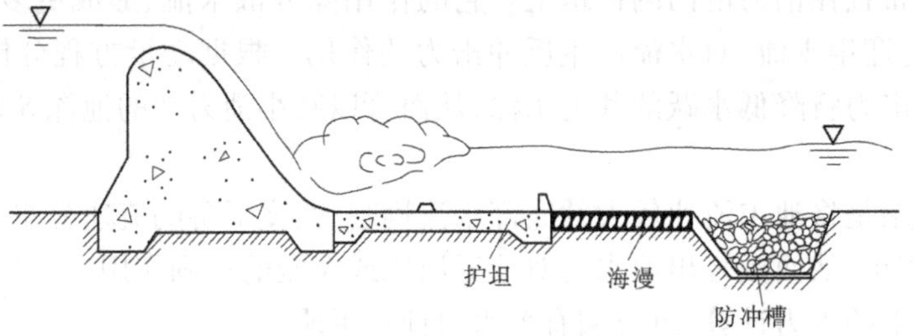

图 6-14

海漫下游水流仍具有一定冲刷能力，会在海漫末端形成冲刷坑。为保护海漫基础的稳定，海漫后一般应设置比冲刷坑略深的齿槽或防冲槽。具体设计可参阅有关书籍。

任务 3　挑流消能水力计算

通过中、高水头泄水建筑物下泄的水流，动能往往很大。当下游水深较小时，如采用底流式消能，常需很大的池深及池长，并且需要很强的护坦，工程费用较大，如采用面流消能，下游水深又不能满足形成面流所需要的下游水深较大且较稳定的要求，因此可以采用挑流消能。

经挑流鼻坎将水流挑入空中，形成水舌，并降落在远离建筑物的下游，形成冲刷坑，只要冲刷坑与建筑物的距离足够长，就可保证建筑物安全。

挑流消能的原理及过程简述如下：

（1）空中消能：水舌在空中受空气阻力作用，逐渐扩散，与空气接触面积加大并掺入空气，空气阻力加大，水舌内摩擦碰撞加剧，消耗小部分水流能量。

（2）水下消能：水舌入水后，冲刷河床，形成冲刷坑，坑深加大，形成较厚的水垫，对水舌起缓冲、消能作用，同时水舌入水后在其前后形成两个旋滚，旋滚紊动强烈，消耗了大部分水流能量。

挑流消能的优点是：工程费用比底流消能节省很多，且构造简单，节约下游护砌，所以应用广泛。缺点是水舌扩散、掺气，造成下游大量雾气，且尾水波动大，形成的冲刷坑可能影响建筑物的安全，因此，需要进行安全校核。

挑流消能水力计算的主要任务是：选定适宜的挑坎形式、尺寸，计算下泄水流的挑射距离（挑距）和冲刷坑深度，并校核是否影响建筑物的安全。

1　挑距 L 的计算

挑距是指挑坎末端至冲刷坑最深点间的水平距离。

计算挑距的目的是确定冲刷坑最深点的位置。试验和原型观测表明，冲刷坑最深点大体位于水舌轴线在水中的延长线上，如图 6-15 所示，挑距 L 由空中挑距 L_0 和水下挑距

L_1 组成,即

$$L = L_0 + L_1 \tag{6-14}$$

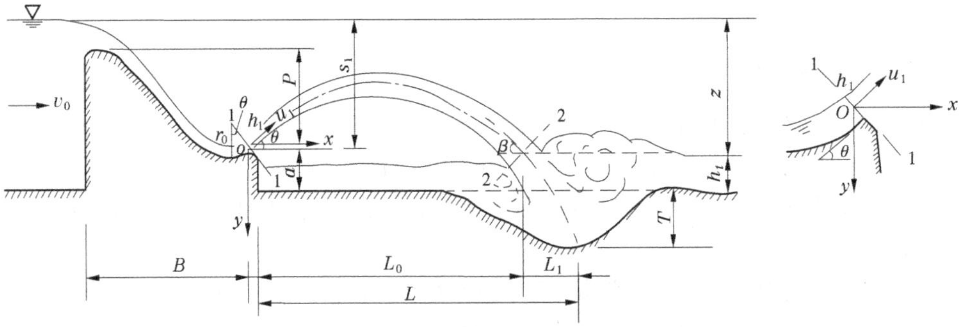

图6-15

1.1 空中挑距 L_0 的计算

空中挑距 L_0 是指挑坎末端至水舌轴线与下游水面交点间的水平距离。对平滑的连续式挑坎(见图6-15),假定挑坎出口断面1—1上流速均匀分布,且为 v_1。略去空气阻力和水舌扩散影响,把抛射水流的运动视为自由抛射体的运动,应用质点自由抛射运动原理可导出空中挑距 L_0 的计算公式:

$$L_0 = \varphi^2 S_1 \sin 2\theta \left[1 + \sqrt{1 + \frac{(a - h_t)}{\varphi^2 S_1 \sin^2\theta}}\right] \tag{6-15}$$

$$\varphi = \sqrt[3]{1 - \frac{0.055}{K^{0.5}}} \tag{6-16}$$

式中 S_1——上游水面至挑坎顶部的高差;

a——挑坎高度,即下游河床至挑坎顶部的高差;

θ——鼻坎挑射角;

h_t——冲刷坑后下游水深;

φ——坝面流速系数,式(6-16)为长江流域规划办公室1973年提出的经验公式;

K——流能比,$K = \dfrac{q}{\sqrt{g}S_1^{1.5}}$,$q$ 为单宽流量。

式(6-16)用于 $K = 0.004 \sim 0.15$ 范围内,当 $K > 0.15$ 时,取 $\varphi = 0.95$。

1.2 水下挑距 L_1 的计算

水下挑距指水舌轴线与下游水面交点至冲刷坑最深点间的水平距离。水舌射入下游水面后,属于射流的潜没扩散运动,与质点的自由抛射运动不同。可以近似认为,水舌落入下游水面后仍沿入水角方向直线前进,并假设冲坑最深点位于该直线上,则

$$L_1 = \frac{T + h_t}{\tan\beta} \tag{6-17}$$

$$\cos\beta = \sqrt{\frac{\varphi^2 S_1}{\varphi^2 S_1 + z - S_1}} \cos\theta \tag{6-18}$$

式中 T——冲刷坑深度;

h_t——冲刷坑下游水深；

β——水舌入水角，可按式(6-18)近似计算；

z——上、下游水位差。

2　冲刷坑深度 T 的估算

冲刷坑深度取决于水舌跌入下游水面后的冲刷能力及河床的抗冲能力。当潜入下游河底的水舌冲刷能力仍大于河床的抗冲能力时，河床被冲刷，形成冲刷坑。随着坑深的增加，坑内水垫消能作用加大，水舌冲刷能力下降，当其与河床抗冲能力达到平衡时，冲坑深度不再增加。

水舌的冲刷能力主要与单宽流量、上下游水位差、下游水深、坝面形式、水流在空中的能量损失、掺气程度及入水角等因素有关，而河床的抗冲能力则与河床的地质条件有关。

综上所述，影响冲刷坑深度的因素众多且复杂。因此，目前工程上还只能依靠一些经验公式来粗略估算冲刷坑的深度。对于岩石河床，我国目前普遍采用的计算公式为

$$T = K_s q^{0.5} z^{0.25} - h_t \tag{6-19}$$

式中　K_s——抗冲系数，与河床的地质条件有关。

国内水利工程的研究和规范提出：坚硬完整的基岩 $K_s = 0.9 \sim 1.2$；坚硬但完整性较差的基岩 $K_s = 1.2 \sim 1.5$；软弱破碎、裂隙发育的基岩 $K_s = 1.5 \sim 2.0$。

其他地质河床 T 的经验公式，可查阅《水工设计手册》。

冲刷坑是否会危及建筑物的安全，一般用冲刷坑后坡 i 来判断，$i = T/L$，T 为冲刷坑深度，L 为挑距，一般认为冲刷坑最深点与挑坎末端之间的距离大于 2.5 ~ 5 倍冲刷坑深度时，将不影响建筑物的安全，即允许的冲刷坑最大后坡 $i_c = 1/2.5 \sim 1/5$。

3　连续式挑坎尺寸的拟定

3.1　挑坎形式

常用的挑坎形式有连续式和差动式两种，如图 6-16 所示。连续式沿整个挑坎宽度上具有同一反弧半径 R 和挑射角 θ。其优点是施工简便，不易气蚀，比相同条件下的差动式挑坎挑射距离远；缺点是水舌比较集中，冲刷坑较深。差动式挑坎是将挑坎做成齿状，使通过挑坎的水流分成上下两层，优点是使水舌在垂直方向有较大扩散，增强消能效果，下游形成的冲刷坑深度较小；缺点是流速较高时，差动坎处易产生气蚀。目前多采用连续式。

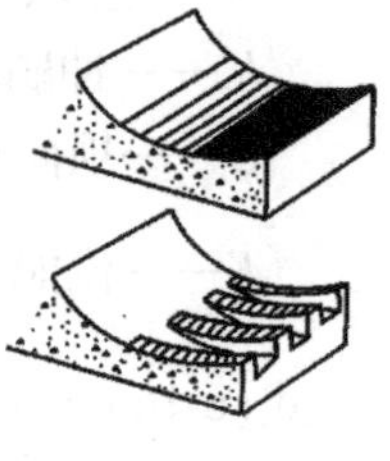

图 6-16

除上述两种挑坎外，工程中还有一些异型挑坎，如窄缝挑坎、扭曲挑坎、高低挑坎等，可查阅《水工设计手册》，但目前应用较多的是连续式挑坎。

3.2　挑坎尺寸拟定

挑坎尺寸拟定的原则是使同样水力条件下得到的挑距最大，冲刷坑深度较浅。下面简单介绍连续式挑坎的尺寸选择。

3.2.1　挑射角 θ

根据质点抛射运动原理，当挑射角 $\theta < 45°$时，θ 值愈大，空中挑距 L_0 愈大，但入水角 β

也相应增大,水下挑距 L_1 减小,冲坑深度增加,而总挑距基本不变。此外,随着挑射角的增大,开始形成挑流的流量,即所谓起挑流量也增大。当下泄流量小于起挑流量时,水流挑射不出去,必在反弧段内形成旋滚,然后沿挑坎漫溢而下,冲刷坝址,危及建筑物的安全。所以,挑射角不宜选得过大,实践证明,较适当的挑射角 $\theta = 15° \sim 30°$。

3.2.2 反弧半径 r_0

水流在挑坎反弧段内运动时产生的离心力,将使反弧段内压强加大,r_0 愈小,离心力愈大,挑坎内水流的压能增大,动能减小,挑距也减小,因此为保证有较远的挑距,r_0 至少应大于反弧最低点水深 h_c 的4倍,一般设计时多采用 $r_0 = (4 \sim 10)h_c$。

3.2.3 挑坎高程

挑坎高程愈低,出口流速愈大,挑距愈远,同时,可减小混凝土方量、降低工程造价,但为了保证水舌下缘与坝址附近的下游水面间有足够的空间,避免因水舌运动使该空间空气被带走后得不到补充,形成真空,压低水舌,减小挑距,甚至形成贴流冲刷坝址,设计中一般取挑坎最低高程等于或略高于最高下游水位。

事实上,挑射角、反弧半径、挑坎高程三者是彼此相关的,应统一考虑,选择最优组合。

【例6-3】 承例6-2的水力条件,溢流坝下游改为挑流消能,鼻坎高程为429.50 m,挑射角采用25°,下游河床基岩软弱破碎、裂隙发育。试计算水舌挑距及冲刷坑深度,并判断冲刷坑是否危及建筑物的安全。

解: 基本数据计算:

$$S_1 = (456.50 + 4.50) - 429.50 = 461.00 - 429.50 = 31.50(\text{m})$$

$$z = 461.00 - (420.00 + 8.30) = 461.00 - 428.30 = 32.70(\text{m})$$

$$a = 429.50 - 420.00 = 9.50(\text{m})$$

$$\sin25° = 0.4226, \sin(2 \times 25°) = 0.766, \cos25° = 0.9063$$

流能比

$$K = \frac{q}{\sqrt{g}S_1^{1.5}} = \frac{20}{\sqrt{9.8} \times 31.50^{1.5}} = 0.036$$

流速系数

$$\varphi = \sqrt[3]{1 - \frac{0.055}{K^{0.5}}} = \sqrt[3]{1 - \frac{0.055}{0.036^{0.5}}} = 0.892$$

入水角 β

$$\cos\beta = \sqrt{\frac{\varphi^2 S_1}{\varphi^2 S_1 + z - S_1}}\cos\theta = \sqrt{\frac{0.892^2 \times 31.50}{0.892^2 \times 31.50 + 32.70 - 31.50}} \times 0.9063 = 0.885$$

故

$$\beta = 27.75° \qquad \tan\beta = 0.5261$$

(1)空中挑距。

$$L_0 = \varphi^2 S_1 \sin2\theta\left[1 + \sqrt{1 + \frac{a - h_t}{\varphi^2 S_1 \sin^2\theta}}\right]$$

$$= 0.892^2 \times 31.50 \times 0.766 \times \left[1 + \sqrt{1 + \frac{9.50 - 8.30}{0.892^2 \times 31.50 \times 0.4226^2}}\right] = 40.82(\text{m})$$

(2)冲刷坑深度。

因基岩软弱破碎、裂隙发育,故取 $K_s = 1.6$,则

$$T = K_s q^{0.5} z^{0.25} - h_t = 1.60 \times 20.00^{0.5} \times 32.70^{0.25} - 8.30 = 8.81(\text{m})$$

(3)水下挑距。

$$L_1 = \frac{T + h_t}{\tan\beta} = \frac{8.81 + 8.30}{0.5261} = 32.52(\text{m})$$

(4)总挑距。

$$L = L_0 + L_1 = 40.82 + 32.52 = 73.34(\text{m})$$

冲刷坑后坡 $i = \frac{T}{L} = \frac{8.81}{73.34} = 0.12 < i_c = \frac{1}{5} = 0.2$

故不会危及建筑物的安全。

小 结

一、常见消能方式

底流式:控制水跃在消力池内发生,利用水跃消能。多用于中、低水头及下游地质条件较差的泄水建筑物的消能。

挑流式:利用在泄水建筑物末端修建的反弧坎,将下泄的水流挑离建筑物,使之落入下游较远的河道中,保证建筑物安全。多用于高水头且下游河床地质条件好的情况。

面流式:利用在泄水建筑物末端修建的跌坎,下泄的水流被送到下游水流表层,底部形成巨大的旋滚,消能在底部旋滚和主流扩散的过程中实现。多用于下游水深较大,水位变幅较小,有漂木、排冰等要求的情况。

二、底流消能水力计算

(1)计算步骤:由 $E_0 = h_c + \frac{q^2}{2g\varphi^2 h_c^2}$ 求出 h_c,用水跃方程求出相应 h_c''。

(2)衔接形式判别:

$h_t = h_c''$ 为临界式水跃,$h_t < h_c''$ 为远离式水跃,均需修建消力池;$h_t > h_c''$ 为淹没式水跃,不需修建消力池。

(3)消力池设计。

建消力池的目的是增大下游水深,产生稍有淹没的水跃。

①挖深式消力池。

池深计算步骤:估算池深($S = \sigma h_c'' - h_t$)→计算建池后的 h_c 和 h_c''($h_c = \frac{\frac{q}{\sqrt{2g}}}{\sqrt{E'_0 - h_c}}$,$h_c'' = \frac{h_c}{2}\left(\sqrt{1 + \frac{8q^2}{gh_c^3}} - 1\right)$)→计算 Δz($\Delta z = \frac{q}{2g}\left[\frac{1}{(\varphi' h_t)^2} - \frac{1}{(\varphi h_c'')^2}\right]$)→计算 σ($\sigma = \frac{S + h_t + \Delta z}{h_c''}$)。若 $\sigma = 1.05 \sim 1.1$,则池深满足要求,否则重设池深计算。

②消力坎式消力池。

坎高计算步骤：取 $\sigma=1.05$，$m=0.42$，$\sigma_s=1.0$，计算 $C\left(C=\sigma h_c''+\frac{q^2}{2g(\sigma h_c'')^2}-\left(\frac{q}{\sigma_s m_1\sqrt{2g}}\right)^{\frac{2}{3}}\right)$→判别堰的出流条件，非淹没堰的情况需设第二道消力坎；淹没堰 $\sigma_s\neq 1.0$，代入 σ_s 值，重新计算坎高。

③消力池池长：$L'_j=(0.7\sim0.8)L_j$。

三、挑流消能

(1)挑距：$$L=L_0+L_1=\varphi^2 S_1\sin2\theta\left[1+\sqrt{1+\frac{(a-h_t)}{\varphi^2 S_1\sin\theta}}\right]+\frac{T+h_t}{\tan\beta}$$

(2)冲刷坑深度估算：$$T=K_s q^{0.5}z^{0.25}-h_t$$

(3)冲刷坑后坡：$i=T/L$ 应小于允许 $i_c=1/2.5\sim1/5$。

(4)挑坎尺寸：挑射角、反弧半径、挑坎高程。

技能训练题

(1)自闸、坝下泄的水流有何特点？对建筑物有什么影响？

(2)工程中常见的水流衔接和消能措施有哪些？其消能原理是什么，如何防止冲刷破坏的发生？

(3)底流式消能要求泄水建筑物下游的水流衔接形式是什么？如不满足可采取哪些工程措施？

(4)计算 h_c 的目的是什么？简述常用的计算方法。

(5)底流式消能工的作用是什么？

(6)挑流消能的水力计算包含哪些内容？连续式挑坎的挑射角、反弧半径、挑坎高程选择应考虑哪些因素？

(7)某矩形单孔引水闸，闸门宽等于河底宽，闸前水深 $H=8$ m。闸门开度 $e=2.5$ m 时，下泄单宽流量 $q=12$ m^3/(s · m)，下游水深 $h_t=3.5$ m，闸下出流的流速系数 $\varphi=0.97$。要求判明下游水流的衔接情况。如需消能，请设计消力池池深、池长。

(8)在矩形河槽中筑一曲线型溢流坝，下游坝高 $P_1=12.5$ m，流量系数 $m=0.502$，侧收缩系数 $\varepsilon=0.95$，溢流时坝上水头 $H=3.5$ m，下游水深 $h_t=5$ m，坝的流速系数 $\varphi=0.95$，试判别是否需建消力池，如需要，请按消力坎式设计消力池尺寸。

(9)某溢流坝下游采用挑流消能，其挑射角 $\theta=25°$，鼻坎高程为678 m，鼻坎处溢流宽度 $B=40$ m，下游河床高程为675 m，当通过设计流量 $Q_{设}=800$ m^3/s 时，对应的上游水位为714.4 m，堰顶水头 $H=4.4$ m，下游水位为677 m，下游河床基岩坚硬，但完整性较差。试计算水舌挑距，估算冲刷坑深度，并校核建筑物是否安全。

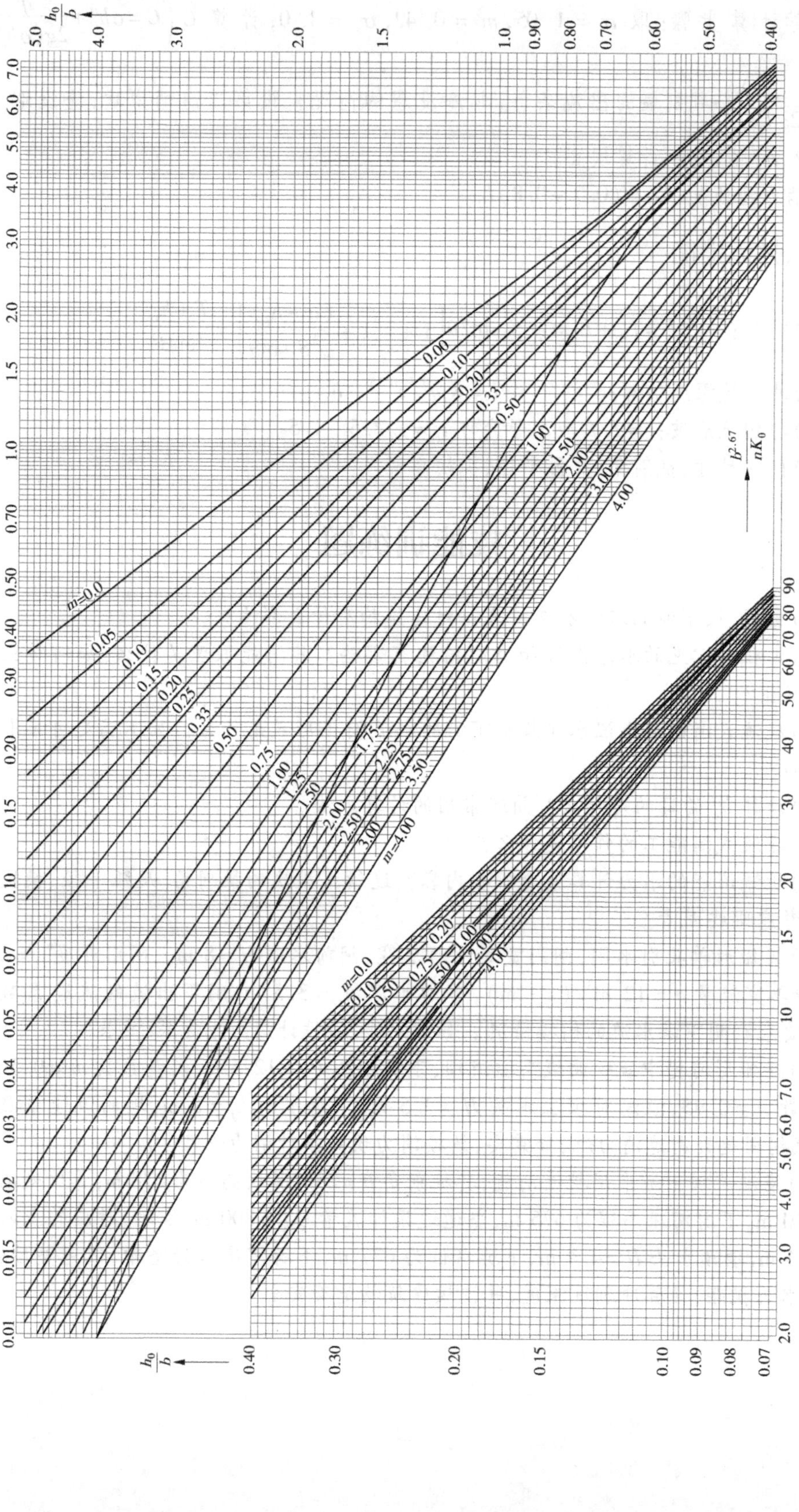

附录 I 梯形和矩形断面明渠正常水深求解图

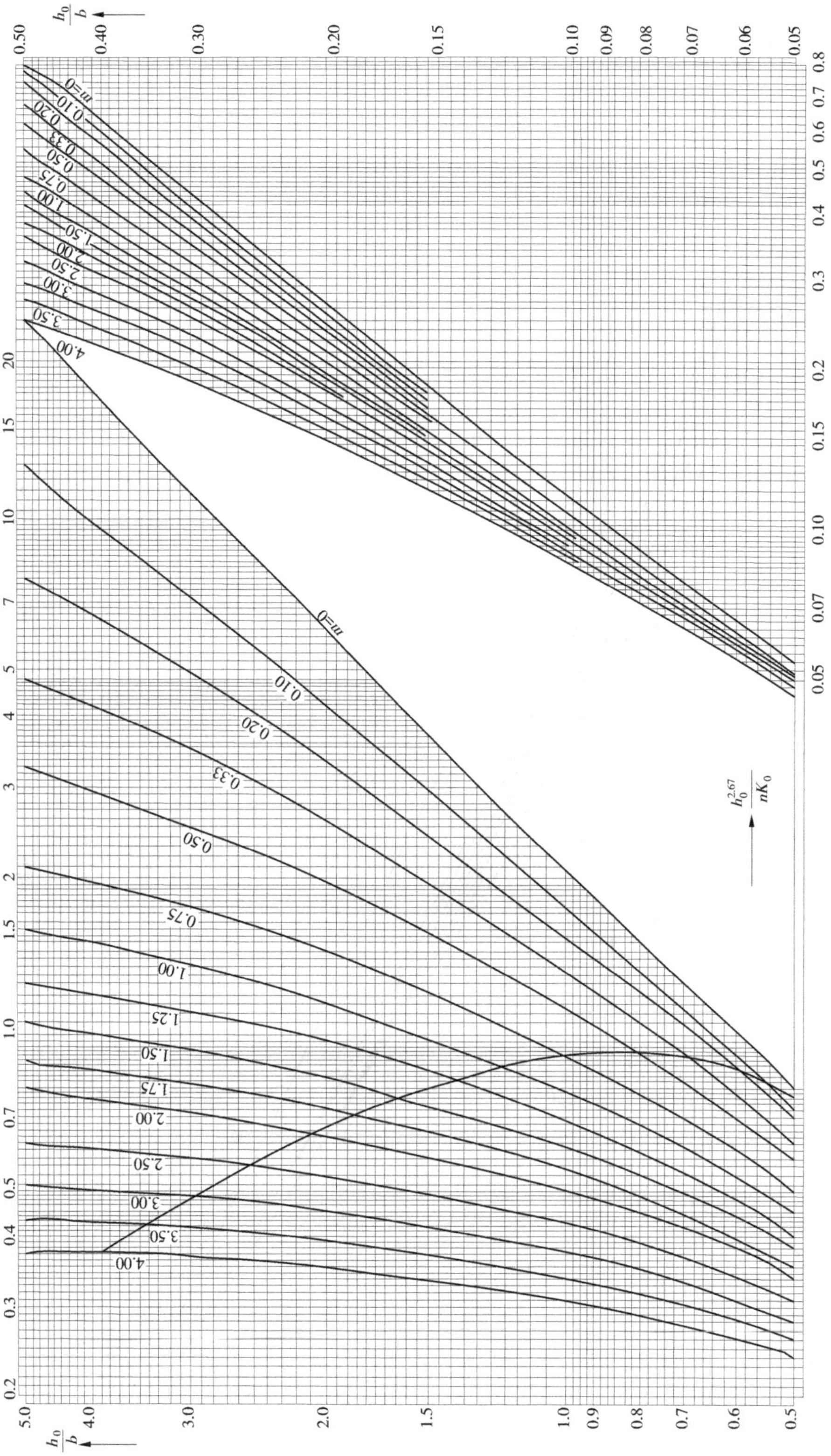

附录II 梯形和矩形断面明渠底宽求解图

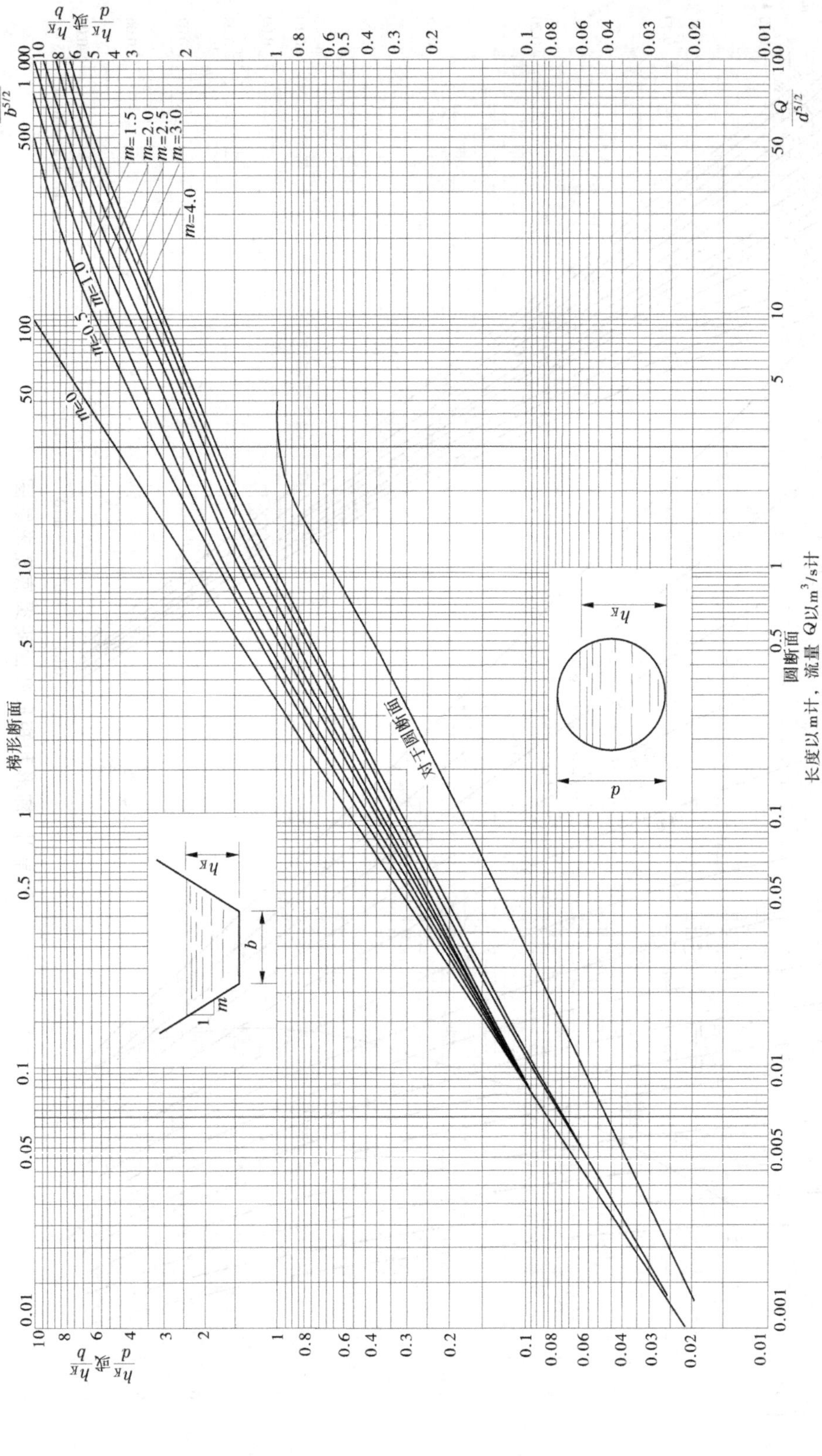

长度以m计，流量Q以m³/s计

附录III　梯形、矩形、圆形断面明槽临界水深求解图

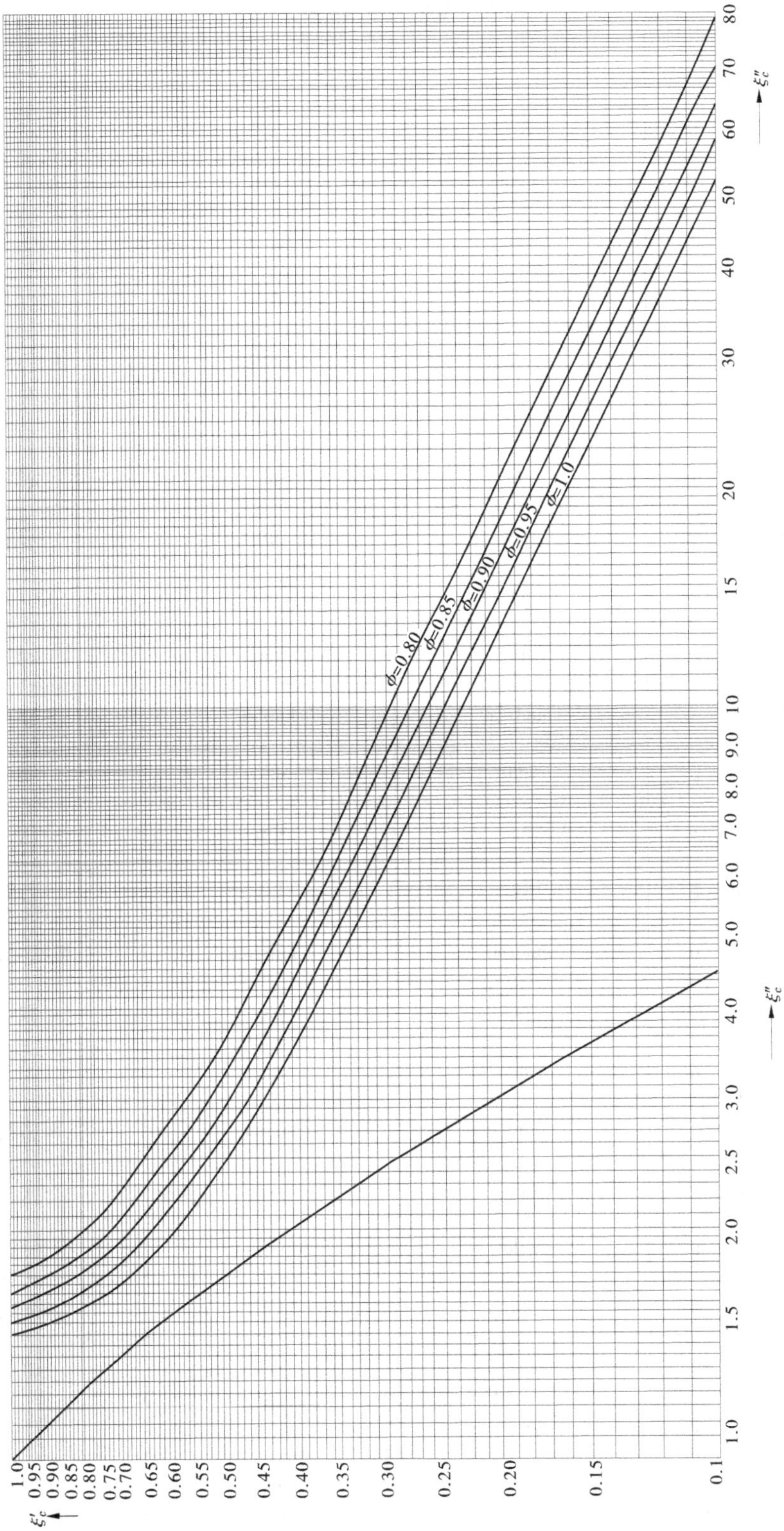

附录Ⅳ　建筑物下游河槽为矩形时收缩断面水深及其共轭水深求解图

附表　希腊字母读音表

序号	大写	小写	英文注音	国际音标注音	中文注音
1	Α	α	alpha	a: lf	阿尔法
2	Β	β	beta	bet	贝塔
3	Γ	γ	gamma	ga: m	伽马
4	Δ	δ	delta	delt	德尔塔
5	Ε	ε	epsilon	epˈsilon	伊普西龙
6	Ζ	ζ	zeta	zat	截塔
7	Η	η	eta	eit	艾塔
8	Θ	θ	thet	θit	西塔
9	Ι	ι	iot	aiot	约塔
10	Κ	κ	kappa	kap	卡帕
11	Λ	λ	lambda	lambd	兰布达
12	Μ	μ	mu	mju	缪
13	Ν	ν	nu	nju	纽
14	Ξ	ξ	xi	ksi	克西
15	Ο	ο	omicron	omikˈron	奥密克戎
16	Π	π	pi	pai	派
17	Ρ	ρ	rho	rou	柔
18	Σ	σ	sigma	ˈsigma	西格马
19	Τ	τ	tau	tau	套
20	Υ	υ	upsilon	jupˈsilon	宇普西龙
21	Φ	φ	phi	fai	佛爱
22	Χ	χ	chi	phai	西
23	Ψ	ψ	psi	psai	普西
24	Ω	ω	omega	oˈmiga	欧米伽

参 考 文 献

[1] 吴持恭．水力学[M]．北京:高等教育出版社,1997.

[2] 清华大学水力学教研组．水力学[M]．北京:人民教育出版社,1980.

[3] 许荫椿,胡德保,薛朝阳．水力学[M]．北京:科学出版社,1990.

[4] 吕宏兴,裴国霞,杨玲霞．水力学[M]．北京:中国农业出版社,2002.

[5] 李序量．水力学[M]．北京:中国水利水电出版社,1999.

[6] 张耀先,丁新求．水力学[M]．郑州:黄河水利出版社,2008.

[7] 大连工学院水力学教研室．水力学[M]．北京:高等教育出版社,1985.

[8] 罗全胜,张耀先．水力学[M]．北京:中国水利水电出版社,2001.

[9] 武汉水利电力学院,华东水利学院．水力学[M]．北京:人民教育出版社,1980.

[10] 叙永祺．水力学基础[M]．北京:水利电力出版社,1983.

[11] 武汉水利电力学院水力学流体力学教研室．水力计算手册[M]．北京:中国水利水电出版社,2006.

[12] 冯广志．水利技术标准汇编(灌溉排水卷)[G]．北京:中国水利水电出版社,2002.

[13] 吴季松,冯广志．水利技术标准汇编(供水节水卷)[G]．北京:中国水利水电出版社,2002.

[14] 中华人民共和国水利部．SL 18—2004 渠道防渗工程技术规范[S]．北京:中国水利水电出版社,2004.

[15] 华东水利学院．水工设计手册[M]．北京:水利电力出版社,1983.

[16] 张耀先．水力学[M]．北京:化学工业出版社,2005.

[17] 者建伦,张春娟,佘金凤．工程水力学[M]．郑州:黄河水利出版社,2009.